"十二五"职业教育国家规划教材

经全国职业教育教材审定委员会审定

农产品安全检测

尹　颖　主编

中国农业大学出版社

·北京·

内 容 简 介

　　本教材着重介绍农产品中有毒有害物质检测。共分 6 个项目,包括样品采集、农药残留检测、兽药残留检测、真菌毒素检测、重金属检测和其他有毒有害物质检测。样品采集在介绍采样基本理论的基础上介绍了粮油、果蔬、茶、肉、蛋、奶、蜂蜜等样品采集方法;农药残留、兽药残留、真菌毒素和重金属检测在介绍基本理论、基本技术和新技术的基础上分别介绍 4～6 种普遍关注的、危害性比较大的有害物质的检测,从理化性质、样品前处理方法、检测方法及检测案例 4 个方面进行介绍;其他有毒有害物质主要介绍硝酸盐与亚硝酸盐及孔雀石绿与结晶紫的检测。本书内容先进,贴近实际,突出技能,适合高职院校农产品质量检测类专业及食品、药品检验类专业教学使用,亦可供农产品质量安全检测技术培训及农业、食品、药品、环境等行业从事检测工作的技术与管理人员参阅。

图书在版编目(CIP)数据

农产品安全检测/尹颖主编. —北京:中国农业大学出版社,2015.7
ISBN 978-7-5655-1313-8

Ⅰ.①农…　Ⅱ.①尹…　Ⅲ.①农产品-质量检验-高等学校-教材　Ⅳ.①S37

中国版本图书馆 CIP 数据核字(2015)第 145714 号

书　　名	农产品安全检测		
作　　者	尹颖　主编		
策划编辑	姚慧敏　伍斌	**责任编辑**	韩元凤
封面设计	郑　川	**责任校对**	王晓凤
出版发行	中国农业大学出版社		
社　　址	北京市海淀区圆明园西路 2 号	**邮政编码**	100193
电　　话	发行部 010-62818525,8625	**读者服务部**	010-62732336
	编辑部 010-62732617,2618	**出 版 部**	010-62733440
网　　址	http://www.cau.edu.cn/caup	**e-mail**	cbsszs @ cau.edu.cn
经　　销	新华书店		
印　　刷	涿州市星河印刷有限公司		
版　　次	2015 年 7 月第 1 版　　2015 年 7 月第 1 次印刷		
规　　格	787×1 092　16 开本　　15 印张　　375 千字		
定　　价	32.00 元		

图书如有质量问题本社发行部负责调换

中国农业大学出版社
"十二五"职业教育国家规划教材
建设指导委员会专家名单
（按姓氏拼音排列）

边传周　蔡　健　蔡智军　曹春英　陈桂银　陈忠辉　成海钟　丑武江

崔　坤　范超峰　贺生中　姜淑荣　蒋春茂　蒋锦标　鞠剑锋　李国和

李　恒　李正英　刘永华　刘　源　刘振湘　罗红霞　马恒东　梅爱冰

宋连喜　苏允平　田应华　王福海　王国军　王海波　王华杰　吴敏秋

夏学文　许文林　许亚东　杨宝进　杨孝列　于海涛　臧大存　张继忠

张　力　赵晨霞　赵　聘　朱维军　周奇迹　卓丽环

◆◆◆◆◆◆ 编写人员

主　编　尹　颖(永州职业技术学院)

副主编　曹凤云(黑龙江农业工程职业学院)

　　　　梁文旭(永州职业技术学院)

参　编　(按姓氏笔画排序)

　　　　王文光(杨凌职业技术学院)

　　　　邓　洁(永州职业技术学院)

　　　　刘　凤(永州职业技术学院)

　　　　何　增(永州市农产品质量检验检测中心)

　　　　张　昱(河北旅游职业学院)

　　　　周天政(广西农业职业技术学院)

　　　　郝瑞芳(山西林业职业技术学院)

　　　　黄祥元(永州职业技术学院)

　　　　谭德明(永州市质量技术监督局食品检验中心)

前　言

　　"民以食为天,食以安为先。"农产品安全已成为政府重视、全民关注的焦点。近几年,国家相继出台了《中华人民共和国农产品质量安全法》、《中华人民共和国食品安全法》等法律法规,加大了对农产品质量安全体系建设的投入力度,农产品质量安全标准体系、检测体系、认证体系逐步建立完善。要适应农产品质量检测行业快速发展的需要,大批高素质技能型农产品质量安全检测专门人才以及相应的优质教材显得尤其重要。借国家示范院校把农产品质量检测专业作为重点建设专业之东风,组织行业、企业、学校三方技术人员,通过市场调研,召开行业企业专家座谈会,从农产品质量安全检测员职业岗位分析入手,根据国家和行业检测标准,编写了《农产品安全检测》工学结合校本教材。经过几年的使用,师生反映良好,教材得到了不断充实、优化和完善。为了让更多的人共享优质教学资源,决定将此教材进一步建设成"十二五"职业教育国家规划教材。

　　教材编写采用项目导向、任务驱动模式。教材共分 6 个项目,分别为样品采集、农药残留检测、兽药残留检测、真菌毒素检测、重金属检测和其他有毒有害物质检测。样品采集在介绍基本理论的基础上介绍粮油、果蔬、茶、肉、蛋、奶、蜂蜜等样品采集方法;农药残留、兽药残留、真菌毒素和重金属检测在介绍基本理论、基本技术以及新技术的基础上分别介绍 4~6 种普遍关注的、危害性比较大的有害物质检测,从理化性质、样品前处理方法、检测方法和检测案例 4 个方面进行介绍。检测案例以主要农产品为载体,以现行国家或行业标准为依据,详细介绍检测方法。每个项目有学习目标、考核标准与自测训练,有利于学生自我检查,巩固知识,掌握技能,培养能力。

　　本教材由教学一线教师和检测部门技术专家共同编写,注意收集新知识、新技术、新标准、新方法、新成果,内容先进,贴近实际,具有针对性、实用性、技术性、科学性的特点。本教材理论知识简要概述,实际操作详尽规范,让学生在做中学,在完成工作任务的同时学习知识,培养能力。内容表述力求形式新颖,层次清晰,结构严谨,文字精练规范,图文并茂。本教材内容较多,对教学条件要求较高,各院校在使用教材时可根据学校实训条件及专业特点有所侧重或适当增减内容。

　　本教材编写分工:尹颖编写绪论、项目 1、项目 2 中的任务 3、项目 3 中的任务 2、项目 4 中的任务 1、项目 5 中的任务 1、项目 6 中的任务 1,曹凤云编写项目 2 中的任务 1、2、6、7,梁文旭编写项目 5 中的任务 2、3、4,王文光编写项目 3 中的任务 5、6、7,刘凤编写项目 5 中的任务 1,何增编写项目 2 中的任务 5,周天政编写项目 3 中的任务 1,张昱编写项目 3 中的任务 3、4,郝瑞芳编写项目 5 中的任务 4、5,黄祥元编写项目 4 中的任务 2、项目 6 中的任务 2,谭德明编写项目 2 中的任务 4,邓洁负责教材图片处理。全书由尹颖统稿。

　　本教材的编写得到永州职业技术学院、黑龙江农业工程职业学院、杨凌职业技术学院、广西农业职业技术学院、河北旅游职业学院、山西林业职业技术学院、永州市农产品质量检验检测中心、永州市质量技术监督局食品检验中心等单位的大力支持。教材在编写过程中参阅、引用了有关专家学者的教材、专著、文献、论文及国家、行业标准,在此一并表示最诚挚的谢意!

　　鉴于编者水平有限,编写时间仓促,错误及不妥之处在所难免,恳请同行和专家批评指正。

编　者

2014 年 5 月

●●●●● 目　录

绪　　论

一、农产品安全检测的意义

(一)农产品安全检测的内涵

农产品,根据 2006 年 11 月 1 日开始实施的《中华人民共和国农产品质量安全法》对它的定义,是指来源于农业的初级产品,是在农业活动中获得的植物、动物、微生物及其产品。

农产品安全,指农产品在生产、加工和运销过程中所带来的可能对人、动物和环境产生危害或潜在危害的因素,如农药残留、兽药残留、重金属污染、生物毒素污染、硝酸盐与亚硝酸盐等。

农产品安全检测,是应用现代分析技术对残存于各种农产品中微量、痕量以至超痕量水平的有毒有害物质进行定性、定量测定,从而对农产品中的有毒有害物质进行监控。

(二)影响农产品安全的因素

从污染的途径考虑,影响农产品安全的因素主要有以下几个方面:

(1)物理性污染　指由物理性因素对农产品安全产生的危害。在农产品收获或加工过程中由于操作不规范,不慎在农产品中混入有毒有害杂质,导致农产品受到污染,比如在小麦中混入毒麦。该污染可以通过规范操作加以预防。

(2)化学性污染　指在生产、加工过程中不合理使用化学合成物质而对农产品安全产生的危害。如使用禁用农药、兽药、渔药、添加剂,过量、过频使用农药、兽药、渔药、添加剂等造成的有毒有害物质残留污染。该污染可以通过标准化生产进行控制。

(3)生物性污染　指自然界中各类生物性因子对农产品安全产生的危害,如致病性细菌、病毒以及毒素污染等,如 2003 年亚洲地区流行的禽流感就是病毒引起的。生物性危害具有较大的不确定性,控制难度大,有些可以通过预防控制,而大多数则需要通过采取综合治理措施。

(4)本底性污染　指农产品产地环境中的污染物对农产品安全产生的危害。主要包括产地环境中水、土、气的污染,如灌溉水、土壤、大气中的重金属超标等。本底性污染治理难度最大,需要通过净化产地环境或调整种养品种结构等措施加以解决。

(三)农产品安全检测的意义

(1)进行农产品安全检测是加快农业现代化建设的客观要求。建设现代农业,发展农村经济,增加农民收入,是全面建设小康社会的重大任务。农产品质量安全水平是现代农业发展的重要内容和主要标志。

(2)进行农产品安全检测是全面实现小康社会的根本要求。提高农产品质量安全水平、增强农产品国际竞争力和可持续发展能力是全面建设小康社会的重要内容和主要标志。做好农产品安全检测工作,有助于推进农业产业结构调整和提高农业整体效益,有助于增加农民收入和维护社会稳定,有助于提高人民群众生活质量和健康水平,有助于生态环境的改善和农业的可持续发展,对于实现全面建成小康社会目标具有重要的现实意义。

(3)进行农产品安全检测是全面提高农业国际竞争力的现实要求。随着农业经济全球化进程的加快,特别是我国加入世贸组织后,面对国际国内两个市场,提高农产品国际竞争能力成为当前农业发展的一个重要任务。国际农产品贸易竞争,不仅是价格的竞争,更是质量安全和信誉的竞争。

二、农产品安全现状及存在的主要问题

(一)我国农产品安全控制现状

1. 政府和社会各界对农产品安全问题高度重视

政府和社会各界对农产品安全问题高度关注和重视,从 2001 年开始在全国范围内推出了"无公害食品"、"有机食品"和"生态农业"计划;在 2002 年的农村工作会议上明确了"加强农产品质量标准和检验检测体系建设,确保农产品质量安全"的要求。各省、市、县相继成立了农产品质量检验检测中心(站),开始对自己行政区域内的农产品进行监测;科技部在 2002 年 8 月将"食品安全关键技术"列为重大科技专项,重点研究和开发我国农产品生产、加工和流通过程中影响食品安全的关键控制技术、食品安全检测技术与相关设备及各部门的有机配合和共享的监测网络体系等;国家质检总局积极推行实施食品安全市场准入制度。2006 年颁布实施了《中华人民共和国农产品质量安全法》,2009 年颁布实施了《中华人民共和国食品安全法》。

2. 农产品质量安全标准体系、检测体系、认证体系基本建立完善

(1)标准体系　基本形成了以国家和行业标准为骨干,地方标准为基础,企业标准为补充的农业标准框架体系。已形成了产品、生产技术规程、检验检测、农药残留限量、兽药残留限量、食品中污染物限量等一系列标准,并在生产中得到推广和应用。我国现有与农业有关的各类标准近 9 000 个,其中国家标准 2 000 多个,行业标准约 2 500 个,地方标准 4 000 多个。产品标准有国家食品卫生标准(强制标准)、无公害产品标准(强制标准)、绿色食品标准、有机食品标准。

(2)检测体系　建立了部级专业性质检中心、省级综合性质检中心、市县级综合性检测中心(站)各级农产品质量安全检测体系。形成了政府监督检验、社会中介服务检验、企业自检相结合,产前以农业生态环境安全保障检测为重点、产中以农业投入品质量安全保证检测为重

点、产后以农产品市场准入认可性检测为重点相结合的农产品安全检测局面。

目前,农业系统已认证国家级质检中心12个、部级质检中心276个,建设省级农产品质检机构200多个、地县级农产品检验机构1 500多个,覆盖全国31个省、自治区和直辖市。

(3)认证体系 国家九部委2003年发布了《关于建立农产品认证认可工作体系的实施意见》,以与国际接轨为目标,结合我国国情,建立国家农产品认证标准。以我国已开展了的"无公害农产品"、"绿色食品"和"有机食品"认证为基础,统一、完善相关的认证标准体系,逐步使我国农产品认证与国际通行的认证标准和认证形式接轨。适时对直接食用的农产品实行强制性产品认证制度和出口验证制度。目前农业系统已形成"三品一标"协调发展的格局,产品总量已具备一定规模,无公害、绿色、有机等品牌农产品已成为出口农产品的主体,占出口农产品的90%。2013年全国绿色食品产地环境监测面积达到2.6亿亩(1 hm^2=15亩),企业总数达到7 696家,产品总数达到19 076个。其中,国家级、省级农业产业化龙头企业、农民专业合作社分别达到289家、1 307家、1 417家。绿色食品发展中心和省级农产品质量安全检测机构共抽检3 891个绿色食品产品,抽检比例达22.7%,合格率为99.46%。全国已创建511个绿色食品原料标准化生产基地,对接企业1 712家,带动农户1 722万户,直接增加农民收入8.6亿元以上。

(二)农产品安全存在的主要问题

1.农产品监管存在问题

主要表现在:①在实际工作中责、权、利脱节,造成非法生产、使用违禁农兽药的行为屡禁不止。如甲胺磷属高毒农药,不允许用于蔬菜、茶叶等作物,由于其杀虫力强,农民将其滥用于蔬菜造成中毒事件时有发生。另外,一些高毒、高残留品种农药,在农产品中仍有较高的检出率。出现这些现象,说明我们的监管部门在监管环节上没做到位,监管的程序不规范,监管的力度不够。②农产品生产经营者对农产品安全认识不足,法律意识淡薄,不按农产品生产技术规程进行生产。③监管人员素质参差不齐,对农产品安全的认识不足。④农产品安全执法中没有统一协调,导致执法困难。⑤对农产品安全宣传力度不够。

2.农产品安全检测体系还较薄弱

突出反映在监测队伍、检测手段、资金投入比较薄弱。最近几年,各市、县陆续成立了农产品质量安全检测中心及检测站,但只有部分检测单位开展了农产品安全检测工作。其原因是检测人员文化素质低,检测设施还无法满足检测的需要,资金不足。县级检测机构三方面原因都存在,市一级检测中心主要存在检测设备与资金投入不足,不能完全满足农产品检测需要的问题。

三、农产品安全检测内容

农产品安全检测内容非常丰富,在农产品生产、加工和流通过程中可能对农产品造成污染的所有有害物质均在检测之列,主要包括农药残留、兽药残留、真菌毒素、重金属、硝酸盐与亚硝酸盐、有机污染物、添加剂等。本教材主要介绍前面5类有害物质的检测,而农药残留、兽药残留、真菌毒素和重金属包含的有害物质种类非常多,本教材着重介绍普遍关注的、危害比较大的或者市场准入、进出口规定必检的农药残留、兽药残留、真菌毒素和重金属。

四、农产品安全检测发展趋势

（1）农产品安全水平稳定提高。

（2）农业标准化体系更加完善，标准化程度显著提高。形成科学、配套的标准体系，农产品实现标准化生产和基地供应。品牌认定和农产品质量安全认定认证工作全面推进。

（3）农产品安全检测体系更加健全，检测能力整体提升。全面建成布局合理、职能明确、专业齐全、运行高效的检验检测体系，检测能力能够满足从农产品产地到批发市场各环节监管的要求。

（4）全程监管能力不断加强。农产品质量安全产地环境管理、农业投入品质量安全管理、生产规范和生产记录管理，以及储运包装、标签标识、信息存储传递等全程监管制度和可追溯制度逐步建立；监管机构逐步健全，监测队伍素质逐步提升，基本形成产前、产中、产后全程依法监管体系。

（5）农产品安全应急处置能力全面增强。重大农产品安全事件应急工作机构明确，管理机制健全，工作职责落实到位，工作措施不断完善，能够做到快反应、快节奏、高效率、高质量地开展应急工作。

项目 1

样品采集

◆ 知识目标

1.理解样品、实验室样品、检测样品、抽样、抽样单元、抽样组批、样品缩分等概念。

2.熟悉农产品抽样程序。

3.掌握各种农产品抽样方法。

◆ 能力目标

1.能够根据检测目的和任务,查阅相关资料,制定抽样方案。

2.能够根据抽样任务准备抽样工具、包装容器、样品标签和抽样单。

3.能够按照抽样规程正确抽取样品,并对样品进行合理包装、封存和运输。

4.能够对样品进行正确缩分、预处理及妥善贮存。

【任务内容】

1.样品分类。

2.样品采集要求、抽样程序、采样方法。

3.样品制备与贮存方法。

4.粮油、蔬菜、水果、茶叶样品采集技术。

5.肉、蛋、奶、蜂蜜样品采集技术。

6.完成自测训练。

【学习条件】

1.场所:多媒体教室、农产品质量检测实验室、农产品生产基地、加工企业、屠宰场、市场、超市。

2.仪器设备:多媒体设备、脱粒机、粉碎机、尼龙塑料筛、组织捣碎机、冰箱、冰柜、样品柜、刀具、搅拌器、取样器、取样铲、取样杆等。

3.其他:教材、课件、相关图书、相关标准、网上资源等。

【相关知识】

样品的采集和预处理是农产品安全检测的第一步工作,也是最基础的工作。最终检测结果是否有意义,很大程度上取决于最开始采集的样品是否有代表性。在农产品安全检测中,其检测数据的可靠性,不仅与检测方法的灵敏度、准确度和精密度直接相关,而且受到样品的代表性、数量、采集方法、分析部位及样品的保存方法等的影响。除了取样,其余方面均可以通过质量保证和质量控制措施最大限度地减少结果的误差,只有取样,最难受到质量控制的评价和检查。因此,样品采集和预处理工作的标准化是获得准确数据的基础,需要严格按照规范进行科学的样品采集和预处理工作,以从源头保证分析结果的科学性和可靠性。

一、样品的分类

样品是指统计学意义上代表群体的一个部分。

样品按其来源可分为主观样品和客观样品。主观样品是人们为研究有毒有害物质残留量与各种因素的关系,从设计的试验区域内采集的样品。例如,为农药在某种作物上登记需取得残留评价数据、制定农产品中最高残留限量标准、制定农药合理使用准则以及研究农药在动植物体内代谢和在环境中降解规律等设计一系列试验,所采集的各种样品。客观样品多指监测样品、认证样品和执法样品,这些样品来源于非人为设置的试验区域,测定的有毒有害物质残留种类是未知的。例如,为农产品质量安全监督抽查、例行监测、日常检测、农产品认证、污染事故调查等提供残留数据而采集的样品。

样品按其生产方式可分为农作物类样品、畜禽类样品和水产品类样品。农作物类样品包括谷物类、油料类、果品类、蔬菜类、茶叶类、食用菌类等;畜禽类样品包括肉类、蛋类、乳品类、蜂蜜等;水产品样品包括鱼类、贝类、甲壳类、水生植物类等。

按照国际纯粹与应用化学联合会(IUPAC)和国际标准化组织(ISO)提出的定义,样品分为实验室样品、检测样品、检测样份和检测溶液。从群体采集的送达分析实验室的样品材料称为实验室样品;实验室样品经过缩分减量或经过精制后的样品称为检测样品;从检测样品中称取的用于分析处理的试样称为检测样份;检测样份经过提取、净化处理或消解处理后进入待测状态时则称为检测溶液。

二、样品的采集

样品采集也叫取样或抽样,指从整批农产品中抽取一定量具有代表性的样品进行检测的过程。

(一)样品采集基本要求

(1)采样应由专业技术人员进行。采样人员不应少于2人,采样人员应随身携带有效证件,包括身份证、工作证、抽样通知单(抽样委托单或抽样任务单)和抽样单等。

(2)采集的样品应具有代表性。以使对所取样品的测定能代表样本总体的特性。

(3)采样方法应与检测目的保持一致。

(4)采样量应满足检测精度要求,能足够供分析、复查或确证、留样用。

(5)采样过程中,应及时、准确记录采样相关信息。

(6)采集的样品应经被抽检单位或个人确认。生产基地抽样时,应调查农产品生产、管理情况,市场抽样应调查农产品来源或产地。

(7)样品采集、运输、制备过程中应防止待测定组分发生化学变化、损失,避免样品受到污染。

(二)采样准备

1.制定采样方案

采样前应根据采样目的和任务认真制定采样方案,使采样工作能够按计划有步骤地进行。采样方案应包括检测目的和任务、抽样对象、抽样时间和地点、抽样单元(或抽样组批)、抽样量、抽样方法、样品运输方式、样品贮存方式等。

2.准备采样工具

采样之前,应充分准备好采样工具、包装容器及文具等。

应根据所采样品性质的不同,准备适于检验样品要求的器具。工具类,如采集谷物样品,在田间需要镰刀,装袋进仓后则需用角状取样器、取样铲等;采集水果样品需要采果剪、人字梯、竹竿等;抽取茶叶样品需要开箱器、取样铲等;抽取肉类样品需要刀具(硅制小刀、不锈钢剪刀、不锈钢切刀)、一次性手套等;抽取奶类样品需要搅拌器、取样器等;抽取蜂蜜样品则需要取样杆等。

采集的样品多种多样,所需要的容器各不相同,应依据样品的性质与发送准备合适的容器。如具塞玻璃瓶、具塞磨口玻璃瓶、旋盖聚乙烯塑料瓶、塑料密封采样瓶、茶样罐、保鲜袋、带封口条的塑料包装袋、布袋、麻袋、网袋、聚乙烯塑料袋、低温样品保存箱(盒)、低温存奶箱、泡沫箱、纸箱、有盖的专用茶箱、格状专用盛蛋盘、冰壶等。

抽样器具应清洁、干燥、无异味、无污染、不渗漏,不会对样本造成污染。

文具包括样本标签、抽样单、样品登记表、封条、文具夹、铅笔等。

(三)采样方法

样品特性不同,采样方法不一样。

1.农作物类样品采集方法

一般采集混合样品。即在已定采样点地块内根据不同情况按对角线法、梅花点法、棋盘式法、蛇形法等进行多点取样。然后等量混匀成一个混合样品。每一混合样品大果型果实由5～10个以上的植株组成,小型果实由10～20个以上的植株组成。

(1)粮油类样品的采集 以0.1～0.2 hm² 为采样单元,在采样单元选取5～20个植株。水稻、小麦类采取稻穗、麦穗;玉米采取第一穗,即离地表近的一穗,混合成样。

(2)水果类样品的采集 以0.1～0.2 hm² 为采样单元,在采样单元内选取5～10株果树,每株果树纵向四分,从其中一份的上、下、中、内、外各侧均匀采摘,混合成样。

(3)蔬菜类样品的采集 以0.1～0.3 hm² 为采样单元,在采样单元内选取5～20个植株。小型植株的叶菜类(白菜、韭菜等)去根整株采集;大型植株的叶菜类可用辐射形切割法采样,即从每株表层叶至心叶切成八小瓣,随机取两瓣为该植株分样;根茎类采集根部和茎部,大型根茎可用辐射形切割法采样;果实类在植株上、中、下各侧均匀采摘,混合成样。

(4)烟草、茶叶类样品的采集 以0.1～0.2 hm² 为采样单元,在采样单元内随机选取15～20个植株,每株采集上、中、下多个部位的叶片混合成样,不可单取老叶或新叶作代表样。

(5)水生植物(如浮萍、海带、藻类等)样品的采集　从水体中均匀采集全株,若从污染严重水体中采样,样品须洗净,并去除水草、小螺等杂物。

2.畜禽水产品样品采集方法

(1)肉类样品采集　大型畜禽(牛、猪、羊等)要在产品生产基地的食品加工厂或屠宰场选取 2~3 头当地的畜禽,小型畜禽(鸡、鸭、鹅)从选定的养殖专业户或各家农户选取 3~6 只畜禽,用不锈钢刀在背、腿部随机取约 1 kg 混合样,采后立即在 0℃ 以下冷冻保存,忌用福尔马林浸渍,以免金属污染。根据需要同步采集各脏器组织部位的样品。

(2)蛋类样品采集　从选定的养殖场(或养殖专业户)随机选取 1 kg 新鲜蛋类。正常新鲜蛋外壳完整、洁净,内壳全白、无斑点或污浊,卵白透明、卵黄不裂、卵白卵黄分明、无血丝、无异臭味等。

(3)奶类样品采集　从选定的养殖场(或养殖专业户)选取 4~5 头畜禽采全脂奶,采样时应充分混匀、无奶油形成后采集。如有奶油形成,应把奶油从容器壁完全刮下搅拌至液体均匀乳化为止。

(4)水产品类样品采集　从选定的养鱼塘、水库选取鲜鱼、虾、螺、蚌等 1 kg 混合样品。体重在 500 g 左右的,个体数不少于 5 个;250 g 以下的个体数不少于 10 个。鱼去除鳞和鳃等不可食部位,沿脊椎纵剖后取其 1/2 或数分之一(50 g 以下者取整体),剔去刺骨,切碎混匀。螺、蚌等贝类去硬壳,取其肌体(肉组织),切碎混匀。

(四)采样时间与采样量

采样时间,农作物样品一般在收获时采集,畜禽水产品样品根据检测目的而定。

采样量,一般为待测试样量的 3~5 倍,每分点采集量随样点的多少而变化。由于农畜水产品类型不同,分析部位不一样,样品的采集量和待测试样量也稍有差异。一般规定样品的采样量:谷物、油料、干果类为 500 g(干重样),水果,蔬菜类为 1 kg(鲜重样),水生植物为 500 g(干重样),烟叶和茶叶等可酌情采集(一般为待测试样量的 2~3 倍即可),肉蛋类和水产品采集 1 kg(鲜重样)。

(五)样品的记录、包装与运输

采样同时,抽样人员应在现场认真填写样本标签和抽样报告单(抽样单或采样记录表)。

在采样过程中每采一个样品随时填写样品标签,见图 1-1。标签要详细写明样品名称、编号、采集地点、日期、检测项目以及采集人等。标签要牢固,用铅笔书写,字迹要清楚。标签一式两份,液态样品可以容器外壁显眼处牢固粘贴一个标签,再在瓶口挂一个标签;固态样品要在盛放器皿内外各附一个标签。

农产品样品标签
样品编号＿＿＿＿＿＿　业务代号＿＿＿＿＿＿
样品名称＿＿＿＿＿＿＿＿＿＿＿＿＿＿＿
检测项目＿＿＿＿＿＿＿＿＿＿＿＿＿＿＿
采样地点＿＿＿＿＿＿＿＿＿＿＿＿＿＿＿
采 样 人＿＿＿＿＿＿　采样时间＿＿＿＿＿

图 1-1　农产品样品标签

抽样单由抽样人员和被检单位代表共同填写,一式三份,一份交被检单位,一份随同样品转运或由抽样人员带回承检单位,一份寄(交)抽检任务下达部门。抽样单填写的信息要齐全、准确、字迹清晰、工整。

抽样单格式见附录一。

抽样人员和被检单位代表共同确认样品的真实性、代表性和有效性,并对样品进行妥善包装,以确保样品的完好性状。根据样品性质选用合适的盛装容器。盛装容器应该密封性好、完整、结实、有一定抗压性。每份样品附上标签(包装内外各放一个)分别封存,粘贴好封条,标明封样时间,封条应由双方代表共同签字。封样材料应清洁、干燥,不会对样品造成污染和伤害。

抽样完成后,样品及有关资料(样品名称、采样时间、地点及注意事项等)应尽快送达实验室(一般在 24~36 h 以内)。其运输包装应坚实牢固,在运送过程中防止外包装受损伤而影响内容物。在运输过程中严防样品的损失、混淆或污染。运输工具应清洁卫生,符合被检样品的贮存要求。畜禽水产品生鲜样品要冷冻运送。水分较多的样品,先装入塑料食品袋,再放入容器中,防止水分遗失。

样品送达实验室后,收样人应认真检查样品的包装和状态,并与送样者双方在样品登记表上签字。

(六)样品编号与登记

样品一旦进入实验室,首先必须做好编码和记录,然后依据样品性质或待检测项目,安排在合理时间内进行样品处理、分析。如果不能马上进行处理和分析,就要很好地进行贮存。

样品进入实验室后,首先应进行编号,此编号应该是该样品独有的,以便进行样品管理。样品编号从始至终(从样品接收到分析结果报告)不应改变。样品编号一般由类别代号和顺序号组成。类别代号用样品名称关键字汉语拼音的 1~2 个大写字母表示,如"SD"表示水稻、"R"表示肉类样品等,顺序号用阿拉伯数字表示不同年份不同地点采集的样品,样品编号从001 号开始,一个顺序号表示一个采样点采集的样品。

为了对样品的有关情况随时查考,必须填写样品登记表。样品登记表应包括以下内容:样品名称、样品性质、样品编号、收样日期、采样日期、采样地点、采样方式、样品类型(市场、田间、出口等)、样品质量、包装方法、样品接收与否、样品接收检验人、送样人、贮存方式、贮存地点、保存时间、分析始末时间、分析人员、采集人、待测项目等信息。样品在进行登记时,要尽可能多地记录样品信息。

三、样品的制备与贮存

(一)样品缩分

在样品分析或样品贮存之前,要对采集的样品进行缩分和预处理,制备实验室检测样品及备份,以满足进一步处理和分析的需要。

粮食等粒状样品采用四分法缩分。先将粮食样品用小型脱粒机或凭借硬木搓板与硬木块进行手工脱粒,脱粒后晒干或烘干,使水分含量符合国家规定收购的谷物水分含量(一般不高于 14.5%)。或直接将所取的粮食样品混合均匀,铺成一圆形,过中心线画十字,把圆分为四等份,取对角两等份,如此逐步缩分至所需数量。

水果等块状样品及大白菜、包菜、甘蓝等大型蔬菜样品采用对角线分割法缩分。先用清水将样品洗净晾至无水或用干净纱布轻轻擦去样品表面的附着物,垂直放置,中间部分横切,然后上下两部分分别进行对角线切割,除去非可食部分,取所需量的样品。

小型叶菜类样品采用随机取样法缩分。取可食部分,先用清水将样品洗净晾至无水或用干净纱布轻轻擦去样品表面的附着物,再将整株植株粗切后混合均匀,随机取所需量的样品。

畜禽水产品样品采用随机取样法缩分。先用清水将样品洗净晾至无水,去皮、去骨、去鳞、去刺等非食用部分,切成细条,混合均匀后随机取所需量的样品。蛋类及乳类直接采用随机取样法缩分。

混合经预处理的样品,分成三份,一份检测用,一份需要时复查或确证用,一份作留样备用。

(二)样品制备与保存

各类样品的制备方法、留样要求、盛装容器和保存条件见表1-1,当送样量不能满足留样要求时,在保证分析样用量后,全部用作留样。

表 1-1　样品的制备和保存

样品类别	制样和留样	盛装容器	保存条件
粮谷、豆、烟叶、茶等干货类	用四分法缩分至约 300 g,再用四分法分成两份,一份留样(>100 g),另一份用食品粉碎机粉碎混匀供分析用(>50 g)	具塞磨口玻璃瓶 旋盖聚乙烯塑料瓶 具塞玻璃瓶	常温、通风良好
水果、蔬菜类	去皮、核、蒂、梗、籽、芯等,取可食部分,沿纵轴剖成两半,截成四等份,每份取出部分样品,混匀,用四分法分成两份,一份留样(>100 g),另一份用食品加工机捣碎混匀供分析用(>50 g)	具塞磨口玻璃瓶 旋盖聚乙烯塑料瓶 具塞玻璃瓶	−20℃ 以下的冰柜或冰箱冷冻室
坚果类	去壳,取出果肉,混匀,用四分法分成两份,一份留样(>100 g),另一份用食品加工机捣碎混匀供分析用(>50 g)	具塞磨口玻璃瓶 旋盖聚乙烯塑料瓶 具塞玻璃瓶	常温、通风良好、避光
蛋类	以全蛋作为分析对象时,磕碎蛋,除去蛋壳,充分搅拌;蛋白蛋黄分别分析时,按烹调方法将其分开,分别搅匀。称取分析试样后,其余部分留样(>100 g)	具塞磨口玻璃瓶 旋盖聚乙烯塑料瓶 具塞玻璃瓶	5℃ 以下的冰箱冷藏室
鱼类	室温解冻,取出 1~3 条留样,另取鱼样的可食部分用食品加工机捣碎混匀供分析用(>50 g)	具塞磨口玻璃瓶 旋盖聚乙烯塑料瓶 具塞玻璃瓶	−20℃ 以下的冰柜或冰箱冷冻室
肉类	室温解冻,在每一块上取出可食部分,四分法分成两份,一份留样(>100 g),另一份切细后用捣碎机捣碎混匀供分析用(>50 g)	具塞磨口玻璃瓶 旋盖聚乙烯塑料瓶 具塞玻璃瓶	−20℃ 以下的冰柜或冰箱冷冻室

续表1-1

样品类别	制样和留样	盛装容器	保存条件
蜂蜜、油脂、乳类	未结晶、结块样品直接在容器内搅拌均匀，称取分析试样后，其余部分留样（＞100 g）；对有结晶析出或已结块的样品，盖紧瓶盖后，置于不超过60℃的水浴中温热，样品全部融化后搅匀，迅速盖紧瓶盖冷却至室温，称取分析试样后，其余部分留样（＞100 g）	具塞玻璃瓶原盛装瓶	蜂蜜常温，油脂、乳类5℃以下的冰箱冷藏室

(三)制样注意事项

(1)样品缩分与预处理应在通风、整洁、无扬尘、无易挥发化学物质的场所进行。

(2)用干净纱布擦净样品上的泥尘等附着物后或用清水冲洗晾干后再用食品加工机捣碎或磨碎。粮谷类样品磨碎后过40～60目筛。

(3)制样中，样品标签与样品始终放在一起，严禁混错。

(4)制样所用工具每处理一份样品后擦洗一次，严防交叉污染。

【采样技术】

一、粮油样品采集

(一)生产地抽样

1.抽样单元

同一产地、同一品种或种类、同一生产技术方式、同期采收的产品为一个抽样单元。产地面积小于1 hm² 时，以0.1～0.2 hm² 作为抽样单元；产地面积大于1 hm² 小于10 hm² 时，以1～3 hm² 作为抽样单元；产地面积大于10 hm² 时，以3～5 hm² 作为抽样单元。每个抽样单元内采集一个代表性样本。

2.抽样时间

一般在被抽查地块收割前的3 d内进行，抽查作物应与全部作物的成熟度保持一致。

3.抽样方法

根据生产基地的地形、地势及作物的分布情况合理布设采样点。每个抽样单元内根据实际情况选用对角线法、梅花点法、棋盘式法、蛇形法等方法进行多点抽样，每个抽样单元内抽样点不应少于5个，每个抽样点面积为1 m² 左右，随机抽取该范围内的作物作为检验用样品。抽样量参照表1-2。

表1-2　生产基地抽样量

（引自NY/T 5344.4—2006）

产量/（kg/hm²）	抽样量/kg
＜7 500	150
7 500～15 000	300
＞15 000	按每公顷产量的2%比例抽取

(二)仓储及流通领域抽样

1.抽样单元

同种类、同批次、同等级、同货位、同车船(舱)为一个抽样单元。中、小粒粮食和油料一个抽样单元代表的数量一般不超过 200 t,特大粒粮食和油料一个抽样单元代表的数量一般不超过 50 t。

2.抽样方法

分散装产品采样、包装产品采样和流动产品抽样。

(1)散装产品抽样 散装的粮食、油料,根据堆形和面积大小分区设点,按粮堆高度分层扦样。步骤及方法如下:

分区设点。根据抽样单元的面积大小,分若干方块,每块为一个区,每区面积不超过 50 m²。每区设中心、四角 5 个点。区数在两个和两个以上的,两区分界线上的两个点为共有点(两个区共 8 个点,3 个区共 11 个点,依此类推)。粮堆边缘的点设在距边缘约 50 cm 处。

分层。堆高在 2 m 以下的,分上、下两层;堆高在 2~3 m 的,分上、中、下三层,上层在粮面下 10~20 cm 处,中层在粮堆中间,下层在距底部 20 cm 处;堆高在 3~5 m 时,应分四层;堆高在 5 m 以上的酌情增加层数。

抽样。按区按点,先上后下逐层扦样。各点抽样数量一致,不得少于 2 kg。将各点取样充分混合并缩分至满足检验需要的样品量。

散装的特大粒粮食和油料(花生果、大蚕豆、甘薯片等),采取扒堆的方法,参照"分区设点"的原则,在若干个点的粮面下 10~20 cm 处,不加挑选地用取样铲取出具有代表性的样品。

(2)包装产品抽样 中、小粒粮和油料抽样包数不少于总包数的 5%,小麦粉抽样包数不少于总包数的 3%。抽样的包点要分布均匀。抽样时,用包装扦样器槽口向下,从包的一端斜对角插入包的另一端,然后槽口向上取出。每包抽样次数一致,每包取样不少于 2 kg。

特大粒粮和油料(如花生果、花生仁、葵花籽、蓖麻籽、大蚕豆、甘薯片等)取样包数:200 包以下的取样不少于 10 包,200 包以上的每增加 100 包增取 1 包。取样时,采取倒包和拆包相结合的方法。取样比例,倒包按规定取样包数的 20%,拆包按规定取样包数的 80%。

倒包。先将取样包放在洁净的塑料布或地面上,拆去包口缝线,缓慢地放倒,双手紧握袋底两角,提起约 50 cm 高,拖倒约 1.5 m 全部倒出后,从相当于袋的中部和底部用取样铲取出样品。每包、每点取样数量一致。

拆包。将袋口缝线拆开 3~5 针,用取样铲从上部取出所需样品,每包取样数量一致。

(3)流动产品抽样 机械输送粮食、油料的取样,先按受检粮食、油料数量和传送时间,定出取样次数和每次应取的数量,然后定时从粮流的终点横断接取样品。

抽样完成后,将各点取样充分混合。用标准分样器或四分法将混合样品缩分至满足检验需要的样品量。缩分后的样品平均分成 3 份,分别作为检验样、复检样和备查样,要求每一份样品的量均能满足检验的需要,一般应不少于 2 kg。

二、蔬菜样品采集

(一)抽样时间

生产地:应在蔬菜成熟期或即将上市前进行。抽样时间应选在晴天的 9~11 时或 15~

17时,雨后不宜采样。

批发市场:应在批发交易高峰时抽样。

农贸市场和超市:应在采批发市场样品之前进行。

(二)抽样方法

生产地:同一产地、同一品种或种类、同一生产技术方式、同期采收或同一成熟度的蔬菜为一个抽样单元。当蔬菜种植面积小于 1 hm² 时,以 0.1~0.3 hm² 为一个抽样单元;种植面积大于 1 hm² 小于 10 hm² 时,以 1~3 hm² 为一个抽样单元;种植面积大于 10 hm² 时,以 3~5 hm² 为一个抽样单元;当在设施栽培的蔬菜大棚中采样时,每个大棚为一个抽样单元。每个抽样单元内根据实际情况采用对角线法、梅花点法、蛇形法、棋盘式法等方法采取样品。每个抽样单元内采样点不应少于 5 点,每个采样点面积为 1 m² 左右,随机抽取该范围内的蔬菜作为检验用样品。搭架引蔓的蔬菜,均取中段果实;叶菜类蔬菜去掉外帮;根茎类蔬菜和薯类蔬菜取可食部分。

批发市场:在同一市场中,应尽量抽取不同地方生产的蔬菜样品。散装产品,应视堆高不同从上、中、下分层取样,每层从中心及四周五点取样。包装产品,按堆垛采样,即在堆垛两侧的不同部位上、中、下或四角中取出相应数量的样本。

农贸市场和超市:样品应从不同摊位随机抽取。同一蔬菜样品应从同一摊位抽取。

(三)抽样量

生产地:一般每个样品抽样量不低于 3 kg,单个个体超过 0.5 kg 的,抽取样本不少于 10 个个体。单个个体超过 1 kg 的,抽取样本不少于 5 个个体。抽样时,应除去泥土、黏附物及明显腐烂和萎蔫部分。

市场:对有包装的产品(木箱、纸箱、袋装等),按表 1-3 进行随机抽样。散装产品,按表 1-4 随机抽样。在蔬菜个体较大情况下(大于 2 kg/个),抽检货物至少由 5 个个体组成。将所有抽检货物样品充分混合均匀,再缩分至满足实验室检验需要的样品量。实验室样品取样量见表 1-5。

表 1-3　有包装的蔬菜、水果抽检货物的取样件数
（引自 GB/T 8855—2008）

批量货物中同类包装货物件数	抽检货物取样件数
≤100	5
101~300	7
301~500	9
501~1 000	10
≥1 000	15(最低限度)

表 1-4　散装的蔬菜、水果抽检货物的抽样量
（引自 GB/T 8855—2008）

批量货物的总量/kg	抽检货物总量/kg
≤200	10
201~500	20
501~1 000	30
1 000~5 000	60
≥5 000	100(最低限度)

表 1-5　蔬菜、水果实验室样品取样量

(引自 GB/T 8855—2008)

产品名称	抽样量
小型水果、核桃、榛子、扁桃、板栗、毛豆、豌豆以及以下各项未列蔬菜	1 kg
樱桃、黑樱桃、李子	2 kg
杏、香蕉、木瓜、柑橘类水果、桃、苹果、梨、葡萄、鳄梨、大蒜、茄子、甜菜、黄瓜、结球甘蓝、卷心菜、块根类蔬菜、洋葱、甜椒、萝卜、番茄	3 kg
南瓜、西瓜、甜瓜、菠萝	5 个个体
大白菜、花椰菜、莴苣、红甘蓝	10 个个体
甜玉米	10 个
捆装蔬菜	10 捆

三、水果样品采集

抽样单元　同一生产企业或基地、同一品种或种类、同一生产技术方式、同期采收或同一成熟度的水果产品为一个抽样单元。

(一)生产地抽样

(1)抽样时间　一般选择在全面采收之前 3～5 d 进行,抽样时间应选择在晴天上午 9～11 时 或下午 3～5 时。

(2)抽样量　根据生产抽样对象的规模、布局、地形、地势及作物的分布情况合理布设抽样点,抽样点应不少于 5 个。在每个抽样点内,根据果园的实际情况,按对角线法、棋盘法或蛇行法随机多点采样。抽样量参照表 1-2。

(3)抽样方法　需在植株各部位(上、下、内、外、向阳和背阴面)采样。乔木果树,在每株果树的树冠外围中部的迎风面和背风面各取一组果实;灌木、藤蔓和草本果树,在树体中部采取一组果实。果实的着生部位、果个大小和成熟度应尽量保持一致。

(4)样品缩分　将所有样品混合在一起,分成三份,分别进行缩分,每份样品应不少于实验室样品取样量。实验室样品取样量参见表 1-5。

(二)仓储及流通领域抽样

(1)抽样量　包装产品参见表 1-3,散装产品参见表 1-4,实验室样品的取样量参见表 1-5。

(2)抽样方法　以每个果堆、果窖或贮藏库为一个抽样点,从产品堆垛的上、中、下三层随机抽取样品。

(3)样品缩分　同生产地抽样。

四、茶叶样品采集

分生产地采样、进厂原料采样、包装产品及紧压茶产品采样。

（一）生产地采样

（1）采样单元 同一产地、同一品种或种类、同一生产技术方式、同期采收的茶叶为一个抽样单元。

（2）采样量 采样点通过随机方式确定，每一采样点应能保证取得 1 kg 样品。采样点数量：1～3 hm² 设一个采样点；3.1～7 hm² 设两个采样点；7.1～67 hm² 每增加 7 hm²（不足 7 hm² 者按 7 hm² 计）增设一个采样点；67 hm² 以上，每增加 33 hm²（不足 33 hm² 者按 33 hm² 计）增设一个采样点；在采样时如发现样品有异常情况时，可酌情增加或扩大采样点数量。

（3）采样方法 对生长的茶树新梢采样，以 1 芽 2 叶为嫩度标准，随机在采样点采摘 1 kg 鲜叶样品。对多个采样点采样，将所采的原始样品混匀，用四分法逐次缩分至 1 kg。鲜叶样品及时干燥，分装 3 份封存，供检验、复验和备查之用。

（二）进厂原料采样

（1）采样量 进厂原料以质量为计数单位。采样数量：原料为 1～50 kg，采样 1 kg；51～100 kg，采样 2 kg；101～500 kg，增加 50 kg（不足 50 kg 者按 50 kg 计）增采 1 kg；501～1 000 kg，每增加 100 kg（不足 100 kg 者按 100 kg 计）增采 1 kg；1 000 kg 以上，每增加 500 kg（不足 500 kg 者按 500 kg 计）增采 1 kg。

（2）采样方法 对已采摘，但尚未进行加工的茶叶原料采样，以随机的方式采集样品，将所采的原始样品混匀，用四分法逐步缩分至 1 kg。样品及时干燥，分装 3 份封存，供检验、复验和备查之用。

（三）包装产品及紧压茶产品抽样

1.抽样单元

同一种类或品种、同一生产日期、同一等级的茶叶产品为一个抽样单元。

2.抽样件数

1～5 件，抽样一件；6～50 件，抽样两件；51～500 件，每增加 50 件（不足 50 件者按 50 件计）增抽一件；501～1 000 件，每增加 100 件（不足 100 件者按 100 件计）增抽一件；1 000 件以上，每增加 500 件（不足 500 件者按 500 件计）增抽一件。在抽样时如发现茶叶品质、包装或堆存等有异常情况时，可酌情增加或扩大抽样件数，以保证样品的代表性。

3.抽样方法

包装茶抽样：分包装时抽样和包装后抽样。包装时抽样即在产品包装过程中抽样。在茶叶定量装件时，根据抽样件数，每装若干件后，用取样铲取出样品约 250 g，混匀所抽的原始样品，用分样器或四分法逐步缩分至 500～1 000 g，分装 3 份封存，供检验、复验、备查之用。包装后抽样即在产品成件、打包、刷唛后取样。在整批茶叶包装完成后的堆垛中，从不同堆放位置，随机抽取规定的件数。逐件开启后，分别将茶叶全部倒在塑料布上，用取样铲各取出有代表性的样品约 250 g，置于有盖的专用茶箱中，混匀（大包装茶）；或从各件内不同位置处抽出 2～3 盒（听、袋），现场拆封，倒出茶叶混匀（小包装茶）。再用分样器或四分法逐步缩分至 500～1 000 g，分装 3 份封存，供检验、复检和备查之用。

紧压茶抽样：对于沱茶，随机抽取规定的件数，每件取 1 个（约 100 g），在取得的总个数中，随机抽取 6～10 个混合,分装于 3 个茶样罐或包装袋中封存,供检测、复检和备查之用。对于砖茶、饼茶、方茶,随机抽取规定的件数,逐件开启,从各件内不同位置处,取出 1～2 块,在取得的总个数中,单个重在 500 g 以上的,留取 2 块,500 g 及 500 g 以下的,留取 4 块。分装于 3 个茶样罐或包装袋中封存,供检测、复检和备查之用。

五、畜禽产品抽样

(一)抽样组批

饲养场:以同一养殖场、养殖条件相同、同一天或同一时段生产的产品为一检验批。

屠宰场:以来源于同一地区、同一养殖场、同一时段屠宰的动物为一检验批。

蜂蜜加工厂(场):以不超过 1 000 件为一检验批。同一检验批的商品应具有相同的特征,如包装、标志、产地、规格和等级等。

冷冻(冷藏)库:以企业明示的批号为一检验批。

市场:以产品明示的批号为一检验批。

(二)猪肉、牛肉、羊肉及其肝脏的抽样

分屠宰线上取样、冷冻(冷藏)库抽样和销售市场抽样。

1.屠宰线上取样

根据每批胴体数量,确定被抽样胴体数(每批胴体数量低于 50 头时,随机选 2～3 头;51～100 头时,随机选 3～5 头;101～200 头时,随机选 5～8 头;超过 200 头,随机选 10 头)。从被确定的取样猪(牛、羊)的胴体上,从背部、腿部、臀尖三部位之一的肌肉组织上取样,再混匀成约 1 kg 以上的一份样品。肝脏取整叶(取样牲畜为 1 头时)或随机取同一批 3～10 头猪(牛、羊)的肝样,混匀成约 1 kg 以上的一份样品。采后立即 0℃ 以下冷冻保存。

2.冷冻(冷藏)库抽样

若为成堆鲜肉产品,则从每批成堆产品的堆放空间的四角和中间设采样点,每点从上、中、下三层随机取若干小块混为一份样品,样品重量不得低于 1 kg;若为小包装冻肉,同批同质随机取 3～5 包混合,总量不得低于 1 kg。

3.销售市场抽样

每件产品在 500 g 以上,同批同质随机从 3～15 件上取若干小块混合成约 1 kg 以上的样品。每件产品在 500 g 以下,同批同质随机取样混合后,样品重量不得低于 1 kg;小块碎肉、肝,从堆放平面的四角和中间取同批同质的样品混合成 1 kg 以上的样品。

将上述取得的样品,按检验用样品、检验单位留样、被抽样单位留样要求分装、封好,贴上封样条。检验用样品、检验单位留样由抽样人员妥善保管,随身带回用于检验和备查用。被抽样单位留样封存于被抽企业,作为对检验结果有争议时复检用。

取样后冻肉样品应在冷冻状态下保存,生鲜样品应在 0～4℃ 条件下保存,24 h 内送达实验室。运输工具应保持清洁无污染。

(三)猪尿的抽样

(1)抽样量 样品总量为 10～50 头,抽样 2～5 头;样品总量为 51～100 头,抽样 3～8 头;

样品总量为 101～250 头,抽样 5～12 头;样品总量为 251 头以上,抽样 7 头以上。

(2)抽样方法　活体取样,在生猪保持安静时,取尿液约 100 mL;屠宰后取样,在生猪屠宰后,取出含有尿液的膀胱,取出尿液约 100 mL。将样品平均分成 3 份,每份约 30 mL,分装于样品瓶中密封。其中两份由抽样人员带回用于检验和备查用,另一份封存于被抽检单位,作为对检验结果有争议时复检用。

(四)禽肉抽样

从每批中随机抽取去除内脏后的整只鸡(鸭、鹅、兔)5 只,每只重量不低于 500 g。或从每批中随机抽取去除内脏后的鸽子(鹌鹑)30 只整体,用硅制小刀在背、腿部随机取约 1 kg 混合样。采后立即 0℃以下冷冻保存。

(五)蛋类抽样

分养殖场抽样和市场抽样。

(1)养殖场抽样　从选定的养殖场或养殖专业户,随机在当日的产蛋架上抽取 1 kg 新鲜蛋类。每个鸡、鸭、鹅蛋样品抽样量 10～20 枚,每个鹌鹑蛋和鸽蛋样品的抽样量 50～100 枚,样品应尽可能覆盖全禽舍。

(2)市场抽样　从每批产品中随机取 10 枚(鸽蛋、鹌鹑蛋为 50 枚),将抽得的样品分为3 份,分别包装,其中一份样品随抽样单贴上封条后交被抽检单位保存,另外两份随样品抽样单分别加贴封条由抽样人员带回实验室进行检测。

(六)奶抽样

分养殖场抽样和市场抽样。

(1)养殖场抽样　从选定的养殖场或养殖专业户,选取 4～5 头牲畜采全脂奶,每批的混合奶经充分搅拌混匀、无奶油形成后取样,样品量不得低于 2 L。

(2)市场抽样　在贮奶容器内搅拌均匀后,分别从上部、中部、底部等量随机抽取,或在运输奶车出料时前、中、后等量抽取,混合成 2 L 样品。

(七)蜂蜜抽样

分养殖场抽样、蜂蜜加工厂取样和市场、冷冻(冷藏)库抽样。

(1)养殖场抽样　从每批中随机抽取 10%的蜂群,每一群随机取 1 张未封蜂坯,用分蜜机分离后取 1 kg 蜂蜜样品。

(2)蜂蜜加工厂取样　取样量根据加工蜂蜜数量确定。小于 50 件取 5 件;50～100 件取10 件;101～500 件,每增加 100 件,增取 5 件;大于 501 件,每增加 100 件,增取 2 件。按规定的取样件数随机抽取,逐件开启。将取样器缓放入,吸取样品。如遇蜂蜜结晶时,则用单套杆或取样器插到底吸取样品,每件至少取 300 g 倒入混样器,将所取样品混合均匀,抽取 1 kg 装入样品瓶内。

(3)市场、冷冻(冷藏)库抽样　货物批量较大时,以不超过 2 500 件(箱)为一检验批。如货物批量较小,少于 2 500 件时,按 1～25 件取样 1 件;26～100 件,取样 5 件;101～250 件,取样 10 件;251～500 件,取样 15 件;501～1 000 件,取样 17 件;1 001～2 500 件,取样 20 件。每件(箱)抽取一包,每包抽取样品不少于 50 g,混合后样品总量应不少于 1 kg。或批货重量

<50 kg 取样 3 件;51～500 kg 取样 5 件;501～2 000 kg 取样 10 件;>2 000 kg 取样 15 件。每件取样量一般为 50～300 g,总量不少于 1 kg。

六、水产品抽样

(一)抽样组批

鲜活水产品以同一水域、同一品种、同期捕捞或养殖条件相同的产品为一个抽样单位,且池塘养殖水域面积不超过 133 hm², 湖泊、水库、近岸海域、滩涂养殖面积不超过 667 hm²。

初级水产加工品按批号抽样,在原料及生产条件基本相同的条件下,同一天或同一班组生产的产品为一个抽样单位。

(二)抽样方法

分养殖场抽样、加工厂抽样和市场抽样。

(1)水产养殖场抽样 根据水产养殖场池塘的分布情况,合理布设采样点,从每个采样点随机抽取鲜鱼、虾、螺、蚌等样品混合,每个抽样单位抽取 1 kg 混合样品。体重在 500 g 左右的,个体数不少于 5 个,体重在 250 g 以下的个体数不少于 10 个。

(2)水产品加工厂抽样 从一批水产加工品中随机抽取样品,每个批次随机抽取净含量 1 kg(至少 4 个包装袋)以上的样品,干制品抽取净含量 500 g(至少 4 个包装袋)以上的样品。

(3)市场抽样 在销售市场抽取散装样品,应从包装的上、中、下至少三点抽取样品,以确保所抽样品具有代表性。每个批次抽取 1 kg(至少 4 个包装袋)以上的样品。

【任务考核标准】

序号	考核项目	考核内容	考核标准	参考分值
1	基本素质	学习与工作态度	态度端正,学习认真,方法多样,积极主动,责任心强,出满勤。	5
		团队协作	服从安排,顾全大局,积极与小组成员合作,共同完成工作任务。	5
2	基本知识	样品分类	能说出或写出样品常用分类方法。	5
		采样程序与方法	能说出或写出样品采集要求、程序、内容、方法。	5
		样品预处理与贮存	能说出或写出样品预处理与贮存方法。	5
3	制定抽样方案	制定粮油(或蔬菜、水果、肉类)抽样方案	能根据检测目的和任务,查阅相关资料,制定抽样方案。	10
4	抽样	抽样准备	能根据抽样任务合理准备抽样工具、包装容器、文具等物资。	5
		抽样	能按抽样规范抽样。抽样单元(组批)划分合理、抽样点布设合理、抽样方法正确、抽样部位得当、抽样量符合要求。	15
		现场记录	能正确填写样品标签、抽样单,内容详细、字迹清晰。	10
		样品包装与封存	盛装、包装样品容器选择恰当,包装完好,封样规范。	5

续表

序号	考核项目	考核内容	考核标准	参考分值
5	样品制备与贮存	缩分与预处理样品	能对样品进行正确缩分和处理。	10
		贮存样品	能对样品进行正确贮存,盛装容器、贮存条件选择恰当。	10
6	职业素质	方法能力	能通过网络、书籍快速获取所需信息,提出问题明确,表达清晰,有独立分析问题和解决问题的能力。	5
		工作能力	主动完成自测训练,有完整的读书笔记,字迹工整。	5
		合　计		100

【自测训练】

一、知识训练

(一)填空题

1.按照 IUPAC 和 ISO 提出的定义,样品分为_____、_____、_____和_____。

2.抽样方案应包括_____、_____、_____、_____、_____、_____、_____等。

3.采样应由_____人员进行。抽样人员不应少于_____人。抽样人员应随身携带_____。

4.采集的样品应具有_____,以使对所取样品的测定能代表样本总体的特性。

5.样品采集、运输、制备过程中应防止_____,避免样品受到污染。

6.采样同时,抽样人员应在现场认真填写_____和_____。

7.采集蔬菜样品,抽样时间确定,生产地应在_____抽样;批发市场宜在_____抽样;农贸市场和超市宜在_____抽样。

8.蔬菜生产地抽样,一般每个样品抽样量不低于_____,单个个体超过 0.5 kg 的,抽取样本不少于_____。单个个体超过 1 kg 的,抽取样本不少于_____。

9.对于苹果和果实等形状近似对称的样品进行分割时,应_____进行缩分;对于细长、扁平或组分含量在各部位有差异的样品,应_____进行缩分;对于谷类和豆类等粒状、粉状或类似的样品,应_____进行缩分。

(二)判断题(正确的画"√",错误的画"×")

1.每次抽样人员不得少于 2 人。(　　)

2.抽样人员实施抽样工作时,应主动向受检单位出示有关通知、有效证件、提交抽样单等。(　　)

3.抽样单、封样条应由抽样人员和被抽检单位代表共同签字或加盖公章。(　　)

4.抽样人员和被检单位代表共同确认样品的真实性、代表性和有效性。(　　)

5.抽样完成后,样品应在规定时间内送达实验室。(　　)

(三)单项选择题

1.新鲜水果和蔬菜等样品的采集,无论进行现场常规鉴定还是送实验室做品质鉴定,一般要求(　　)取样。

A.随机　　　　　　B.选择　　　　　　C.任意　　　　　D.有目的性

2.对样品进行理化检验时,采集样品必须有(　　　)。

A.随机性　　　　　B.典型性　　　　　C.代表性　　　　D.适时性

3.样品的制备是指对样品的(　　　)等过程。

A.粉碎　　　　　　B.混匀　　　　　　C.缩分　　　　　D.以上三项都正确

4.物料量较大时最好的缩分物料的方法是(　　　)。

A.四分法　　　　　B.使用分样器　　　C.棋盘法　　　　D.用铁铲平分

(四)简答题

1.样品采集有哪些基本要求?

2.样品有哪些分类方式?

3.蔬菜怎样抽样?

4.肉类怎样抽样?

5.粮食怎样抽样?

(五)名词解释

样品,实验室样品,检验样品,抽样,抽样单元。

二、技能训练

(一)蔬菜样品采集

1.制定抽样方案。

2.进行生产地和农贸市场采样。

3.进行样品制备和贮存。

(二)猪肉样品采集

1.制定抽样方案。

2.进行屠宰场采样。

3.进行样品制备和贮存。

项目2

农药残留检测

❦ 知识目标

　　1.了解残留农药的种类、特性及农残检测的特点。

　　2.熟悉农药残留速测原理与结果判定的相关知识。

　　3.熟知农药残留检测样品的前处理方法及适用条件。

　　4.熟知农残检测结果评价方法与要求。

　　5.熟悉各类农残检测技术的色谱分离条件及相关定性、定量的方法。

❦ 能力目标

　　1.能够使用农药残留速测仪测定农业产品中的农药残留,具备维护农药残留速测仪能力。

　　2.能够使用传统方法及先进技术对样品进行提取、净化,制备可检测样液。

　　3.能够使用气相色谱、液相色谱、紫外分光光度等仪器进行20种以上农药残留的检测。

　　4.能够识别色谱图,进行数据记录;并能通过保留时间定性、外标法进行定量分析。

　　5.能够开展检测方法的评价,对检测结果可信度进行判定。

 任务 2-1　农药残留检测基础知识

【任务内容】

　　1.农药残留概念、来源及危害。

　　2.农药残留检测的目的、方法、程序及检测方法选择。

　　3.农药残留检测技术人员要求及实验条件控制标准。

　　4.农药残留检测对结果精密度和准确度的要求,运用分析方法的灵敏度、准确度、精密度等指标,进行质量控制描述。

　　5.分析数据处理方法。

　　6.完成自测训练。

【学习条件】

1. 场所:校内农产品质量检测实训中心(理实一体化教室、样品前处理室、仪器分析室)、农产品质量安全检测校外实训基地(检验室)及多媒体教室。

2. 仪器设备:多媒体设备、气相色谱仪(火焰光度检测器、电子捕获检测器、氢火焰检测器、热导检测器、配自动进样器、分流/不分流进样口等)、液相色谱仪(紫外检测器、荧光检测器、二极管阵列检测器等)、紫外-可见光分光光度计等。

3. 其他:教材、相关 PPT、视频、影像资料、相关图书、网上资源等。

【相关知识】

农药是用于防治危害农、林、牧业生产中的害虫、害螨、线虫、病原菌、杂草及鼠类等有害生物和调节植物生长的化学药品或生物制品。统计显示,现代农业生产中正确使用农药,粮食增产 10%、棉花增产 20%、水果增产 40%。

根据农药成分及来源,农药可分为矿物源农药、生物源农药和有机合成农药。其中,有机合成农药是指由人工合成并由有机化学工业生产的一类农药,它可分为有机氯农药、有机磷农药、氨基甲酸酯农药、拟除虫菊酯农药等;有机合成农药结构复杂、种类繁多、应用广泛、药效高,是现代农药的主体。根据防治对象,农药又分为杀虫剂、杀螨剂、杀菌剂、除草剂、植物生长调节剂等,以杀虫剂应用最广,用量最大,也是毒性较大的一类农药,其次是杀螨剂、杀菌剂和除草剂。

农药是一把双刃剑。农药的施用在提高农作物产量的同时也带来了许多问题,其中,最大的问题是环境污染、农业生态系统失衡。长期大量使用农药,空气、水源、土壤和食物受到污染,导致农产品中大量农药残留,毒物累积在牲畜和人体内引起中毒,造成农药公害问题。

一、农药残留

(一)农药残留的概念

农药残留是指农药使用后残存于生物体、食品(农产品)和环境中的微量农药原体、有毒代谢物、在毒理学上有重要意义的降解产物和反应杂质的总称。农药残留主要有两种形式:一种是附着在农产品的表面;另一种是在农产品的生长过程中被吸收,进入其根、茎、叶中。

农药残留量一般是指农药本体物及其代谢物的残留量的总和,并构成不同程度的残留毒性。

(二)农药残留的来源

当农药直接用于农作物、畜禽或环境介质(包括水、空气、土壤等)时,或者间接通过挥发、飘移、径流、食物或饲料等方式暴露于上述受体时,就产生了农药残留。

过高的农药残留量一般是由于使用化学性质稳定、不易分解的农药品种,或者是不合理地过量使用农药造成的。当用持留有农药残留的饲料喂养家畜,或者在农药污染的土壤上种植作物,持留着的微量(或痕量)农药就会向家畜、作物体内转移和蓄积,这是农药残留的间接来源。

在农药施用结束或暴露（包括转移）停止时发生的农药残留程度称为初始残留量。初始残留量的大小取决于农药施用或暴露量的大小，在此之后任一时间点的农药残留量则取决于初始残留量的降解速率。降解速率主要受农药的性质（如蒸气压、稳定性、溶解度和分散性等）、受体的性质及环境因素三方面的影响，一般以残留半衰期，即农药初始残留量至降解一半所需要的时间来表示。

目前使用的农药，除了有机氯类等少数农药外，大多数都能在较短时间内降解成为无害物质，所以只要科学使用农药，对环境的影响也是有限的。但是，不合理和超范围地使用农药，不仅可以造成农产品和食品中农药残留超标，而且对江河湖海、土壤等环境造成污染。

（三）农药残留毒性

因摄入或长时间重复暴露农药残留而对人、畜以及有益生物产生急性中毒或慢性毒害，称农药残留毒性。

农药残留毒性的大小与农药的性质和毒性、残留量多少等因素有关。因食物中的过量农药残留引起急性中毒的现象一般是高毒农药违规施用造成的。这类农药如有机磷杀虫剂甲胺磷、对硫磷、甲拌磷、内吸磷、氧化乐果等，氨基甲酸酯杀虫剂涕灭威、克百威等。除了高毒农药外，构成突出残留毒性的农药有以下类型：①化学性质稳定，难以生物降解，脂溶性强，容易在生物体富集的农药。有机氯杀虫剂的许多品种都属于这一类，如滴滴涕、六六六等。②农药亲体或其杂质或代谢物具有"三致"性（致癌、致畸、致突变）的农药，如杀虫脒的代谢物 N-4-氯邻甲苯胺，代森类杀菌剂的代谢产物乙撑硫脲，其他品种如敌枯双、三环锡、二溴氯丙烷等。

人们长期食用农药残留超标的食品，农药可以在人体内逐渐蓄积，从而导致机体生理功能紊乱，损害神经系统、内分泌系统、生殖系统、肝脏和肾脏，影响机体酶活性，降低机体免疫功能，引起结膜炎、皮肤病、不育、贫血等疾病。慢性中毒的过程缓慢，症状短时间内不明显，容易被人们所忽视，所以危害性更大。

（四）农药残留限量标准

为了防止食品中的农药残留危害人体健康，人们在农药残留的安全性评价的基础上，制定了每种农药在每种农产品中的最大残留限量。

农药最大残留限量（maximum residue limit，MRL）是指法定允许在农产品、食品、动物饲料和环境中一种农药残留的最大浓度，用 mg/kg 表示。也称最高残留限量、最大允许残留量。最大残留限量是由国家法定机构或食品法典委员会（CAC）制定，确定的数值应用于国际贸易中。

每日允许摄入量（acceptable daily intake，AID）是根据对一种化合物已有数据的评价，消费者一生中每天摄入这种化合物不会对身体健康造成可见风险的量，用 mg/kg 体重表示。每日允许摄入量国际上由联合国粮农组织（FAO）/世界卫生组织（WHO）的农药残留联席会议制定，在许多国家是由各自的法定机构制定。

再残留限量（extraneous maximum residue limit，EMRL）是指一些残留持久性农药过去曾经在农业上使用，现已禁用，但在禁用前已构成了对环境的污染。环境中累积的这些持久性农药残留物，再次造成对农产品的污染，在农产品和饲料中形成的残留。为了防止对禁用农药的误用或违规再使用情况的发生，特制定其在食品中的最高再残留限量，用 mg/kg 表示。一般都规定为不得检出或确定在测定方法的测定低限范围(<0.01~0.05 mg/kg)。

随着社会进步和科学技术的发展,人们对食品质量和安全性的要求越来越高,农药残留限量标准也在不断增加和修改,标准要求日趋严格。我国正式颁布了100多种农药近500项农药残留限量标准。

二、农药残留检测

(一)农药残留检测的目的和特点

农药残留检测是应用现代分析技术对残存于农产品、食品和环境介质中微量、痕量以至超痕量水平的农药进行的定性、定量测定。包括已知农药残留检测和未知农药残留分析两方面的内容。

1. 农药残留检测的目的

(1)研究农药施用后在农作物或环境介质中的代谢和降解,制定农药残留限量标准、农药安全使用标准。

(2)检测食品和饲料中农药残留的种类和水平,以确定其质量和安全性,满足对食品质量和安全的管理需要。

(3)检测环境介质(水、空气、土壤)和生态系统中农药残留种类和水平,以了解环境质量和评价生态系统的安全性,满足环境监测与保护的管理需要。

2. 农药残留检测的特点

(1)样品中农药的含量很少。每千克样品中仅有毫克(mg/kg)、微克(μg/kg)、纳克(ng/kg)量级的农药,在大气和地表水中农药含量更少,每千克仅有皮克(pg/kg)、飞克(fg/kg)量级。而样品中的干扰物质脂肪、糖、淀粉、蛋白质、各种色素和无机盐等含量远远大于农药,决定了农药残留分析方法灵敏度要求很高,对提取、净化等前处理要求也很高。

(2)农药品种繁多。目前在我国经常使用的农药品种多达数百个,各类农药的性质差异很大,有些还需要检测有毒理学意义的降解物、代谢物或者杂质,残留分析方法要根据各类农药特点而定。

(3)样品种类多。有各种农畜产品、土壤、大气、水样等,各类样品中所含水量、脂肪量和糖量均不相同,成分各异,各类农药的处理方法差异很大。

(4)测定样品时,对方法的准确度和精密度要求不高,而灵敏度要高、特异性要好,要求能检出样品中的特定微量农药。

(二)农药残留检测方法和程序

1. 农药残留检测方法

(1)农药残留的检测方法依所用仪器和检测原理不同可分为气相色谱法、高效液相色谱法、气-质联用法、液-质联用法、毛细管电泳法、酶抑制法等。

①气相色谱法 气相色谱法(gas chromatography,GC)是英国生物化学家 Martin ATP 等人在研究液液分配色谱的基础上,于1952年创立的一种极有效的分离方法,它可分析和分离复杂的多组分混合物。从20世纪60年代开始,气相色谱法即应用于农药残留量测定。目

前由于使用了高效能的毛细管色谱柱、高灵敏度的检测器及微处理机,使得气相色谱法成为一种分析速度快、分离效率高、灵敏度高、稳定性好、应用范围广的分析方法。根据待测物性质的不同,GC有多种检测器可供选择,气相色谱检测器有火焰离子化检测器(FID)、火焰光度检测器(FPD)、氮磷检测器(NPD)、电子捕获检测器(ECD)、热电导检测器(TCD)以及质谱(MSD)和原子发射检测器(AED)等。

②高效液相色谱法 20世纪40、50年代,塔板理论、速率理论等色谱理论进一步发展,60年代,填料制备技术发展,化学键合固定相的出现,柱填充技术的进步及高压输液泵的研制,使具有优良性能的液相色谱仪的分离效率提高、分析速度加快,被称作高效液相色谱(high performance liquid chromatography,HPLC)。HPLC是在经典液相柱色谱的基础上,引入了气相色谱的色谱理论和技术并加以改进而发展起来的新型高效分离技术。

对非挥发性和热不稳定性农药残留量的分析,HPLC是非常有效的分析手段。紫外吸收检测器(UV)、荧光检测器(FLD)是其常用检测器。

在农药残留量分析中,高效液相色谱不可能替代气相色谱,但与气相色谱成为互补短长的作用已经很明显。目前,在有机氯、有机磷、氨基甲酸酯、拟除虫菊酯等杀虫剂、杀菌剂、除草剂等农药残留量测定方面都有了大量的报道。

③气相色谱-质谱联用法 气相色谱与质谱联用法(gas chromatography-mass spectrometry,GC-MS)是将气相色谱仪和质谱仪串联起来,利用气相色谱对混合物的高效能分离能力和质谱对纯物质的准确鉴定能力而发展成的一种分析方法。GC-MS经历了半个多世纪的发展,在更大程度上扩展了气相色谱的应用,不仅具有高灵敏度、高选择性,而且在化合物定性方面提供了丰富分子结构信息,使分离、定量或定性一次完成,因此,GC-MS适合食品质量安全控制和环境监测中农药单残留或多残留的快速分离与定性,也是主要的确证分析方法。

④液相色谱-质谱联用法 液相色谱-质谱联用法(liquid chromatography-mass spectrometer,LC-MS)是将液相色谱与质谱串联成为一个整机,将高分离能力、使用范围极广的色谱分离技术与高灵敏、高专属性的质谱技术相结合,成为一种对复杂样品进行定性和定量分析的有力工具。LC-MS适用于低浓度、难挥发、热不稳定和强极性农药、兽药的残留分析,具有检测灵敏度高、选择性好、定性定量同时进行、结果可靠等优点。一般而言,凡可用高效液相色谱进行残留分析的农药品种都可以采用LC-MS的方法。

⑤毛细管电泳法 电解质中带电粒子在电场力作用下,以不同的速度向电荷相反方向迁移的现象称为电泳。利用电泳现象对化学和生物化学组分进行分离的技术称之为电泳技术。毛细管电泳法(capillary electrophoresis,CE),又称高效毛细管电泳(high performance capillary electrophoresis,HPCE),系指样品各组分在高压电场的作用下迁移速率的不同而实现各组分分离的现代分析技术。该法分离对象已拓宽到中性小分子和对映体的分离。

HPCE是经典电泳技术和现代微柱分离技术相结合的方法,具有高效、快速、样品用量少、使用成本低、操作简单、溶剂消耗少、环境污染小等特点,在农药检测、环境分析及生命科学领域得到迅速发展和广泛应用。

⑥酶抑制法 研究适合现场快速检测果蔬等农产品中农药残留的检测仪器和系统,对于农产品和食品安全的初筛具有重要的意义。现阶段使用的速测箱、速测仪、速测卡、速测试剂盒等,其技术原理可分为化学法、酶抑制法和免疫法。21世纪初,酶抑制快速检测法在基层推广应用,其技术操作简便、易行、成本低,适用于现场检测及大量样品筛选。

（2）按检测样品中残留农药的种类多少，农药残留检测方法还可分为农药单残留检测和农药多残留检测。

①农药单残留检测　农药单残留检测（single residue method，SRM）是定量测定样品中一种农药残留（包括具有毒理学意义的杂质或降解产物）的方法。这类方法在农药登记注册的残留试验、制定最大农药残留限量（MRL）或在其他特定目的的农药管理和研究中经常应用。适用于某些性质不稳定、易挥发、两性离子或几乎不溶于任何溶剂的特殊农药残留的检测，这种方法测定比较费时，花费较多。

②农药多残留检测　农药多残留检测（multi-residue method，MRM）是在一次检测中能够对待测样品中多种农药残留同时进行提取、净化、定性和定量检测。根据检测农药残留种类的不同，可分为两种类型：一种多残留检测方法仅适用于检测同一类的多种农药残留，称为单类型农药多残留检测，也称为选择性多残留方法。同类型农药的理化性质相似，可以实现同时检测，如有机磷农药多残留检测、有机氯农药多残留检测、氨基甲酸酯农药多残留检测、磺酰脲除草剂多残留检测等；另一种多残留检测方法适用于一次检测多类多种农药残留，也称为多类多残留方法。多残留方法常用于管理和研究机构对未知用药历史的样品进行农药残留的检测分析，以对农产品、食品或环境介质的质量进行监督、评价和判断。

2.农药残留检测程序

农药残留检测包括样品采集、样品预处理、样品制备以及分析测定等程序。

样品采集包括采样、样品的运输和保存，是进行准确的残留分析的前提。

样品预处理是对送达实验室的样品进行缩分（四分法）、剔除（石块、腐叶、泥土等杂质）、粉碎（匀浆）等处理，使实验室样品成为适于分析处理的检测样品的过程。

样品制备包括提取、净化和浓缩。提取，指用溶剂将待测试样中的农药溶解、分离出来的过程；净化，指将提取物中的农药与共提物质（或干扰物质）分离的过程；浓缩，指将大体积溶液中的溶剂减少，使溶液浓度增高的步骤。在有些农药残留的检测中，为了增强残留农药的可提取性或提高其分辨率、测定的灵敏度，对样品中该种农药进行化学衍生处理，称之为衍生化。

检测分析过程包括试样的测定和数据报告。试样的测定包括定性和定量分析。通常把从分析仪器获得的与样品中的农药残留量成比例的信号响应称为检出。把通过参照比较农药标准品的量（外标法或内标法）测算出试样中农药残留的量称为测定。数据报告不但是残留分析结果的计算、统计和分析，更是对残留分析方法的准确性、可靠性进行描述和报告，包括方法再现性、重复性、检测限、定量限、回收率、线性范围和检测范围等，更进一步则是方法的可靠性分析，以说明残留分析过程中的质量保证和质量控制。

最后编写检测报告并上报（检测报告格式见附录二）。

（三）农药残留检测方法的选择

在选择农药残留检测方法时，一般应考虑以下几个因素：

1.目标农药的理化性质、检测任务要求、样品的性质以及样品来源的用药历史

首先应了解目标农药的理化性质，如化学结构、极性、溶解性、蒸气压及稳定性等。然后根据检测任务的目的要求，选用合适的分析方法。样品性质对样品处理方法的选择也十分重要。

2.单残留或多残留分析方法

如选择多残留分析方法,分析样品的用药历史未知,最理想的是结合使用快速测定方法对样品进行筛选,以确定是否做进一步的多残留分析。

3.最大残留限量和方法检测限以及方法总误差

任何分析方法都有一个最小检出限(limit of detection,LOD),分析目标物的量在此限之下即使存在也无法检出。要考虑农药的最大残留限量与最低检测浓度(limit of quantification,LOQ)是否相适合,分析试样的背景和仪器的灵敏度。

方法总误差(total error,TE)表示方法的准确度和精密度,是二者之和。

在痕量分析中,总误差较容易发生,一般总误差<50%为好,50%~100%可以接受,总误差>100%的方法,如果没有更好的方法仍可应用。

4.分析的时间和费用

选择一种残留分析方法时,要考虑分析的时间和费用。一般来说,分析时间越短费用越低,但是最快、最便宜的方法,按照其他标准并非就是最好的方法。所以选择方法经常要综合考虑分析的速度和质量。此外,在选择一种残留分析方法时,还需考虑所需要的仪器能否获得。

5.分析方法的有效性

选择残留分析方法时,要尽可能使用经过国家或者国际权威机构确认的标准方法。一般来说,选择一种经过确认的或普遍接受的方法。

三、农药残留检测的质量控制

(一)技术人员要求

从事农药残留检测技术人员的职业名称为农产品质量安全检测员。NY/T 2298—2013《中华人民共和国农业行业标准 农产品质量安全检测员》定义为使用检测仪器设备,运用物理、化学以及生物学的方法,对农产品质量安全进行检测的人员。

我国农产品质量安全检测员设5个等级,初级农产品质量安全检测员(国家职业资格五级)、中级农产品质量安全检测员(国家职业资格四级)、高级农产品质量安全检测员(国家职业资格三级)、农产品质量安全检测师(国家职业资格二级)、高级农产品质量安全检测师(国家职业资格一级)。

农产品质量安全检测员应具备的基本职业能力、基础知识,遵守的职业守则、工作要求应符合 NY/T 2298—2013 要求。

(二)实验室工作条件的质量控制

1.实验室环境

实验室环境是指实验室内温度、湿度、气压、噪声、辐射、空气中的悬浮微粒含量及污染气体成分等参数的总称。其中有些参数影响仪器的性能,从而对测定结果产生影响;有些参数则改变了实验条件,直接影响被测样品的分析结果。有时这两种结果兼而有之。因此,实验室一般要求配有控温、控湿、通风、排气等设施和劳动防护措施,样品制备操作应在专门的通风橱内进行;实验室还应按照样品存贮、天平称量、样品制备、仪器分析等划分功能区,残留分析中常用的高灵敏度仪器(GC、HPLC 等)应在洁净的、单独的实验室中使用。

2.实验室用水

实验室用水严格按照 GB/T 6682—2008《分析实验室用水规格和试验方法》的要求。分析实验室用水共分三个级别,一级水、二级水和三级水。一级水用于有严格要求的分析试验,包括对颗粒有要求的试验。如高效液相色谱分析用水。一级水可用二级水经过石英设备蒸馏或离子交换混合床处理后,再经 0.2 μm 微孔滤膜过滤来制取;二级水用于无机痕量分析等试验,如原子吸收光谱分析用水。二级水可用多次蒸馏或离子交换等方法制取;三级水用于一般化学分析试验。三级水可用蒸馏或离子交换等方法制取。

3.化学试剂

化学试剂一般分为四级,见表 2-1。

表 2-1 化学试剂的等级及标志

(引自 GB/T 15346—2012)

纯度分类	光谱纯	优级纯	分析纯	化学纯
英文标志	spectrography	guaranteed reagent	analytical reagent	chemical pure
英文缩写	SP	GR	AR	CP
试剂级别	特级试剂、基准试剂	一级试剂、保证试剂	二级试剂、分析试剂	三级试剂
瓶签颜色	白色	深绿色	金光红色	中蓝色
主要用途	近于不含杂质,用于精密的科学研究和分析工作	杂质含量很低,用于精密的科学研究和分析工作	杂质含量低,一般的科学研究和分析工作	质量略低于分析纯试剂,用于一般分析工作

分析中一般都用化学纯试剂配制溶液。标准溶液和标定剂通常都用分析纯或优级纯试剂。微量元素分析一般用分析纯试剂配制溶液,用优级纯试剂或纯度更高的试剂配制标准溶液。精密分析用的标定剂等有时需选用更纯的基准试剂(绿色标志)。光谱分析用的标准物质有时须用光谱纯试剂(SP)。残留分析中所用试剂均应为二级或二级以上,高效液相色谱仪流动相则应使用一级(或称色谱纯)试剂。

不含杂质的试剂是没有的,即使是极纯粹的试剂,对某些特定的分析或痕量分析,并不一定符合要求。市场销售的试剂往往不能达到残留分析的要求,需要进行净化处理。

为了确定溶剂的纯度是否满足农药残留分析的要求,对市场销售的溶剂按下法检验:

取 300 mL 溶剂放入旋转蒸发器中,浓缩至 5 mL。取 5 μL,在准备应用的色谱条件下,注入气相色谱仪内,在色谱图上于 2~60 min 内,不应有 1 mm 以上的杂质峰。

某溶剂在整个分析方法过程中使用一定数量,取总量的 2 倍量,浓缩并定容到最小体积,取最大进样量进样,不出现杂质峰或产生小于噪声 1/2 或小于 1~2 mm 的峰为标准。

达到上述检验要求的溶剂,可以直接供农药残留分析使用。达不到要求的溶剂,根据溶剂的性质和所含的杂质,分别进行提纯。

4.农药标准物质

对农药残留进行准确定性和定量分析时,农药标准品是不可缺少的。农药标准品是纯度较高、质地均匀、含量和其他理化性质经检验合格的农药原始物质。在农药残留分析中作为参比物质,用于确定该同一农药成分的量值或其他分析目的,一般需经过权威机构认可。

采用仪器(如分光光度计、气相、液相色谱仪等)测定农药残留,通常为比较法,都必须使用参比物质。样品中农药的含量是与参比物质相比较而得到的。一种仪器分析方法结果的准确性,与所使用的农药参比物质含量的准确度直接相关,因此应使用有证标准物质。标准物质一般分为两级:

一级标准物质(基准参比物),是高度纯化的、对各项特性有详细描述的合格参比物,用于标定工作标样的含量及其理化参数。一级标准物质的均匀性、稳定性良好。其制备要耗费大量的人力和宝贵材料,故价格昂贵。

二级标准物质(工作标样),是经纯化的、用于日常分析工作的参比物。其纯度和性质是与基准参比物在相同条件下比较而确定的。其稳定度和均匀性未达到一级标准物质水平,但能满足一般测量的需要。工作标样可用于质量控制、残留分析、稳定性试验等。

标准物的纯度一般应达到99%以上。一级标准物质应定值到小数点后两位,工作标样为小数点后一位。用相应溶剂溶解时,溶液应是澄清的。

在我国,通常由负责起草农药制剂标准的单位来提供农药标准物质,如国家标准物质研究中心、农业部农药检定所、沈阳化工研究院等。

农药标准物质在贮存和运输过程中应避免光照或包装不严与空气接触。一般贮存于干燥器(最好充氮气)内,然后置于冰箱中(−18℃)。

5.检测仪器设备的配置与管理

检测仪器设备是开展农产品质量安全检测的必要条件,其配置直接与实验室的工作范围、检测能力水平相关。如果要达到现有国家检测标准的要求,一般最少应配备有液-质联用仪、高效液相色谱仪、气-质联用仪、气相色谱仪、原子吸收分光光度计、原子荧光分光光度计、自动定氮仪、紫外-可见光分光光度计、电子天平、微波消解仪等大型精密仪器设备及其他相应的辅助仪器设备。

农药残留检测仪器设备的管理要求:

(1)仪器设备数量、性能应满足所开展检测工作的要求,配备率应不低于98%。

(2)专人负责管理保养,并建立使用登记制度。

(3)建立仪器设备档案。内容包括:仪器名称、唯一性标识、价值、型号规格、出厂号、制造商名称、仪器购置、验收、调试记录,接收日期、启用时间、使用说明书(外文说明书需有其操作部分的中文翻译)、放置地点、历次检定(校准)情况、自校规程,运行检查、使用、维护(包括计划)、损坏、故障、改装或修理记录。

(4)定期进行计量检定,做好运行检查。

(三)残留分析方法的质量控制

1.方法的灵敏度

方法灵敏度是指该方法对单位浓度或单位质量的待测物质的变化所引起的响应量变化的程度,可以用仪器的响应量或其他指示量与对应的待测物质的浓度或量之比来描述。在一定的实验条件下,灵敏度具有相对的稳定性。

实际工作中常以校准曲线的斜率来度量灵敏度。通过校准曲线可以把仪器响应量与待测物质的浓度或量定量地联系起来。可用式(2-1)表示校准曲线的直线部分。

$$A = kc + a \tag{2-1}$$

式中：A—仪器的响应量；

k—方法的灵敏度，k 越大，方法灵敏度越高；

c—待测物质的浓度；

a—校准曲线的截距。

在农药残留分析实验中，方法的灵敏度常用最小检出量（LOD）或最低测定浓度（LOQ）表示。最小检出量是指试样中被测物质能被检测出的最低量。或指由基质空白所产生的仪器背景信号的 3 倍值的相应量，或者指以基质空白产生的背景信号平均值加上 3 倍的均数标准差，均以分析物质的浓度表示，单位 $\mu g/kg$ 或 mg/kg。最低测定浓度是指由基质空白所产生的仪器背景信号的 10 倍值的相应量，或者指以基质空白产生的背景信号平均值加上 10 倍的均数标准差，均以分析物质的浓度表示，单位 $\mu g/kg$ 或 mg/kg。

方法的灵敏度应该至少比该农药在指定的该作物上的最大残留限量低一个数量级。

2. 方法的准确度

准确度是指在一定条件下对样品中残留农药多次测定的平均值与该样品中真实值相符合的程度。它是反映分析方法或测定系统存在的系统误差和随机误差两者的综合指标，它决定分析结果的可靠性。

准确度可以用绝对误差或相对误差表示。

$$绝对误差 = 测定值 - 真值$$

$$相对误差 = \frac{绝对误差}{真值} \times 100\%$$

真值虽然客观存在，但是我们不能直接测定出来。在实际工作中，一般在试样中添加已知标准物质量作为真值，并以回收率表示准确度。回收率按式（2-2）计算。

$$P = \frac{x_i - x_0}{n} \times 100\% \tag{2-2}$$

式中：P—加入的标准物质的回收率（%）；

x_i—加标样品的测定值；

x_0—未知样品的测定值；

n—加入标准物质的量。

添加标准物质的量应与待测样品中存在的分析物质浓度范围相接近，一般设高、中、低三个浓度梯度，最低浓度也可按最低检测浓度（LOQ）设。

3. 方法的精密度

精密度是指在一定条件下对同一均质样品多次测定的结果与平均值偏离的程度。它表示分析方法的可重复性，反映了随机误差的大小，与样品的真值无关，在很大程度上与测定条件有关。通常用相对标准偏差（亦称变异系数）（RSD）表示。相对标准偏差愈小，则分析方法的精密度越高。

$$RSD = \frac{S}{x} \times 100\% \tag{2-3}$$

$$S = \sqrt{\frac{\sum\limits_{i=1}^{n}(x_i - \bar{x})^2}{n-1}} \qquad (2\text{-}4)$$

或

$$S = \sqrt{\frac{\sum x_i - \frac{(\sum x_i)^2}{n}}{n-1}} \qquad (2\text{-}5)$$

式中：S—标准偏差；

$\quad$ n—重复测定次数；

$\quad$ x_i—n 次测定中第 i 个测定值；

$\quad$ $\bar{x}$—n 次重复测定结果的算术平均值。

供精密度测定的样品应该是含待测物的真实样品，设计 3 个不同浓度，每个浓度分别制备 3～5 份供试样品，进行测定。根据得到的 3～5 个测定值分别计算出三种浓度样品测定结果的相对标准偏差（RSD）。

精密度可细分为室内精密度和室间精密度。室内精密度是指在同一个实验室，由不同分析人员用同一分析方法对同一样品进行多次测定结果之间的符合程度；室间精密度是在不同实验室，由不同分析人员用不同厂商牌号的仪器（仪器性能试验均达到某一规定指标），以同一分析方法对同一样品进行多次测定结果之间的符合程度。法定标准采用的分析方法，应进行室间精密度试验。

4. 方法的专一性

方法的专一性，也称特异性，是指分析方法在样品基质中存在其他杂质成分时，能准确地和特定地测定出被测物的性能。即某种测定方法对被测物质的专一程度。通常可通过峰纯度检验、空白基质、质谱、高分辨质谱和多级质谱等手段进行确证。

5. 线性范围

线性范围是通过校准曲线考察，是表达被分析物质不同浓度与测定仪器响应值之间的线性定量关系的范围。使用农药标样溶液，通常测定 5 个梯度浓度，每个浓度平行测定两次以上，采用最小二乘法处理数据，得出线性方程和相关系数等，一般要求相关系数在 0.99 以上。

线性范围亦称有效测定范围，系指在限定误差能满足预定要求的前提下，特定方法的测定下限至测定上限之间的浓度范围。也可看作某方法校准曲线的直线部分所对应的待测物质的浓度（或量）的变化范围。在此范围内能够准确地定量测定待测物质的浓度或量。

6. 农药残留检测对精密度和准确度的一般要求

NY/T 788—2004《农药残留试验准则》规定，在进行添加回收率实验时，对同一浓度的添加回收率试验必须进行至少 5 次重复。就仪器法（GC、HPLC、MS）而言，不同添加浓度回收率试验所要求准确度和相对标准偏差见表 2-2。

表 2-2 不同添加浓度回收率及相对标准偏差的要求

（引自 NY/T 788—2004）

项目	添加浓度 /(mg/kg)				
	>1	>0.1～≤1	>0.01～≤0.1	>0.001～≤0.01	≤0.001
相对标准偏差（RSD）/%	≤10	≤15	≤20	≤30	≤35
平均回收率/%	70～110	70～110	70～110	60～120	50～120

(四)分析数据的处理

根据检测方法进行结果计算和数据统计,色谱法最常用的计算方法为外标法和内标法。检测值有效数位应与最低检出浓度有效数位一致,应真实记载实际检测结果,分别列出各重复试验检测值和平均值,而不能用回收率校正。

1.有效数字

为了取得准确的分析结果,不仅要准确测量,而且还要正确记录与计算。正确记录是指记录数字的位数。因为数字的位数不仅表示数字的大小,也反映测量的准确程度。有效数字,就是实际能测得的数字。

有效数字保留的位数,应根据分析方法与仪器的准确度来决定,一般使测得的数值中只有最后一位是可疑值。例如在万分之一分析天平上称取试样 2.345 6 g,最后一位数字"6"是可疑的。实际质量在(2.345 6±0.000 1)g,称量一次样品要读两次数,称量的绝对误差为0.000 2 g。如果采用千分之一的分析天平称量同一物质,得到的结果为 2.345 g,最后一位数字"5"是可疑的,实际质量在(2.345±0.001)g,此时称量的绝对误差为 0.002 g。故记录数据的位数不能任意增加或减少。在上面的例子中,用分析天平测得某物质的质量为 12.345 6 g,这个记录说明有 6 位有效数字,最后一位是可疑的。因此所谓有效数字就是保留末一位不准确数字,其余数字均为准确数字。有效数字位数举例见表 2-3。

表 2-3　有效数字位数举例

数字	有效数字的位数	数字	有效数字的位数
3.100 9;76 842	5	78;0.000 18	2
0.500 0;99.23%	4	pH 4.72	3
0.015 6;1.70×10^{-5}	3	常数、倍数	不确定(无限多位)

在残留量的测定过程中,要经过样品的称量、溶液的定容、待测溶液的量取、测定结果的计算以及报告等。各个环节采用的量器精度不同,如何确定各环节的相应有效位数是非常重要的。

采用同一分析天平称量不同质量的物质,相对误差是不同的,质量越小,相对误差越大。如用感量为 0.000 1 g 的分析天平,差减法分别称量真值为 0.200 0 g 和 2.000 0 g 的物体,计算绝对误差和相对误差。

绝对误差由天平的称量准确度决定,万分之一的天平绝对误差是 0.000 2 g。

称量 0.200 0 g 的物质,相对误差为:

$$\frac{0.000\ 2}{0.200\ 0}\times100\%=0.1\%$$

称量 2.000 0 g 的物质,相对误差为:

$$\frac{0.000\ 2}{2.000\ 0}\times100\%=0.01\%$$

量取液体体积时,例如用 20 mL 量筒,应记录为 20.0 mL;用 0.1 mL 移液管,应记录为 0.100 mL;用 5 mL 移液管,应记录为 5.00 mL。使用时应注意不同量器的准确度。

对于常数、倍数等,由于不是测量数字,可认为有无限多位有效数字。pH、pK 等其数值的小数部分为有效数字。

计算时,首先要对有效数字进行修约,遵循的原则是四舍六入五留双。先修约,后运算,修约要一次到位。

2.异常数据的取舍

通常在一组测定数据中,容易觉察到个别数据偏离其余数值较远。若保留这一数据,则对平均值及偶然误差都会产生较大影响。一般分析人员倾向于凭主观判断,随意取舍这一数据,试图获得测定结果的一致性。这种做法有时会导致不合理的结论。数据取舍一般根据统计学的异常数据处理原则来决定,常用的方法有四种。

(1)4δ 法　在一组四个以上测定数据中,异常数据的舍弃原则为:

|可疑值－不包括可疑值在内的平均值|≥4δ,可疑值舍弃;<4δ 则应保留。δ 为平均偏差。

(2)2.5δ 法　在一组四个以上测定数据中,异常数据的取舍原则为:

|可疑值－不包括可疑值在内的平均值|≥2.5δ 时,可疑值舍弃;<2.5δ 时则应保留。此法比 4δ 严格。

(3)Q 检验法　此法根据计算所得 Q 值与 Q 值检验表比较后决定取舍。

例如,某一组平行测定,得到 6 个残留量数据(mg/kg):24、22、23、21、28、25。其中 28 mg/kg 是否舍弃,按 Q 检验法的计算如下:

$$Q_{值} = \frac{可疑值－与其最接近的值}{极差} = \frac{28-25}{28-21} = 0.43$$

查 Q 值检验表(表2-4),若计算值大于表中的 Q 值,可疑值舍去。计算值小于表中 Q 值可疑值保留。该例中 0.43<0.56,即保留可疑值。

表 2-4　Q 值检验表

测定次数	3	4	5	6	7	8	9	10
Q 值 0.90 置信限	0.94	0.76	0.64	0.56	0.51	0.47	0.44	0.41
Q 值 0.95 置信限	1.53	1.05	0.86	0.76	0.69	0.64	0.60	0.58

(4)Grubbs 检验法(G 检验法)　此法相比较 Q 检验法,要求更高。

检验步骤:将数据从小到大排列,计算包括可疑值在内的该组数据的平均值和标准偏差 S;计算可疑值与平均值之差,即

$$G = \frac{|可疑值－平均值|}{S}$$

如果 G>表2-5中相应数据,则舍弃可疑值,否则保留。

表 2-5 Grubbs 检验法的临界值

测定次数	置信概率		测定次数	置信概率	
	95%	99%		95%	99%
3	1.15	1.15	15	2.55	2.81
4	1.48	1.50	16	2.59	2.85
5	1.71	1.76	17	2.62	2.89
6	1.89	1.97	18	2.65	2.93
7	2.02	2.14	19	2.68	2.97
8	2.13	2.27	20	2.71	3.00
9	2.21	2.39	21	2.73	3.03
10	2.29	2.48	22	2.76	3.06
11	2.36	2.56	23	2.78	3.09
12	2.41	2.64	24	2.80	3.11
13	2.46	2.70	25	2.82	3.14
14	2.51	2.76			

【任务考核标准】

序号	考核项目	考核内容	考核标准	参考分值
1	基本素质	学习与工作态度	态度端正,学习认真,积极主动,学习方法多样,服从安排,出满勤。	5
2	农药残留基本知识	农药残留概念、来源及危害	能说出或写出农药残留的概念,主要来源及危害。	5
		农药残留限量	能说出或写出农药最大残留限量、再残留限量的概念。	5
3	农药残留检测	检测特点	能说出或写出农药残留检测特点。	10
		检测方法和检测程序	能说出或写出农药残留检测常用方法,方法特点及适用条件;农药残留检测程序。	10
4	质量控制	技术人员要求	能说出或写出农产品质量安全检测员的分级及对应的国家职业资格等级;农产品质量安全检测员应具备的基本职业能力、基础知识、职业守则和工作要求。	15
		实验室环境质量	能说出或写出实验室环境内容及要求;实验室用水标准及制备方法;化学试剂分级及选用标准。	10
		农药标准物质	能说出或写出农药标准品的定义、特点、作用及要求。	5
		检测仪器设备配置与管理	能说出或写出要开展农药残留分析应配置的仪器设备及对仪器设备的管理要求。	5
		残留分析方法	能说出或写出灵敏度、准确度、精密度、专一性、线性范围等定义、表达方式及方法评价。	10
		分析数据	能说出或写出有效数字的定义并能正确记录;给予一组数据能正确进行有效数字的取舍。	10

续表

序号	考核项目	考核内容	考核标准	参考分值
5	职业素质	方法能力	能通过网络、书籍快速获取所需信息,提出问题明确,表达清晰,有独立分析问题和解决问题的能力。	5
		工作能力	主动完成自测训练,有完整的读书笔记,字迹工整。	5
合　计				100

【自测训练】

(一)填空题

1.农药依化学成分不同,可以分为＿＿＿＿＿农药、＿＿＿＿＿农药和＿＿＿＿＿农药。

2.农药残留是指农药使用后残存在＿＿＿＿＿、＿＿＿＿＿和环境中的＿＿＿＿＿原体、有毒代谢物、在毒理学上有重要意义的降解产物和反应杂质的＿＿＿＿＿。

3.按检测样品中残留农药种类多少,农药残留检测方法分为＿＿＿＿＿检测和＿＿＿＿＿检测。

4.测定数据中异常数据取舍方法有＿＿＿＿＿、＿＿＿＿＿、＿＿＿＿＿、＿＿＿＿＿四种。

5.化学试剂一般分为＿＿＿＿＿、＿＿＿＿＿、＿＿＿＿＿、＿＿＿＿＿四级。残留分析中所用试剂均应为＿＿＿＿＿或＿＿＿＿＿,高效液相色谱仪流动相则应使用＿＿＿＿＿试剂。

(二)单项或多项选择题

1.有机合成农药是指由人工合成并由有机化学工业生产的一类农药,下列不是有机合成农药的是(　　　)。

A.有机氯农药　　　B.有机磷农药　　　C.氨基甲酸酯农药　　　D.生物源农药

2.法定允许在农产品、食品、动物饲料和环境中一种农药残留的最大浓度称为(　　　)。

A.每日允许摄入量(AID)　　　　　B.再残留限量(EMRL)

C.农药单残留分析(SRM)　　　　　D.农药最大残留限量(MRL)

3.构成突出残留毒性的农药类型有(　　　)。

A.化学性质稳定、难以生物降解

B.脂溶性强,容易在生物体富集的农药

C.农药亲体或其杂质或代谢物具有"三致"性(致癌、致畸、致突变)的农药

D.滴滴涕、六六六、代森类杀菌剂的代谢产物乙撑硫脲等

4.开展农产品中农药残留检测,其目的是(　　　)。

A.制定农药残留限量标准、农药安全使用标准

B.确定农药质量和安全性,满足对食品质量和安全的管理需要

C.了解环境质量和评价生态系统的安全性,满足环境监测与保护的管理需要

D.研究残留分析方法

5.与食品常规检测相比,农药残留检测的特点有(　　　)。

A.农药品种繁多

B.灵敏度要求高、特异性要好,检出样品中的特定微量农药

C.样品种类多

D.样品中农药的含量很少。

6.可用于农药残留检测的方法有（　　　）。

A.气相色谱法　　　　　B.高效液相色谱法　　C.薄层色谱法　　　　　　　D.酶抑制法

7.确定农药残留检测方法时，一般应考虑的因素有（　　　）。

A.最大残留限量和方法检测限以及方法总误差

B.分析的时间和费用

C.目标农药的理化性质、检测任务要求、样品的性质以及样品来源的用药历史

D.分析方法的有效性

（三）判断题（正确的画"√"，错误的画"×"）

1.色谱法是利用组分的不同化学特性从混合物中分离出来的色谱技术。（　　　）

2.将电泳现象应用于化学和生物化学组分分离的技术称之为电泳技术。（　　　）

3.LC-MS 广泛用于分析低浓度、难挥发、热不稳定和强极性农、兽药残留分析。（　　　）

4.HPLC 法是农药残留分析中首选的分析手段。（　　　）

（四）简答题

1.农药残留检测对精密度和准确度一般要求内容有哪些？

2.残留量检测结果异常数据如何取舍？

任务 2-2　农药残留检测样品制备

【任务内容】

1.农药残留样品制备的原理（相似相溶原理、分配定律、挥发性等）方法及条件。

2.样品中残留农药的提取、浓缩方法、特点及适用性。

3.农药残留样液净化常用方法和样品制备新技术。

4.蔬菜、水果、粮油等样品的农药残留检测样液制备。

5.完成自测训练。

【学习条件】

1.场所：校内农产品质量检测实训中心（理实一体化教室、样品前处理室、仪器分析室）、多媒体教室、农产品质量安全检测校外实训基地（检验室）。

2.仪器设备：食品粉碎机、涡旋混匀器、匀浆机、氮吹仪、SPE 小柱、旋转蒸发器、高速组织捣碎机、振荡器、可调电热恒温水浴锅、电子天平感量为 0.1 mg 和 1 mg、分析实验室常用仪器设备等。

3.试剂和材料：乙腈、丙酮、甲醇、乙酸乙酯、二氯甲烷、石油醚、正己烷、滤膜、铝箔、固相萃取柱、弗罗里硅土。

4.其他：教材、相关 PPT、视频、影像资料、相关图书、网上资源等。

【相关知识】

样品制备是农药残留检测的重要环节。包括从样品中提取残留农药、浓缩提取液和除去提取液中干扰性杂质的净化等步骤，是将检测样品处理成适合测定的检测溶液的过程。样品

制备效果好坏直接影响到方法的检测限和分析结果的准确性,而且还影响分析仪器的使用寿命。因此,在提取的过程中要求尽量完全地将残留农药从样品中提取出来,同时又要尽量少地提取干扰杂质;净化则要求在充分降低干扰分析的杂质的同时,最大限度地减少农药的损失。

一、样品制备的原理

样品制备的原理是利用残留农药与样品基质的物理化学特性的差异,使其从对检测系统有干扰作用的样品基质中提取分离出来。化合物的极性和挥发性是指导样品制备最有用的理化特性。极性主要与化合物的溶解性及两相分配有关,挥发性则主要与化合物的气相分布有关。

(一)分子的极性和水溶性

相同元素的原子间形成的共价键没有极性,不同元素的原子间形成的共价键,由于共用电子对偏向于电负性较大元素的原子而具有极性。当元素电负性差别较大时,成键的电子对在电负性较大元素的原子周围出现的概率较高,形成的共价键的极性也较大。

键的极性以偶极矩(μ)表示,常见共价键的偶极矩见表 2-6。

表 2-6　共价键的偶极矩　　　　　　　　　　　　　　　　×10^{-30} C·m

共价键	偶极矩	共价键	偶极矩
C—H	1.33	C—O	2.47
O—H	5.04	C—Cl	4.87
Cl—H	3.06	C—Br	4.60
Br—H	2.74	C—N	0.73
I—H	1.47	C—F	5.03

偶极矩是一个向量,通常用箭头"→"表示其方向,箭头指向的是负电中心。偶极矩越大,键的极性越强。对于双原子分子来说,键的偶极矩就是分子的偶极矩,但对于多原子分子来说,则分子的偶极矩是各键偶极矩的向量和,也就是说多原子分子的极性不只决定于键的极性,也决定于各键在空间分布的方向,即决定于分子的形状。例如,CCl_4 分子中 C—Cl 键是极性键,但由于分子呈正四面体构型,四个 C—Cl 键的键矩的向量和等于零,所以 CCl_4 是非极性分子;而 H_2O 分子中,H—O—H 不在一条直线上,分子中全部键矩的向量和不等于零,所以 H_2O 分子是极性分子。

溶剂极性强弱通常是根据其从氧化铝吸附剂上洗脱一系列供试溶质的能力,即溶剂强度参数(或洗脱能力参数)来表示的(表 2-7),参数越大,表示洗脱能力越强。

农药的极性决定其在溶剂中的溶解性。当农药的极性与溶剂的极性相近时有较大的溶解度,反之则溶解度小。这就是"相似相溶"原理。所以,极性大的化合物易溶于极性溶剂,极性小的化合物易溶于非极性溶剂。但是,在估计化合物的水溶性时还应考虑其分子的大小。当极性相近时,大分子化合物的水溶性比小分子化合物的低。这也是为什么大分子量的脂族烃、多核芳烃、氯代烃和聚合物的水溶性非常低的原因。极性和分子大小是农药和其他化合物水溶性的基础。

表 2-7 常用溶剂的极性排列

溶剂	溶剂强度（洗脱能力）参数	溶剂	溶剂强度（洗脱能力）参数
正己烷	0.00	二氯乙烷	0.49
石油醚	0.01	丙酮	0.56
环己烷	0.04	二氧六环	0.56
二硫化碳	0.15	乙酸乙酯	0.58
四氯化碳	0.18	戊醇	0.61
甲苯	0.29	乙腈	0.65
苯	0.32	丙醇	0.82
乙醚	0.38	乙醇	0.95
三氯甲烷（氯仿）	0.40	甲醇	0.95
二氯甲烷	0.42	水	1.0
四氢呋喃	0.45	乙酸	>1.0

狭义的水溶性指物质在水中的溶解性质，广义是指物质在极性溶剂中的溶解性质。具有水溶性的物质分子中通常含有极性基团如—OH、—SO_3H、—NH_2、—NHR、—COOH 等或不太长的碳链。

极性分子易溶于极性的水中，非极性分子易溶于非极性的有机溶剂中（如二氯甲烷、乙醚等）。

（二）分配定律

物质在不同的溶剂中有不同的溶解度。例如，当被萃取的物质 A 同时接触两种互不相溶的溶剂时，被萃取的物质 A 就按照不同的溶解度分配在两种溶剂中。

一定温度下，当分配过程达到平衡时，物质 A 在两种溶剂中的浓度比保持恒定，这就是分配定律，即

$$K_D = \frac{[A]_有}{[A]_水}$$

分配平衡时的平衡常数 K_D 称分配系数。分配系数与溶质和溶剂的性质以及温度等因素有关。K_D 大的物质，绝大部分进入有机相中，容易被萃取；反之，K_D 小的物质，主要留在水相中，不易被萃取。

（三）挥发性和蒸气压

挥发性是指化合物由固体或液体变为气体或蒸气的过程。放在密闭容器中的一杯纯水，由于分子的热运动，一部分能量较高的水分子从水面逸出，扩散到空气中形成水蒸气，这一过程称为蒸发；水蒸气的分子也在不断地运动着，其中一些分子可能又重新回到水面变成液态水，这一过程称为凝聚。当蒸发速度与凝聚速度相等时，水面上的蒸气压不再发生变化，此时的蒸气压称为该温度下的饱和水蒸气压，简称蒸气压。温度升高，水的蒸发速度增大，饱和水蒸气压也相应增大。

液体的蒸气压随温度的升高而增大,当液体的蒸气压等于外界压强时的温度称为该溶液的沸点,因此沸点与外界压强有关。

一个化合物的挥发性可用沸点和蒸气压两个参数来表示。在农药残留分析中,农药挥发性的高低主要采用蒸气压这个参数。农药蒸气压是衡量农药由固态或液态转化为气态趋势的物理量,它与体积无关,而与温度密切相关。

二、样品中残留农药的提取

提取也称萃取,是指通过溶解、吸附或挥发等方式将样品中的残留农药分离出来的操作。由于残留农药含量甚微(痕量),因此,提取效率的高低直接影响分析结果的准确性。

提取方法的选择主要根据残留农药的理化性质,同时也需要考虑试样类型、样品的组分(如脂肪、水分含量)、农药在样品中的存在形式及最后的测定方法等因素。

残留农药的提取方法有溶剂提取法、固相提取法和强制挥发提取法三类。

(一)溶剂提取法

利用样品中各组分在特定溶剂中的溶解度差异,使其完全或部分分离的方法即为溶剂提取法。溶剂提取法的关键是选择合适的提取溶剂。

1. 提取溶剂的选择

选择提取溶剂时,要充分考虑分析样品和分析目标物的特性,一般原则是:①"相似相溶原理",即选择与分析目标物极性相似的溶剂;②溶剂对样品有较强的渗透能力;③不与样品发生反应;④毒性低,价格便宜。具体应考虑以下几个方面:

(1)溶剂的极性　溶剂的极性即是对残留农药的溶解性。根据相似相溶原理,极性弱的农药(如有机氯类)选用弱极性的溶剂(如正己烷、石油醚)提取,极性较强的农药(如有机磷类)和强极性的农药(如苯氧羧酸类除草剂)则选用较强极性的溶剂(如二氯甲烷、丙酮、乙腈等)提取。有时为达到合适的溶解性也使用两种溶剂混合进行提取。如在有机磷和有机氯农药分析中,乙腈-甲醇(4∶1)的混合提取溶剂具有较高的提取效率,得到了广泛的应用。另外,正己烷、苯等非极性溶剂由于极性较弱,提取效率低,不能完全提取植物组织中的残留农药,所以近年来,非极性溶剂通常与极性溶剂混合使用。因此,如果要提取的农药是非极性的,可在加极性溶剂的同时,再加入非极性溶剂,以便农药进入非极性溶剂。

(2)溶剂的纯度　农药残留分析中对所使用溶剂的纯度要求非常高,否则,可能因为溶剂中存在的杂质使检测结果发生错误,一般应使用分析纯级溶剂。纯度要求在气相色谱的电子捕获器上不出现杂质峰(杂质含量在 ng/L 以下)。

(3)溶剂的沸点　溶剂沸点在 45~80℃为宜。沸点太低,容易挥发,而沸点太高,不利于提取液的浓缩,可能导致一些易挥发或热稳定性差的农药损失。另外,如果使用电子捕获检测器,则不能使用含氯的有机溶剂。

(4)农药的特性及代谢产物　如果农药是脂溶性的,一般采用提取油脂的溶剂,如正己烷、石油醚、乙醚等来提取;如果农药是水溶性的,通常采用极性溶剂或含水极性溶剂进行提取;对于极易溶于水,且采用极性溶剂提取后转溶和浓缩困难的农药,需要向试样中加入等量乃至倍量的无水硫酸钠,一边脱水,一边用乙酸乙酯、二氯甲烷、苯等溶剂提取。

常用的提取溶剂有正己烷、石油醚、二氯甲烷、乙酸乙酯、丙酮、乙腈、甲醇等。其物理性质见表2-8。

表 2-8　常用溶剂的重要物理性质

溶剂	介电常数(20℃)	沸点(20℃)/℃	蒸气压(25℃)/kPa	水中溶解度/%
戊烷	1.8	36	68.3	0.01
正己烷	1.9	69	20.2	0.01
环己烷	2.0	81	13.0	0.012
石油醚	2.0	30～60	68.3	0.012
乙酸乙酯	6.0(25℃)	77	12.6	9.8
二氯甲烷	9.1	40	58.2	0.17
丙酮	20.7(25℃)	56	30.8	混溶
甲醇	32.6(25℃)	65	16.9	混溶
乙腈	37.5	82	11.8	混溶
水	78	100		

2.提取方法

由于样品形态(液体、固体)不同,溶剂提取法包括液液提取和固液提取两种主要方式。

(1)液-液提取(液-液萃取)　常用于水样或其他液体样品中残留农药的提取。根据分配定律,将一种与液体样品(一般是水)不混溶的溶剂(有机溶剂)加入到样品中,利用被测组分在两相中的分配不同而进入有机相,其他组分仍留在原溶液中而达到分离的目的。

农药为有机小分子,根据"相似相溶"原理,农药在有机相中的溶解度一般比在水相中大,因此可以将它们从水相中萃取出来。

液液提取效率的高低取决于分配系数、二相的体积比和提取次数三个因素。因此,对于水溶性大、分配系数小的农药,一次萃取不能满足分离和测定要求时,可以采用小体积多次连续萃取的方法来提高效率。

液液提取一般多选用非极性或弱极性溶剂。己烷和环己烷是典型的用于提取亲脂或非极性农药(如有机氯农药)的溶剂,二氯甲烷则是提取非极性至中等极性农药最常用溶剂。对于强极性和水溶性较大的农药,用液液提取一般较困难,回收率较低。

(2)固液提取　主要用于固体样品(如土壤、动植物样品)中残留农药的提取。是指在固体样品中加入提取溶剂,通过溶解、扩散作用使固相物质中的化合物进入溶剂(包括水),达到分离的目的。

固液提取过程中,不同样品类型对溶剂的选择有不同要求。含水量大的样品,应采用与水混溶的溶剂或混合溶剂提取;含脂肪多的样品则用非极性或极性弱的溶剂提取;土壤样品应用含水溶剂或混合溶剂提取。

固-液提取常用方法:

①索氏提取法　也叫完全提取法,是经典的提取方法,见图2-1。将样品放在索氏提取器中,圆底烧瓶中加提取溶剂,连续回流提取几个小时,获得提取液。此法提取效果好,但需时间长,要提取8 h或以上。提取的干扰物质较多。在样品中加吸附剂(与样品混合)能起到净化

或减少干扰物的效果。

索氏提取法适用于含水量较低的样品,如谷物、干果、茶叶等,含水分过高的水果、蔬菜等不适宜采用索氏提取法。动物性组织样品,在提取时先用海砂和无水硫酸钠一起研磨成干粉后再进行提取。采用索氏提取法时,需要考虑被测农药的热稳定性,对热不稳定的农药不适宜用此法提取。

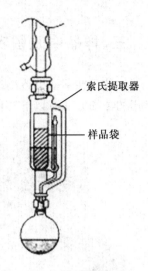

索氏提取器

样品袋

图2-1 索氏提取法

②振荡提取法 将样品粉碎后置于具塞锥形瓶中,加入一定量的提取溶剂,用振荡器振荡提取1~3次,每次0.5~1 h,有时需要更长时间。过滤出溶剂后,再用溶剂洗涤滤渣一次或数次,合并提取液后进行浓缩净化。振荡时可以适当加热以加快提取速度和提高提取效率,但是温度不能过高,以免引起农药分解。此法操作快速、方便、简单。蔬菜、水果、谷物等样品都可以使用。

③捣碎提取法 主要是组织捣碎法和匀浆提取法。一般操作是将样品先磨碎或适当切碎,再放入组织捣碎机或匀浆器中,加入适当的提取溶剂,快速捣碎或匀浆3~5 min,过滤,残渣再重复提取一次即可。如果在处理中发生乳化现象导致提取后样品难以过滤时,可以通过高速离心处理解决。捣碎提取法对温度没有限制。适用于各种试样中残留农药的提取,效果较好。特别对于一些新鲜动植物组织中农药的提取较方便。

④消化提取法 利用消化试剂将样品组织破坏分解后,再用溶剂提取的一种方法。根据消化试剂的不同分为酸消化和碱消化两种。

酸消化法常用的消化试剂是高氯酸和冰醋酸(1∶1,V/V)混合溶液,消化试剂的用量是样品量的2~3倍。消化时控制温度在80~90℃,以免温度过高出现碳化现象。整个消化过程中需要不时充分振摇,消化的终点是样品全部分解成为液体。

碱消化法最常用的消化试剂是10%乙醇钾(即10%氢氧化钾乙醇溶液),消化温度需控制在65℃,消化时间是30 min。

消化法处理的对象有限,需要农药耐酸或耐碱,受热不分解。只适用于动物性组织样品的处理。

⑤超声波提取法 样品经粉碎或匀浆捣碎后,加入提取溶剂,在超声波仪中提取一定时间。一般连续提取3~5 min后,需将超声波仪关5 min左右,以延长其使用寿命。此法现已普遍采用。具有简便、快速、一次可同时提取多个样品的特点。目前,一般是用超声波清洗机来进行超声波提取。在超声波清洗槽中装入一定量的水,将装有样品和提取溶剂的玻璃瓶放于其中,提取溶剂的液面需与槽中水面齐平。样品容器不能紧贴清洗槽底部而应悬浮在槽内水中。超声波发生器开始工作后,将频率慢慢从低向高进行调节,至容器内鼓泡最大为止。

固相提取法见"五、样品制备新技术"。

(二)强制挥发提取法

强制挥发提取法是对于易挥发物质,特别是蒸气压高的化合物,利用其挥发性进行提取的方法。这样可以不使用溶剂,在挥发提取的同时除去挥发性低的杂质。吹扫捕集法和顶空提取法常用于这类化合物的提取。

三、样品中残留农药的浓缩

浓缩是在不损失待测组分的前提下,通过减少溶液的体积达到增大待测组分浓度的过程。常用的浓缩方法有以下几种:

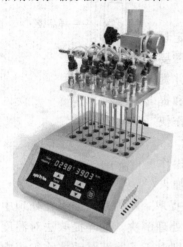

图 2-2 氮吹仪

1. 自然挥发法

将待浓缩的样液置于室温下,使溶剂自然挥发。此法浓缩速度慢,但简便。只适合小体积浓缩。

2. 吹气法

用干燥空气或氮气轻缓吹沸提取液液面并水浴加热使溶剂挥发的方法。此法浓缩速度较慢,只适合低蒸气压、小体积浓缩。

氮吹仪(图 2-2)采用惰性气体对加热样液进行吹扫,使待处理样品迅速浓缩,达到快速分离纯化的效果。本方法操作简便,尤其可以同时处理多个样品,大大缩短了检测时间。

3. K-D 浓缩器浓缩法

是利用 K-D 浓缩器(图 2-3)直接将提取液浓缩到刻度试管中的方法。适合中等体积(10～50 mL)提取液的浓缩。

K-D 蒸发浓缩器是为浓缩易挥发性溶剂而设计的,其特点是:浓缩瓶(K-D 瓶)与施耐德分馏柱连接,下接有刻度的收集管,可有效地减少浓缩过程中目标物的损失,且样品收集管能在浓缩后直接定容测定,无须转移样品。

K-D 浓缩器可以在常压下进行浓缩,也可以在减压下进行浓缩(一般丙酮、二氯甲烷等溶剂宜在常压下浓缩,而苯等溶剂只可适当减压进行浓缩),但真空度不宜太低,否则沸点太低,提取液浓缩过快,容易使样品带出造成损失。K-D 浓缩器的水浴温度一般控制在 50℃左右,最高不超过 80℃。也有用蒸汽加热。使用时,加入样品提取液的量为浓缩瓶体积的 40%～60%。为减少目标化合物的损失,应在使用前用 1 mL 有机溶剂将柱子预湿。为防止 K-D 浓缩器溶剂暴沸,可在提取液瓶中加入几粒预先用正己烷回流洗净的 20～40 目金刚砂。

4. 减压旋转蒸发法

减压旋转蒸发法是利用旋转蒸发器(图 2-4)在减压、加温、旋转条件下对提取液进行浓缩的方法。其原理是利用旋转浓缩瓶对浓缩液起搅拌作用,并在瓶壁上形成液膜,扩大蒸发面积,同时又通过减压,使溶剂的沸点降低,从而达到高效率浓缩的目的。

其特点是浓缩速度快,可以在较低温度下使大体积

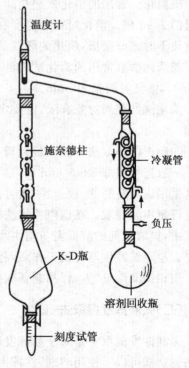

图 2-3 K-D 浓缩器示意

温度计

施奈德柱

冷凝管

负压

K-D瓶

溶剂回收瓶

刻度试管

(50～500 mL)提取液得到快速浓缩,且操作方便,是农药残留实验室最常用的浓缩方法。

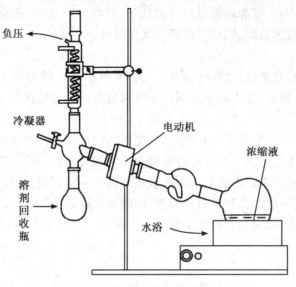

图 2-4　旋转蒸发器装置

四、样品中残留农药的净化

在分析操作中,所得到的试样提取液内,除了目标化合物外,还含有色素、油脂或其他天然物质,在测定之前,通过物理或化学的方法除去提取液中对测定有干扰作用的杂质的过程叫净化。

当用提取溶剂提取样品中待测物时,干扰杂质会随之一起被提取出来,混在提取液中的干扰杂质若不除掉,会干扰检测结果,甚至无法进行定性定量分析。净化是消除检测背景噪声、降低检测限的有效方法。净化的原则是尽量完全除掉干扰杂质,而又使待测物损失尽量少。

净化主要是利用分析物与基体中干扰物质的理化特性差异,将干扰物质的量减少到能正常检测目标化合物的水平。一般来说,检测限越低,要消除的干扰杂质就越多,净化要求越高。

(一)干扰杂质的性质

使用有机溶剂提取样品中的农药时,样品中的油脂、蜡质、蛋白质、叶绿素及其他色素、胺类、酚类、有机酸类、糖类等会同农药一起被提取出来,这些物质亦称共提物,会严重干扰残留量的测定。了解分析样品中常见干扰杂质的性质对选择合适的净化方法非常重要。常见干扰杂质有:色素、油脂、蜡质等。

1.色素

色素主要指植物样品中大量存在的叶绿素、胡萝卜素、叶黄素等,这些色素基本都不能溶解于水,但能溶解于乙醇、丙酮和石油醚等有机溶剂中,因此在采用有机溶剂对目标化合物进行提取时会一起提取出来,这些色素对比色和分光光度分析有影响。

2.脂类

脂类是由脂肪酸和醇构成的酯或烃类物质,在动植物产品中大量存在。由于这类物质溶于许多常用有机溶剂,所以易出现在粗提取物中。虽然脂类物质不易挥发,但由于量大,对气相色谱分析也会造成不利,可能堵塞进样口和柱子,改变色谱性能,还会缓慢地降解为易挥发物质干扰检测。脂肪酸能被酸碱皂化,然后被氧化降解。

3. 蜡质

许多蔬菜,如大葱、花菜、白菜等叶面有一层白粉状蜡质。蜡质是由高分子一元醇与长链脂肪酸形成的一种酯,因此,也不溶于水而溶于有机溶剂。其对残留分析的影响与脂类类似。

4. 其他杂质

肽类和氨基酸含有氮,常常还含有硫,这对使用 NPD、FPD 检测器的气相色谱测定就会产生干扰。碳水化合物无色、无挥发,且在有机溶剂中溶解度较低,所以只会对低挥发性和高水溶性化合物的分析造成困难。木质素也和碳水化合物差不多,但它可以降解为酚类物质,从而影响某些农药(如氨基甲酸酯类和苯氧羧酸类)的酚类代谢物的分析。有些维生素的理化性质与很多农药的性质相近,因而也会产生干扰。

(二)净化方法

常规净化方法有柱层析法、磺化法、冷冻法、液-液分配法、吹蒸法等。

1. 柱层析法

常规柱层析法主要指吸附柱层析,是利用色谱原理在开放式柱中将农药与杂质分离的净化方法。一般使用直径 0.2~2 cm,长 10~20 cm 的玻璃柱,以吸附剂作固定相,溶剂为流动相,将样品提取浓缩液加入柱中,使其被吸附剂吸附,再向柱中加入淋洗溶剂,使用极性稍强于提取剂的溶剂淋洗,极性较强的农药先被淋洗下来,样品中的大分子和非极性杂质则留在吸附剂上。只有当吸附剂的活性和淋洗剂的极性选择适宜,淋洗剂的体积掌握合适时,杂质才能滞留在柱上,农药被淋洗下来,达到农药与杂质分离的目的。

常规柱层析法是以吸附剂为柱填料,最常用的吸附剂有酸性、中性及碱性氧化铝、弗罗里硅土、硅胶和活性炭等。吸附剂应符合以下要求:①表面积大,内部是多孔颗粒状的固体物。②具有较大的吸附表面和吸附性,而且其吸附性是可逆的。③化学惰性,即与样品中各组分不起化学反应,在展开剂中不溶解。④质量差的吸附剂要在 500~600℃重新活化 3 h,放在干燥器中避光保存;质量较好吸附剂,使用前 130℃加热过夜,使用时根据需要添加一定量水分脱活,保持测定结果的重复性。

吸附剂和淋洗剂的选择:①极性物质易被极性吸附剂吸附,非极性物质易被非极性吸附剂吸附。②氧化铝、弗罗里硅土对脂肪和蜡质的吸附力较强,活性炭对色素的吸附力强,硅藻土本身对各种物质的吸附力弱,但酸性硅藻土对样品中的色素、脂肪和蜡质净化效果好,硅胶表面弱酸性,不适于分离强碱性物质和在酸性条件下易分解的物质。③改变淋洗溶剂的组成,可以获得特异的选择性,如在一根柱上用不同极性溶剂配比进行淋洗,可将各种农药以不同次序淋洗下来。

2. 磺化法

利用脂肪、蜡质、色素等杂质与浓硫酸的磺化作用,生成极性很大的物质而与农药分离。其净化的原理是:脂肪、色素中含有烯链,这些含有烯链的化合物可以与浓硫酸发生作用而形成加成化合物,最后杂质溶解于浓硫酸中而目标化合物仍然保留在有机相中,从而达到净化的目的。

一般不被浓硫酸分解的农药可以用磺化法净化,如有机氯农药。遇酸易分解或起反应的有机磷、氨基甲酸酯和菊酯类农药,则不能使用此法。又可分为两种方法。

硫酸硅藻土柱法:在等量的浓硫酸和20%发烟硫酸(9 mL)中,加入30 g硅藻土Celite545,混合后装柱,加入样品提取液后,使用己烷或石油醚等非极性溶剂淋洗。用于杂质含量多的有机氯农药残留样品的净化。

直接磺化法:即用浓硫酸与样品提取液在分液漏斗中直接进行磺化,硫酸用量约为提取液的1/10。如样品含油量较多,可用硫酸磺化2～3次,此法比上述硫酸硅藻土柱简便。

硫酸磺化法的特点是:微型化、快速、省溶剂、效果好。

3. 冷冻法

根据油脂与农药在低温下的丙酮溶液中的溶解度不同,油脂能够沉淀析出,而农药则保留在冷的丙酮溶液中的原理,实现残留农药与油脂的分离。操作步骤是:用丙酮提取,然后放入-70℃的冰丙酮冷阱中,脂类的溶解度大大降低就会沉淀出来,残留农药仍然留在丙酮中,经过滤除去沉淀,获得经净化的提取液。

此法可以有效地去除提取液中的油脂类物质,农药的回收率也较高。同时此法绿色环保,仅使用少量有机溶剂,基本无有害废液。

4. 液-液分配法

液-液分配也叫液-液萃取(liquid-liquid extraction,LLE),是利用样品中的农药和干扰杂质在互不相溶的两种溶剂(溶剂对)中分配系数的差异,进行分离和净化的方法。

通常使用一种能与水相溶的极性溶剂和另一种不与水相溶的非极性溶剂配对来进行分配,这两种溶剂称为溶剂对。经过反复多次分配使试样中的残留农药与干扰杂质分离。如选用合适溶剂提取,则提取溶剂亦是液液萃取的溶剂对。

常用的溶剂系统:

(1)含水量高的样品,先用极性溶剂提取,再转入非极性溶剂中。

净化有机磷、氨基甲酸酯等极性稍强农药的溶剂对:水-二氯甲烷;丙酮,水-二氯甲烷;甲醇,水-二氯甲烷;乙腈,水-二氯甲烷。

净化非极性农药:水-石油醚;丙酮,水-石油醚;甲醇,水-石油醚。

(2)含水量少、含油量较高的样品,净化的主要目的是除去样品中的油和脂肪等杂质。

净化极性农药时,先用乙腈、丙酮或二甲基亚砜、二甲基甲酰胺提取样品,然后用正己烷或石油醚进行分配,提取出其中的油脂干扰物,弃去正己烷层,农药留在极性溶剂中,加食盐水溶液于其中,再用二氯甲烷或正己烷反提取其中农药。常用的溶剂对有:乙腈-正己烷,二甲基亚砜-正己烷,二甲基甲酰胺-正己烷。

净化非极性农药时,用正己烷(或石油醚)提取样品后,用极性溶剂乙腈(或二甲基甲酰胺)多次提取,农药转入极性溶剂中,弃去石油醚层,在极性溶剂中加食盐水溶液,再用石油醚或二氯甲烷提取农药。

对于含胺或酚的农药或其代谢物,可利用调节pH以改变化合物的溶解度,而达到分配净化的目的。

液-液分配法注意事项:液-液分配时的分配系数除了与选择的溶剂对、pH有关,还与两相溶剂的体积比、极性溶剂中的含水量、盐分有关。因此应注意以下事项:①通常极性溶剂中添加氯化钠或无水硫酸钠水溶液。水与极性溶剂之比5∶1或10∶1。②非极性溶剂与极性溶

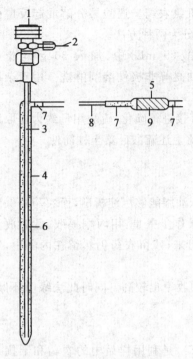

图 2-5　吹扫蒸馏法示意

1.进样口　2.载气进口　3.分馏管内管
4.分馏管外管　5.收集管　6.硅烷化
玻璃珠(1.5 mm)　7.硅烷化玻璃棉
8.无水硫酸钠　9.弗罗里硅土

剂、水分配时,一般应分 2～3 次萃取。③合并萃取液。通过装有无水硫酸钠的漏斗进行脱水,浓缩后备用。

由于液-液分配法存在消耗溶剂量多,处理废溶剂困难;易形成乳状液,难于分离;操作费工费时等缺点,目前已大量被固相萃取取代。

5.吹蒸法

吹扫共蒸馏,也称吹扫捕集,是用惰性气体将液体样品或样品提取液中的挥发性物质驱赶到气相中,再将其带入一个收集阱收集后进行分析。收集阱可以填充吸附剂如活性炭、石墨化炭黑、硅胶等。收集的组分通过溶剂洗脱,进入色谱仪分析。

也可以将样品提取液与玻璃棉、玻璃珠或海砂等混合装柱,将柱加热,在恒定的温度下通氮气,溶剂和挥发性农药等被气化,随氮气流入冷凝管而收集下来。不挥发的脂肪、油脂和色素等高沸点物质则黏附于填料上,从而达到净化的目的。

含油脂量较高的农畜产品,采用常规的液-液分配、柱色谱等方法,不能将油脂完全除去,且步骤复杂,可采用此法。

吹扫蒸馏法参见图 2-5。经过预处理的样品提取液由进样口注入分馏管的内管中。残留农药在一定温度下汽化,随载气(氮气)经装有硅烷化玻璃珠的外管进入装有吸附剂弗罗里硅土的收集管中,而油脂等高沸点物质则留在分馏管外管的玻璃珠上。取下收集管,用适当淋洗剂将农药淋洗下来,经浓缩即可测定。

五、样品制备新技术简介

近年来研究开发了一些少溶剂或无溶剂、操作简单的净化方法,有的技术可以同时进行提取和净化。农药残留样品制备的新萃取和净化技术有固相萃取、固相微萃取、微波辅助溶剂萃取、超临界流体萃取、加速溶剂萃取、基质固相分散萃取、凝胶渗透色谱和免疫亲和层析等。

(一)固相萃取技术

1.固相萃取原理

固相萃取(solid phase extraction,SPE),是液固萃取和液相色谱技术相结合的一项技术,采用选择性吸附、选择性洗脱的方式对样品进行富集、分离、净化,是一种包括液相和固相的物理萃取过程;也可以将其近似地看作一种简单的色谱过程。

SPE 是使液体样品溶液通过吸附剂,保留其中被测物质,再选用适当强度溶剂淋洗杂质,然后用少量溶剂迅速洗脱被测物质,从而达到快速分离净化与浓缩的目的。也可选择性吸附干扰物质,而让被测物质流出;或同时吸附杂质和被测物质,再使用合适的溶剂选择性洗脱被测物质。

2.固相萃取柱

(1)SPE小柱 常见的固相萃取柱(图2-6)有玻璃柱(a、e)、聚丙烯柱(b、c、d、f、g),柱由柱管、多孔筛板(20 μm)和填料(多为40～60 μm或80～100 μm)三部分组成。

常用规格:100 mg/1 mL,是指质量为100 mg的填料1 mL为空柱管体积。其他规格还有200 mg/3 mL,500 mg/3 mL,1 g/6 mL等。

SPE柱一般是一次性使用,避免交叉污染,保证检测可靠性。

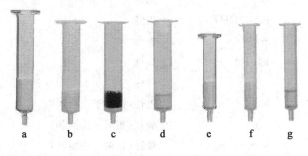

图2-6 固相萃取柱

(2)96孔板 96孔板是高通量的SPE产品,每孔含少量吸附剂(10～100 mg),样品载量约2 mL/孔。用于小量多样品的净化处理。

3.固相萃取溶剂的选择

萃取溶剂选择要遵循"相似相溶"原理,还要满足对被测组分溶解度大,对干扰杂质溶解度小,与样品基质有较好的相容性,能有效释放被测组分,具有良好的解离蛋白或脂肪的能力,沸点适中(40～80℃)、黏度小、毒性低、易纯化、价格低廉并易于进一步净化处理。

4.固相萃取填料选择

固相萃取的关键要素是填料,即吸附剂。吸附剂的物理化学性质决定与目标化合物相互作用和萃取效率。根据"相似相溶"原理,目标化合物的极性与吸附剂的极性非常相似时,可以得到目标化合物的最佳吸附。两者极性越相似,吸附越好。因此要尽量选择与目标化合物极性相似的吸附剂。目前常见的填料类型有键合硅胶、高分子聚合物和吸附型填料三类,也有混合型填料。常用的键合硅胶吸附剂见表2-9。

5.固相萃取的分类

按萃取原理可将固相萃取分为反相固相萃取、正相固相萃取、离子交换固相萃取等。可根据样品的类型、分析物和基体的性质,选择合适的固相萃取类型。

(1)反相固相萃取 反相SPE由非极性固定相组成,适用于极性或中等极性的样品基质。待分析化合物多为中等到非极性化合物。洗脱时采用中等极性到非极性溶剂。纯硅胶表面的亲水性硅醇基通过硅烷化反应被疏水性烷基、芳香基取代。因此,烷基、芳香基键合的硅胶属于反相SPE类型。如十八烷基、辛烷基、乙基、环乙基、苯基等。

(2)正相固相萃取 正相SPE由极性固定相组成,适用于极性分析物质。可以用于极性、中等极性或非极性样品基质。极性官能团键合硅胶(如腈丙基和二醇基等)、极性吸附物质(如硅胶、Florisil、中性氧化铝等)常用于正相条件。

表 2-9 常用键合硅胶吸附剂

吸附剂	简称	极性	应用
十八烷基	C_{18}(ODS)	非极性	反相固定相
辛烷基	C_8	非极性	反相固定相
乙基	C_2	弱极性	反相固定相
环乙基	CH	弱极性	反相固定相
苯基	PH	弱极性	反相固定相
腈丙基	CN	极性	正相固定相
二醇基	Diol(2OH)	极性	正相固定相
硅胶	Si(SiOH)	极性	正相固定相
弗罗里硅土	Florisil	极性	正相固定相
中性氧化铝		极性	正相固定相
氨丙基	NH_2	极性(弱离子交换剂)	阴离子交换固定相
羧甲基	CBA	极性(弱离子交换剂)	阳离子交换固定相
丙基苯基磺酸	SCX	极性(强离子交换剂)	阳离子交换固定相
三甲基胺丙基	SAX	极性(强离子交换剂)	阴离子交换固定相

(3)离子交换固相萃取　离子交换 SPE 所用的吸附剂是带有电荷的离子交换树脂,所萃取的目标化合物是带有电荷的化合物,目标化合物与吸附剂之间的相互作用是静电吸引力。离子交换 SPE 有阴离子交换(如三甲基胺丙基、氨丙基)和阳离子交换(丙基苯基磺酸、羧甲基)。

(二)固相微萃取技术

固相微萃取(solid phase microextraction,SPME)是在液-液分配和固相萃取的基础上开发的一种无溶剂,集采样、萃取、浓缩、进样于一体的样品前处理技术。该技术使用少量多聚物吸附剂涂布在熔融石英纤维头上进行萃取。其原理是将涂渍有吸附剂的石英纤维浸入样品中,样品中的目标化合物通过扩散原理被吸附在石英纤维表面的吸附剂上。当吸着作用达到平衡后,将石英纤维取出,通过加热或溶剂洗脱使目标化合物解吸。然后用 GC 或 HPLC 进行分析测定。目标化合物吸着量与样品中目标化合物的原始浓度成正比关系。

SPME 技术集样品采集、浓缩于一体,操作简便,易于自动化和可与其他技术在线联用,不用或少用溶剂,分析时间短(一般只需 15 min),样品需要量小,重现性好,特别适合现场分析。

SPME 已应用于各类杀虫剂,包括有机氯、有机磷及氨基甲酸酯、少数除草剂等农药残留的分析。然而,由于固相微萃取涂层纤维价格昂贵,使用寿命较短,连续测定样品时会产生携带效应,限制了其应用。目前 SPME 多用于农药残留样品筛选分析和现场分析。

(三)微波辅助萃取技术

微波辅助萃取(microwave-assisted extraction,MAE)是在密闭的容器内直接利用微波能加热的特性来加强溶剂的提取效率,使农药或其他化学品从样品基质中快速分离出来的技术。适用于萃取固体和半固体物质如土壤、沉积物、食品等样品中的农药残留。

萃取原理是对样品进行微波加热,不同物质的介电常数不同,对微波能的吸收程度也不同,由此产生的热量和传递给周围环境的热量也不同。在微波场中,由于基体物质中的某些区域和萃取体系中的某些组分吸收微波能力的差异而被选择性加热,从而使被萃取物质从基体或体系中分离出来,进入介电常数小、微波吸收能力较差的萃取剂中。

微波萃取常用的极性溶剂是乙醇、甲醇、丙酮和水等。因非极性溶剂不能吸收微波能量,所以在微波萃取中不能使用100%的非极性溶剂作为提取溶剂。一般可在非极性溶剂中加入一定比例的极性溶剂来使用,如丙酮-环己烷(体积比1∶1)就可用来作微波萃取溶剂。

微波辅助萃取具有溶剂用量少、快速、污染小等特点,有利于萃取热不稳定的物质,并可同时测定多份试样,尤其适合大量试样的快速萃取分离,萃取效率高,设备简单,操作容易。

(四)超临界流体萃取技术

超临界流体萃取(supercritical fluid extraction,SFE)是利用超临界条件下的流体作为萃取剂,从固体或半固体样品中萃取待测组分的一项分离技术。

超临界流体(SCF)是物质处在临界温度和临界压力以上的状态,既不是气体也不是液体,兼有气体和液体的某些物理性状,如类似于液体具有较大的密度和溶解力,又类似于气体具有黏度小、扩散系数大、渗透性好、传质能力强等优点。这些特性使得超临界流体成为一种良好的萃取剂,能渗入到样品基质中,发挥有效的萃取功能,且溶解能力随着压力的升高而急剧增大。二氧化碳是应用最广的超临界流体,纯度高、无毒、沸点低、化学性质稳定;临界压力适中72.9大气压(即1 073 psi),临界温度31℃,可在接近室温的条件下工作;其密度大,与液体接近,有较高的溶解能力,黏度低,扩散系数高,传质速度快,可以较快地渗透进入固体样品的空隙,具有较强的萃取能力;后处理简单,在萃取完成后可将无害、挥发性强的CO_2迅速吹扫至大气中;而且廉价易得。主要用于非极性或弱极性化合物的分析,对于极性化合物可以加入改性剂以改变流体的极性。

可作为超临界流体的物质还有NH_3、甲烷、乙烷、丙烷、戊烷、己烷、三氯甲烷、二氯甲烷、四氯化碳、甲醇、乙醇、异丙醇等。

超临界流体萃取的原理是利用超临界流体在临界点附近体系温度和压力的微小变化,使物质溶解度发生几个数量级的突变性质来实现对某些组分的提取和分离。通过改变压力或温度来改变超临界流体的性质,达到选择性地提取各种类型化合物的目的。流体密度在相当程度上反映了它的溶解能力,而超临界流体的密度与压力和温度有关,随着压力的增大,超临界流体的密度增大,其溶解能力也越大,反之亦然。在超临界流体中化合物的溶解度,在恒温下则随压力$p(p>p_c)$升高而增大;在恒压下,则随温度$T(T>T_c)$升高而增大,通过温度和压力的调节来控制其溶解能力,从而达到分离的目的。

超临界流体萃取可在较低温度下提取和分离,从而减少和防止热敏成分的分解,无溶剂残留,操作简单、萃取时间短、效率高、重现性好,对目标物选择性强,并能将干扰成分减少到最低程度。在分析农药残留、研究环境和生物体农药降解等方面有广泛应用。

(五)加速溶剂萃取技术

加速溶剂萃取(accelerated solvent extraction,ASE)是在密闭容器内通过升高温度和压力从样品中快速萃取出农药或其他化学品的方法,也称加压液体萃取(PLA)。是美国戴安公司近年推出的一种全新的全自动提取技术,适应于固体和半固体样品的处理。

萃取原理是样品放在密封容器中加热到高于沸点的温度(通常 50～200℃),引起溶剂中压力升高(通常 1.5～2.0 MPa),从而大大提高萃取速度。因为高温下溶质分子的解析动力学过程加速,减少了解析过程所需的活化能,降低了溶剂的黏度,因而减少溶剂进入样品基体的阻力,增加溶剂进入样品基体的扩散,同时增大了农药在溶剂中的溶解度。

加速溶剂萃取的突出优点是有机溶剂用量少(提取 1 g 样品仅需 1.5 mL 溶剂),快速(一般每个样品的提取时间为 15～20 min)和回收率高。此外,自动化程度也高,且方便、安全。但也存在仪器价格昂贵,主要适用于固体和半固体样品,萃取液还必须净化等不足。

(六)基质固相分散技术

基质固相分散(matrix solid-phase dispersion,MSPD)是在常规固相萃取基础上发展起来的类似于固相萃取的一种提取、净化、富集技术。所用填料与固相萃取相同,但是作用的方式不同。MSPD 是在样品与固相分散剂研磨过程中,利用剪切力将样品组织分散。键合的有机相将样品组分分散在载体表面,大大地增加了萃取样品的表面积。样品在载体表面的分散状态取决于其组分的极性大小。极性分子与载体表面未被键合的硅烷醇结合或形成氢键,大的、弱极性分子则分散在多相物质表面。

基本操作是将样品直接与适量固相分散剂(吸附剂)一起混合研磨,使样品均匀分散于固相分散剂颗粒的表面,制成半固态装柱,然后采用类似于 SPE 的操作进行洗脱。MSPD 大多使用反相材料作为分散剂,特别是 C_8 和 C_{18},主要用来分离亲脂性物质。样品和固相分散剂的比例通常是 1:4,样品用量为 0.5 g。

MSPD 技术依靠机械剪切力、固相分散剂的去垢效应和巨大的表面积使样品结构破碎并且在填料表面均匀分散,浓缩了传统的样品前处理中所需的样品匀化、组织细胞裂解、提取、净化等过程,避免了样品匀浆、沉淀、离心、转溶、乳化、浓缩等造成的被测物的损失,而且固定相处理样品的比容量大,提取净化效率较高。

MSPD 处理样品省时、省力、快速、高效,已被用于蔬菜、水果、果汁、动物组织、谷物等基质中的氨基甲酸酯、有机磷、有机氯杀虫剂及多种除草剂杀菌剂的农药残留分析以及近 40 种兽药残留分析中。

(七)凝胶渗透色谱

凝胶渗透色谱(gel permeation chromatography,GPC)是 20 世纪 60 年代发展起来的一种分离技术,它是液相色谱的一种。

GPC 分离原理是基于立体排阻,利用多孔性物质根据溶液中不同分子的体积大小进行分离。农药的相对分子质量大多在 200～400,而脂肪及其他干扰物质的相对分子质量很大,在净化样品时,可以将样品中大分子的脂肪、蜡质、叶绿素、类胡萝卜素等与小分子的农药分离,大多数农药分子大小相近,它们通过 GPC 时的谱带比较窄,在相对集中的体积内淋洗出;凝胶具有三维网状结构,各种分子在柱内流动相中进行垂直向下移动或无定相的扩散运动。

凝胶渗透色谱适用于各种类型农药(酸性、中性、碱性)在农畜产品中多残留分析的净化,特别适用于分离样品中对热不稳定、易分解、易被不可逆吸附的农药和油脂类物质。不足之处为:①溶剂使用量大,过柱后的淋洗液需要浓缩,耗费溶剂和时间;②不能分离与农药分子大小相近的杂质。

(八)免疫亲和层析

免疫亲和层析(immunoaffinity chromatography,IAC)又称免疫亲和色谱,是利用抗原与抗体高亲和力、高专一性和可逆结合的特性而建立的一种色谱方法。

免疫亲和层析原理是将抗体与惰性基质偶联制成免疫吸附剂,然后装柱。当待测组分流经 IAC 柱时,抗原与相应抗体选择性结合,其余杂质则流出 IAC 柱。再利用适宜的洗脱剂将抗原洗脱,使样品得到有效分离、净化和浓缩。

免疫亲和层析通常只需"加样-洗涤-洗脱"一步层析就可使复杂样品中极微量的特定组分得到高度纯化和浓缩,所得分离物比固相萃取物纯度高,浓缩倍数可达数百甚至上千倍,便于直接采用 GC、HPLC 等方法进行检测,大大简化了样品前处理步骤,减少了有机溶剂的使用和提取过程中的损失,具有特异性好、结合容量大、洗脱条件温和等特点。IAC 柱还可以很方便地再生和重复利用,非常适于农药、兽药、毒素等残留的分离、富集与分析。IAC 技术在农药残留分析、兽药残留分析和真菌毒素分析中均已得到应用。

六、样品制备效果的确认

样品制备效果通常是用测定添加回收率的方法进行确认,即在样品中添加已知量的待测定农药的标准物质,经过样品制备后,以添加标准物质的样品的测定值和空白样品的测定值之差与添加标准物质的量之比即为添加回收率。

$$添加回收率=\frac{加标试样测定值-试样本底测定值}{加入标准物质量}\times100\%$$

测定添加回收率时,一是要求尽量用不含目标农药的空白样品,如果无法做到,则加标样份和对照样份一定要取自充分混匀的同一份样品材料,同时要测定与样品制备过程完全相同但不含样品的溶剂空白;二是加标的浓度范围应接近样品测定中分析物质的浓度范围,可设高、中、低三个浓度梯度,最低浓度应低于该农药的最大残留限量(MRL),或者按仪器的最低校准浓度设定,最高浓度根据测定的实际浓度范围定,每个浓度应做 3 次以上的重复,以求得回收率的标准偏差和变异系数。一般对于单残留分析方法的回收率范围要求在 80%～120%,但在缺少合适的残留分析方法或是在较低的检测浓度情况下,以及在多残留分析时,回收率稍低一些的方法也可以接受。

【样品制备技术】

案例一　蔬菜中有机磷农药的提取与净化

1　样品制备原理

蔬菜等含水量高试样中的有机磷类农药及其代谢物,采用乙腈浸泡,涡旋混合器上混匀,过滤,氯化钠使乙腈与水分层,氮吹浓缩,丙酮定容。

2　试剂

除非另有说明,在分析中仅使用确认为分析纯的试剂和 GB/T 6682 中规定的至少二级的水。

2.1 乙腈

2.2 丙酮:重蒸。

2.3 氯化钠:140℃烘烤 4 h。

2.4 滤膜:0.2 μm,有机溶剂膜。

2.5 铝箔

3 仪器设备

3.1 分析实验室常用仪器设备

3.2 食品加工器

3.3 旋涡混合器

3.4 匀浆机

3.5 氮吹仪

4 样品制备

4.1 试样制备

按 GB/T 8855 抽取蔬菜样品,取可食部分,经缩分后,将其切碎,充分混匀放入食品加工器粉碎,制成待测样。放入分装容器中,于−20~−16℃条件下保存,备用。

4.2 提取

准确称取 10.0 g 试样放入 50 mL 离心管中,加入 20.0 mL 乙腈,在匀浆机中高速匀浆 2 min 后用滤纸过滤,滤液收集到装有 3~5 g 氯化钠的 50 mL 具塞量筒中,收集滤液 15~20 mL,盖上塞子,剧烈振荡 1 min,在室温下静置 30 min,使乙腈相和水相分层。

4.3 净化

从具塞量筒中吸取 4.00 mL 乙腈溶液,放入氮吹管中,置于氮吹仪,在 75℃水浴锅上加热,管内缓缓通入氮气,蒸发近干,准确加入 1.00 mL 丙酮,在旋涡混合器上混匀,盖上铝箔,备用。

用 0.2 μm 针式滤膜过滤装自动进样器样品瓶中,供色谱测定。

案例二　水果中氨基甲酸酯农药的提取与净化

1 样品制备原理

水果等含水量高试样中的氨基甲酸酯类农药及其代谢物,采用乙腈浸泡,涡旋混合器混匀,过滤,氯化钠使乙腈与水分层,氮吹浓缩,甲醇＋二氯甲烷(1＋99)定容,采用氨基柱固相萃取技术分离、净化,氮吹浓缩,甲醇定容。

2 试剂

除非另有说明,在分析中仅使用确认为分析纯的试剂和 GB/T 6682 规定的一级水。

2.1 乙腈

2.2 二氯甲烷

2.3 甲醇:色谱纯。

2.4 甲醇＋二氯甲烷(1＋99)

2.5 氯化钠:140℃烘烤 4 h。

2.6 固相萃取柱:氨基柱(Aminopropyl®),容积 6 mL,填充物 500 mg。

2.7 滤膜:0.2 μm,0.45 μm,溶剂膜。

3 仪器设备

3.1 食品加工器

3.2 匀浆机

3.3 氮吹仪

4 样品制备

4.1 试样制备

同案例一。

4.2 提取

同案例一。

4.3 净化

从 50 mL 具塞量筒中准确吸取 10.00 mL 乙腈相溶液,放入 150 mL 烧杯中,将烧杯放在 80℃水浴锅上加热,杯内缓缓通入氮气或空气流,将乙腈蒸发近干;加入 2.0 mL 甲醇+二氯甲烷(1+99)溶解残渣,盖上铝箔,待净化。

将氨基柱用 4.0 mL 甲醇+二氯甲烷(1+99)预洗条件化,当溶剂液面到达柱吸附层表面时,立即加入上述待净化溶液,用 2 mL 离心管收集洗脱液,用 2 mL 甲醇+二氯甲烷(1+99)洗烧杯后过柱,并重复一次。将离心管置于氮吹仪上,水浴温度 50℃,氮吹蒸发至近干,用甲醇准确定容至 2.5 mL。在混合器上混匀后,用 0.2 μm 滤膜过滤,待测。

案例三 粮食或油料中有机氯、拟除虫菊酯农药的提取与净化

1 样品制备原理

粮食、大豆等粮油样品中有机氯、拟除虫菊酯类农药用石油醚等有机试剂提取,经液-液分配及层析净化除去干扰物质,用于气相色谱-电子捕获检测器检测。

2 试剂

除非另有说明,在分析中仅使用确认为分析纯的试剂和蒸馏水或相当纯度的水。

2.1 石油醚:沸程 60～90℃,重蒸。

2.2 乙酸乙酯:重蒸。

2.3 无水硫酸钠

2.4 弗罗里硅土:层析用,于 620℃灼烧 4 h 后备用,用前 140℃烘 2 h,趁热加 5%水灭活。

3 仪器设备

3.1 粉碎机

3.2 电动振荡器

3.3 旋转蒸发仪

3.4 层析柱

3.5 具塞三角瓶:100 mL。

3.6 刻度离心管:1.0 mL。

4 样品制备

4.1 试样制备

取待检粮食或油料样品经粮食粉碎机粉碎,过20目筛制成试样后备用。

4.2 提取

称取10 g粮食或油料试样,置于100 mL具塞三角瓶中,加入20 mL石油醚,于振荡器上振摇0.5 h。

4.3 净化

4.3.1 层析柱的制备:玻璃层析柱中先加入1 cm高无水硫酸钠,再加入5 g 5％水脱活弗罗里硅土,最后加入1 cm高无水硫酸钠,轻轻敲实,用20 mL石油醚淋洗净化柱,弃去淋洗液,柱面要留有少量液体。

4.3.2 净化与浓缩:准确吸取试样提取液2 mL,加入已淋洗过的净化柱中,用100 mL石油醚-乙酸乙酯(95＋5)洗脱,收集洗脱液于蒸馏瓶中,于旋转蒸发仪上浓缩近干,用少量石油醚多次溶解残渣于刻度离心管中,最终定容至1.0 mL,供气相色谱分析。

【任务考核标准】

序号	考核项目	考核内容	考核标准	参考分值
1	基本素质	学习与工作态度	态度端正,学习认真,积极思考,注重对比与归纳,服从安排,出满勤。	5
		团队协作	顾全大局,积极与小组成员合作,共同制定工作计划,共同完成工作任务。	5
2	基本知识	样品制备原理	能说出或写出农药残留制样原理,如"相似相溶原理"、"分配定律"、"挥发性"等内容。	10
		农药提取、净化、浓缩方法	能说出或写出农药残留分析常用的提取、净化及浓缩方法。	15
		样品制备新技术	能说出或写出样品制备有哪些新技术及新技术的特点与应用。	15
3	方案制定	制定残留农药提取、净化方案	能根据工作任务,结合样品特性,制定出切实可行的有机磷、有机氯、氨基甲酸酯、拟除虫菊酯类农药提取、净化方案。	10
4	样品制备	仪器的选择与准备	能根据制样任务,合理选择仪器,正确处理和使用仪器。	5
		试剂选择与配制	能根据制样内容,合理选择并准确配制试剂。	5
		样品预处理	能根据制样需要,对样品进行绞碎、均质等。	5
		样品称量	能根据制样需要,精确称取样品。	5
		农药的提取、浓缩与净化	能从样品中正确提取目标物质并进行浓缩与净化。	10
5	职业素质	方法能力	能通过各种途径快速查阅获取所需信息,问题提出明确,表达清晰,有独立分析问题和解决问题的能力。	5
		工作能力	学习工作程序规范、次序井然。主动完成自测训练,有完整的读书笔记和工作记录,字迹工整。	5
		合　　计		100

【自测训练】

一、知识训练

（一）填空

1. 样品的制备即样品的_____与_____过程。

2. 具有水溶性的物质分子中通常含有极性基团如_____、_____、_____、_____等及不太长的_____。

3. 分配定律是指在_____下,当分配过程达到_____时,物质在两种溶剂中_____比保持恒定。

4. 液体的蒸气压等于_____时的_____称为该溶液的沸点,因此,沸点与_____有关。

5. 利用样品中各组分在特定溶剂中的_____的差异,使其_____或_____分离的方法称为溶剂提取法。

6. 样品的净化是从待测样品_____中将农药与_____分离并除去_____的步骤。

7. 免疫亲和层析(IAC)又称免疫亲和色谱,是利用_____与_____高亲和力、高专一性和_____的特性而建立的一种色谱方法。

8. 液-液分配净化时的分配系数受到_____、_____影响,还与两相溶剂的体积比、极性溶剂中的_____、_____有关。

9. SPE采用选择性_____、选择性_____的方式对样品进行_____、_____、_____,是一种包括液相和固相的物理萃取过程的色谱过程。

10. SPME是在_____和_____的基础上开发的一种无溶剂,集_____、_____、_____、_____于一体的样品前处理技术。

（二）选择题（单项或多项选择）

1. 蔬菜中有机磷农药提取净化的流程是（　　）。

A. 称量　　　　　B. 制样　　　　　C. 匀浆　　　　　D. 丙酮定容

E. 氮吹　　　　　F. 静置分层　　　　G. 剧烈振荡　　　F. 移取乙腈

2. 水果中氨基甲酸酯类农药残留检测与有机磷农药残留检测样液制备不同点为（　　）。

A. 有机磷农药最后用甲醇淋洗浓缩、定容

B. 氨基甲酸酯类农药需要固相萃取柱分离、净化

C. 氨基甲酸酯类农药及其代谢物用正己烷淋洗浓缩、定容

D. 都用乙腈提取

3. 油料样品测定拟除虫菊酯类农药残留时,提取、净化不需要的步骤（　　）。

A. 样品粉碎、过筛　　　　　　　B. 石油醚振荡提取

C. 层析柱净化与浓缩　　　　　　D. 丙酮溶解残渣及定容

4. 选择提取溶剂的一般原则是（　　）。

A. 选择与分析目标物极性相似的溶剂　　B. 溶剂对样品有较强的渗透能力

C. 不与样品发生反应　　　　　　　　　D. 毒性低,价格便宜

（三）判断题（正确的画"√"，错误的画"×"）

1. 农药的极性主要与其提取时的溶解性及两相分配有关。（　　　）

2. 利用残留农药与样品基质的物理化学特性的差异，将残留农药从对检测系统有干扰作用的样品基质中提取分离出来。（　　　）

3. 常规净化方法有柱层析法、磺化法、液-液分配法、吹蒸法、固相萃取法等。（　　　）

4. 在不损失待测组分的前提下，通过减少溶液的体积达到增大待测组分浓度的过程称为浓缩。（　　　）

（四）简述题

1. 分别阐述氮吹法、减压旋转蒸发法在浓缩残留农药样液中的优缺点。

2. 常规柱层析法净化样液时，作为柱填料的吸附剂有哪些？各有什么特点？

3. 液液分配净化时需要注意哪些问题？

二、技能训练

1. 提取、净化果蔬中有机磷农药。

2. 制备粮食样品拟除虫菊酯类农药残留的检测样液。

任务 2-3　酶抑制法快速检测农药残留

【任务内容】

1. 酶抑制法快速检测有机磷与氨基甲酸酯类农药残留的基本原理。

2. 酶抑制法常用酶源及提取方法。

3. 酶抑制法常用底物及显色反应。

4. 酶抑制法检测方法及检测流程，结果判定方法。

5. 酶片法和酶抑制率法快速检测蔬菜中有机磷及氨基甲酸酯类农药残留的原理、方法步骤、结果判定。

6. 编写检测报告并上报。

7. 完成自测训练。

【学习条件】

1. 场所：农产品质量检测实训中心（理实一体化实训室、多媒体实训室）。

2. 仪器设备：多媒体设备、PR2006A$^+$ 农残速测仪、分光光度计 RP-420 型或 RP-410 型、常量天平、恒温水浴或恒温箱等、振荡器、移液枪等。

3. 试剂：速测卡（固化有胆碱酯酶和靛酚乙酸酯试剂的纸片）、酶抑制率法快速检测试剂盒等。

4. 其他：教材、多媒体课件、相关图书、相关标准、网上资源等。

【相关知识】

一、酶抑制法发展概况

目前,我国农业生产上广泛使用的杀虫剂主要有三类:有机磷类、氨基甲酸酯类和拟除虫菊酯类农药。其中菊酯类农药对人畜的毒性较低,相对较安全;而有机磷类和氨基甲酸酯类农药对高等动物(包括人)的毒性高,易引起人畜急性中毒事故,所以人们普遍关注的也主要是这两类农药的残毒问题。随着人们对农药速测技术研究的重视和关注,各种速测方法如速测箱、速测仪、速测卡、速测试剂盒等应运而生,这些方法大都是基于酶抑制的原理,所采用的酶主要是胆碱酯酶和植物酯酶。

酶抑制法是依据有机磷类和氨基甲酸酯类农药都是胆碱酯酶(chE)抑制剂的原理设计和开发的速测方法。该法对所测样品的前处理要求简单,多数样品可直接用于测试,操作简便、速度快,适合现场检测和大批样品筛选检测,在我国得到了较快的推广和应用。美国、加拿大、日本、巴西、印度等10多个国家已将酶抑制法试剂盒或试纸条作为普查农药残留和田间实地检测的基本手段,许多公司专门从事检测试剂盒或试纸条的开发,几乎所有重要农药品种都有残留检测试剂盒出售。酶抑制法快速检测技术已成为国内外快速检测农药残留的主流方法。

二、酶抑制法检测原理

有机磷和氨基甲酸酯类农药都是神经毒剂,对参与神经生理传递过程的乙酰胆碱酯酶(AchE)具有抑制作用,使该酶的分解作用不能正常进行,从而导致底物乙酰胆碱的积累,影响动物正常的神经传导,引起中毒或死亡。研究工作者将这一昆虫毒理学原理应用到农药残留检测中,如果农产品样品提取液中不含或含有很低浓度的有机磷和氨基甲酸酯类农药,酶的活性就不会被抑制,试样中加入的基质就会被酶水解,水解产物与加入的显色剂反应产生颜色;相反,如果试样提取液中含有一定量的有机磷和氨基甲酸酯类农药,酶的活性就会被抑制,试样中加入的基质就不会被水解,加入显色剂不显色或颜色很浅,用分光光度计测定吸光度值,计算出抑制率,就可以判断出样品中农药残留情况。

近年来投放市场的产品,如酶片、酶标签、农药残留检测速检仪、速测箱等大多是建立在上述显色反应基础上。但是,除了有机磷和氨基甲酸酯类农药可能对乙酰胆碱酯酶产生抑制作用外,某些氯代烟碱类似物对乙酰胆碱酯酶也有一些抑制作用,因此检测过程中应注意由此引起的假阳性现象。

三、酶源选择与提取

酶源的选择是生物酶技术应用的基础,其性质的好坏、特异性大小、稳定与否直接关系到检测的结果。酶对有机磷和氨基甲酸酯类农药的敏感度决定了方法的灵敏度,酶的种类决定了方法的可靠性。目前用于农药残留快速检测的酶是胆碱酯酶和植物酯酶。胆碱酯酶又分为丁酰胆碱酯酶和乙酰胆碱酯酶,广泛存在于动物组织中。植物酯酶从植物中提取,目前主要以面粉作为酶源。实际中,植物酯酶和肝酯酶应用较少,脑酯酶和血清酯酶应用较多。胆碱酯酶的来源见表2-10。

表 2-10　胆碱酯酶的来源

来源	种　类
脊椎动物	主要存在于血液和肝脏中,如马、猪、鸡、鸭等血清和牛、猪、兔、鸡等肝脏中。
昆虫	主要存在于昆虫头部和体内,如家蝇、黄猩猩果蝇、蜜蜂、库蚊、麦二叉蚜、棉铃虫、马铃薯叶甲、黄粉甲、烟草天蛾等。
其他动物	存在于蚯蚓、电鳐等器官中。
鱼类组织	主要存在于肌肉及脑组织中,如麦穗鱼脑及大黄鱼、小黄鱼、黄姑鱼等肌肉组织。
植物	主要存在于高等植物中,如小麦、玉米、水稻等粮食作物。

由于酶抑制法对酶纯度要求不太高,因此,一般方法提取的酶液便可满足要求。常见提取方法:

1. 家蝇或蜜蜂头的脑酯酶提取

采用 3 日龄敏感家蝇或蜜蜂在−20℃冷冻致死后装入塑料袋中,加入少许干冰振摇,硬化了的家蝇或蜜蜂的头部与胸部断裂,收集头部,按 0.24 g/mL 加入磷酸缓冲液(pH＝7.5,0.1 mol/L),匀浆 30 s,匀浆液(4℃)以 3 500 r/min 离心 5 min,取上层清液,先用双层纱布过滤,滤液再经双层滤纸在布氏漏斗上抽滤,收集滤液,以每管 1 mL 分装,密封于−20℃冰箱中备用。应用时以磷酸缓冲液(pH＝7.5,0.02 mol/L)稀释 15 倍。该酶液保存 3 个月后未见酶活力下降。为便于运输和贮存,提取纯化后可经冷冻干燥,制成纯度比较高、稳定性更好的酶粉。

2. 动物肝酯酶提取

取动物(牛、猪、兔、鸡等)新鲜肝脏,去筋、膜、脂肪后切碎,按 1 份肝＋3 份蒸馏水(W/V)匀浆,匀浆液以 2 000～3 000 r/min 离心 15～30 min,取上层清液分装后在−20℃下储存备用。使用时用蒸馏水稀释,稀释倍数为 5～20 倍。

3. 动物血清酯酶提取

将刚抽取的动物(马、猪、鸡、鸭)血清注入无抗凝剂的试管(15～25 mL)中,封口后在 37℃恒温箱内放置 3 h,当血液凝固,淡黄色血清慢慢渗出时,用吸管将血清吸入离心管中,以 3 000 r/min 离心 5～10 min,取上层清液分装后在−20℃冷冻保存,使用时以蒸馏水稀释。

4. 植物酯酶提取

取市售面粉,按 1∶5(W/W)比例加入蒸馏水,在振荡器上振荡 30 min,以 3 000 r/min 离心 10 min,上层清液经滤纸过滤,收集滤液置于冰箱(4℃)保存,使用时用蒸馏水稀释。

四、底物和显色剂

酶抑制显色反应可使用的底物(基质)和显色剂很多,如乙酰胆碱、乙酸萘酯、羧酸酯、乙酸羟基吲哚及其衍生物等均可作为酶的底物,根据酶的底物和显色机理不同,酶抑制显色反应,大致可分为以下几种类型:

1. 乙酰胆碱＋5,5′-二硫代-双-2-硝基苯甲酸显色

$$乙酰胆碱＋H_2O \xrightarrow{\text{酶}} 胆碱＋乙酸$$

胆碱＋5,5'-二硫代-双-2-硝基苯甲酸 $\longrightarrow$ 5-硫代-2-硝基苯甲酸(呈黄色)

乙酰胆碱酯酶催化底物乙酰胆碱水解生成乙酸和胆碱,胆碱与5,5'-二硫代-双-2-硝基苯甲酸反应,生成黄色产物5-硫代-2-硝基苯甲酸,其在410 nm处有最大吸收,测定其在单位时间内的生成量,即可测得乙酰胆碱酯酶的活性。

2. 乙酸-β-萘酯＋固蓝B盐显色

乙酸-β-萘酯＋H_2O $\xrightarrow{\text{酶}}$ β-萘酚＋乙酸

β-萘酚＋固蓝B盐 $\longrightarrow$ 偶氮化合物(呈紫红色)

植物酯酶可以催化乙酸萘酯水解为萘酚和乙酸,萘酚与显色剂固蓝B作用形成紫红色的偶氮化合物,从而发生显色反应。

3. 乙酸羟基吲哚显色法

乙酸羟基吲哚＋H_2O $\xrightarrow{\text{酶}}$ 吲哚酚＋乙酸

吲哚酚＋O_2 $\longrightarrow$ 靛蓝(呈蓝色)

乙酸羟基吲哚在酯酶的催化作用下水解为吲哚酚和乙酸,吲哚酚氧化生成靛蓝,呈蓝色。

4. 乙酸靛酯显色法

乙酸靛酯＋H_2O $\xrightarrow{\text{酶}}$ 靛酚(呈蓝色)＋乙酸

乙酸靛酯在胆碱酯酶催化作用下水解为靛酚和乙酸,靛酚呈现蓝色。

实验表明,影响酯酶法显色的灵敏度的因素是多方面的,酶源和基质的种类以及两者的配合,酶的浓度,反应底物剂量,显色剂的选配等。不同酶与基质的配合使用,其检测限不尽相同。

五、检测方法

目前酶抑制法快速检测有机磷和氨基甲酸酯类农药残留的方法主要有分光光度法和酶片法。

1. 分光光度法(比色法)

分光光度法是将待测样品提取液与敏感生物中提取的胆碱酯酶作用,以碘化硫代乙酰胆碱或碘化硫代丁酰胆碱等为底物,以5,5'-二硫代-双-二硝基苯甲酸为显色剂,反应一定时间后,用农药残留速测仪在波长412 nm处比色,根据吸光度值变化计算胆碱酯酶抑制率,判断有机磷和氨基甲酸酯类农药残留是否超标。

有机磷和氨基甲酸酯类农药对胆碱酯酶活性有抑制作用,浓度越高,抑制率越高。据研究结果显示,当酶抑制率低于15%时,表示蔬菜安全或较安全;酶抑制率16%～25%时,表示蔬菜为轻度污染;酶抑制率26%～50%时为中度污染,超过50%则为重度污染。

市场上使用的酶主要是以敏感家蝇头部提取纯化的乙酰胆碱酯酶(AChE)和从动物血清中提取的丁酰胆碱酯酶(BuChE)。用丁酰胆碱酯酶检测农药残留存在专一性和可靠性低、检测结果假阳性率高等问题。以乙酰胆碱酯酶为酶源的方法,由于乙酰胆碱酯酶主要从家蝇等敏感昆虫头部提取,产量低,成本高。因此,酶抑制法有一定的实用价值,如所需仪器设备简单,前处理简单,检测时间短,可及时检测出含农药残留的蔬菜等。但局限性也较大。

目前,商品化的农药残留快速检测仪有RP-410型、RP-420型等,带小型打印机。

2.酶片法

酶片法是将敏感生物的胆碱酯酶和生色基质(2,6-二氯靛酚乙酸酯)液经固化处理后加载到滤纸片或类似载体物质上,基质在胆碱酯酶的催化作用下迅速分解,生成靛酚(呈蓝色)和乙酸。有机磷和氨基甲酸酯类农药对胆碱酯酶有抑制作用,使催化、水解、变色的过程发生改变。若样品中含有有机磷和氨基甲酸酯农药,胆碱酯酶活性被抑制,基质就不能水解,无蓝色物质生成,不变色。根据颜色变化,可直接判断有机磷和氨基甲酸酯农药是否存在。蓝色表示无农药残留,浅蓝色表示可疑,无色或白色表示有农药残留。目前广泛使用的农药残留速测箱、速测卡法均属于酶片法。

近年来,国内常见的用固化含有胆碱酯酶和靛酚乙酸酯试剂的试纸片建立的适合我国蔬菜中部分农药残留限量的现场监督检测的速测卡法,其检出限一般在 0.3~3.5 mg/kg,检出时间为 15 min,操作简单,速度快,成本低廉。

酶片法的基本技术及原理与比色法相同,检测灵敏度也无明显差异。但是,酶片法不需要仪器,更适合现场进行快速测定,因此更受重视。

六、酶抑制法测定存在的技术问题

(1)酶抑制法只适用于有机磷或氨基甲酸酯类农药的检测,对其他类型农药造成的污染无法检出。其灵敏度有限,且少部分农药品种对此法不灵敏,因此,对检测结果为阴性的样品,不能认为就不含有农药残留或农药残留不超过规定标准(MRL 值)。

(2)影响酶抑制法测定结果的因素很多,因此对测定结果为阳性或可疑的样本,必须重复检测几次,对最后确定为阳性的样本需要进一步用气相色谱等仪器进行定量分析。

(3)在生物体外许多农药是酶的弱抑制剂,选择适当的转化剂,使其转变为酶的强抑制剂,也是改善方法灵敏度的途径之一。

(4)影响测定误差大小的因素很多,如酶和底物的来源及浓度,反应温度,pH 和反应时间等,因此酶抑制法测定的重现性不理想。为克服众多因子的影响,可考虑对实验材料、检测方法等在比较试验的基础上,确定规范和标准。

(5)农药含量不同,对酶的抑制程度不同,不同农药对酶的抑制能力也有差别,因此,产生颜色深浅的程度不同。可以根据不同农药的不同浓度所形成的颜色深浅绘制标准色板,给出农药的大致含量。

(6)为了减少样品提取液中的杂质干扰,开发简便易行的净化技术,也是减少假阳性出现的措施之一。

【检测技术】

案例一　蔬菜中有机磷和氨基甲酸酯类农药残留快速测定
——酶片法(速测卡法)

1　适用范围

本方法适用于蔬菜、水果中有机磷和氨基甲酸酯类农药残留量的快速筛选测定。

2　检测原理

胆碱酯酶可催化靛酚乙酸酯(红色)水解为乙酸与靛酚(蓝色),有机磷或氨基甲酸酯类农药对胆碱酯酶有抑制作用,使催化、水解、变色的过程发生改变,由此可判断出样品中是否有高剂量有机磷或氨基甲酸酯类农药的存在。

3　试剂

3.1　速测卡(固化有胆碱酯酶和靛酚乙酸酯试剂的纸片)

3.2　缓冲溶液(pH 7.5):分别称取 15.0 g 磷酸氢二钠($Na_2HPO_4 \cdot 12H_2O$)与 1.59 g 无水磷酸二氢钾(KH_2PO_4),用 500 mL 蒸馏水溶解。

4　仪器

PR2006A$^+$农残速测仪、常量天平。

5　检测方法

5.1　整体测定法

5.1.1　选取有代表性的蔬菜样品,擦去表面泥土,剪成 0.5 cm 左右碎片,混合均匀。取 5 g 放入带盖瓶中,加入 10 mL 缓冲溶液,振摇 50 次(有条件时,可将提取瓶放入超声波清洗器中震荡 30 s),静置 2 min 以上。

5.1.2　接通 PR2006A$^+$农残速测仪电源,打开速测仪,预热 10 min,使之达到反应设定的温度。

5.1.3　取一片速测卡对折,揭去其上保护膜,插入农残速测仪(红色药片向上,白色药片置于加热器上),在白色药片上滴 2～3 滴提取液。

5.1.4　加样完毕,按开始键,农残速测仪自动倒计时,10 min 反应结束后发出急促提示音,此时合上盖子,让红色药片与白色药片接触,自动进入倒计时 3 min,3 min 显色反应完成,仪器发出缓和的提示音。

5.1.5　打开仪器上盖,观察和记录农药残留测试纸颜色变化,蓝色为阴性表明安全;浅蓝色为弱阳性,表明有微量农药残留;白色为强阳性,表明农药残留超过了国家安全标准。

每一批测定应设一个缓冲液的空白对照卡。

5.2　表面测定法

5.2.1　选取有代表性的蔬菜样品,擦去表面泥土,滴 2～3 滴缓冲溶液在蔬菜表面,用另一片蔬菜在滴液处轻轻摩擦。

5.2.2　接通 PR2006A$^+$农残速测仪电源,打开速测仪,预热 10 min,使之达到反应设定的温度。

5.3　取一片速测卡对折,揭去其上保护膜,插入农残速测仪(红色药片向上,白色药片置于加热器上),将蔬菜上的液滴滴在白色药片上。其余操作同 5.1.4 和 5.1.5。

每一批测定应设一个缓冲液的空白对照卡。

6　结果判定

结果以酶被有机磷或氨基甲酸酯类农药抑制(阳性)、未抑制(阴性)来表示。与空白对照卡比较,白色药片不变色或略有浅蓝色均为阳性结果。白色药片变为天蓝色或与空白对照卡相同,为阴性结果。

对阳性结果的样品,可用其他分析方法进一步确定具体农药品种和含量。

7　速测卡法的检出限与符合率

速测卡对部分农药的检出限见表 2-11。

表 2-11　部分农药的检出限

（引自 GB/T 5009.199—2003）　　　　　　　　　　　　　　　mg/kg

农药名称	检出限	农药名称	检出限	农药名称	检出限
甲胺磷	1.7	乙酰甲胺磷	3.5	乐果	1.3
对硫磷	1.7	敌敌畏	0.3	西维因	2.5
水胺硫磷	3.1	敌百虫	0.3	好年冬	1.0
马拉硫磷	2.0	氧化乐果	2.3	呋喃丹	0.5
久效磷	2.5				

符合率：在检出的 30 份以上阳性样品中，经气相色谱法验证，阳性结果的符合率应在 80％以上。

8　注意事项

8.1　葱、蒜、萝卜、芹菜、韭菜、茭白、蘑菇及番茄汁液中，含有对酶有影响的植物次生物质，容易产生假阳性。处理这类样品时，可采取整体（株）蔬菜浸提或采用表面测定法。对一些叶绿素含量较高的蔬菜，也可采用整体（株）蔬菜浸提的方法，减少色素的干扰。

8.2　农残速测卡法显色反应灵敏度与农药种类有关，检测水胺硫磷、乙酰甲胺磷时显色反应灵敏度略低，而检测甲胺磷、对硫磷、敌敌畏和呋喃丹时显色反应灵敏度略高。

案例二　蔬菜中有机磷和氨基甲酸酯类农药残留快速测定
——酶抑制率法（分光光度法）

1　适用范围

本方法适用于蔬菜、水果中有机磷和氨基甲酸酯类农药残留的快速筛选测定。

2　检测原理

有机磷和氨基甲酸酯类农药对胆碱酯酶活性有抑制作用，抑制率与农药的浓度呈正相关。正常情况下，酶催化神经传导代谢产物（乙酰胆碱）水解，其水解产物（胆碱）与显色剂反应，生成黄色物质，用分光光度计在波长 412 nm 处测定吸光度随时间的变化值，计算出抑制率，通过抑制率可以判断出样品中是否含有高剂量的有机磷或氨基甲酸酯类农药残留。

3　试剂

商品试剂盒中均有。

3.1　磷酸缓冲液（pH 8.0）：分别取 11.9 g 无水磷酸氢二钾与 3.2 g 磷酸二氢钾，用 1 000 mL 蒸馏水溶解。

3.2　底物：取 25.0 mg 硫代乙酰胆碱，加 3.0 mL 蒸馏水溶解，摇匀后置 4℃冰箱中保存备用。保存期不超过两周。

3.3　显色剂：分别取 160 mg 二硫代二硝基苯甲酸（DTNB）和 15.6 mg 碳酸氢钠，用 20 mL 缓冲液溶解，置 4℃冰箱中保存。

3.4　乙酰胆碱酯酶：根据酶的活性情况，用缓冲溶液溶解，3 min 的吸光度变化 ΔA_0 值应控制在 0.3～0.8。摇匀后置 4℃冰箱中保存备用，保存期不超过 4 d。

4　仪器

4.1　分光光度计：RP-420 或 RP-410。

4.2   常量天平

4.3   恒温水浴或恒温箱

4.4   微型混合器(振荡器)

4.5   移液枪(50 μL、3 mL)

4.6   取样器

5   检测方法

5.1   样品处理

选取有代表性的蔬菜样品,冲洗掉表面泥土,剪(切)成 1 cm 左右碎片,混合均匀。取样品 2 g(叶菜取 2 g,果菜取 4 g)于烧杯(或取样瓶)中,加入 20 mL 缓冲液,振荡 1~2 min,倒出提取液,静置 3~5 min,待用。

5.2   对照溶液测试:先于比色皿中加入 3 mL 缓冲溶液,再加入 50 μL 酶、50 μL 显色剂,摇匀后于 37℃放置 30 min(每批样品的控制时间应一致)。再加入 50 μL 底物,盖上比色皿盖,摇匀,立即放入仪器"0"样池中进行测定。记录反应 3 min 的吸光度变化值 ΔA_0。

5.3   样品溶液测试:先于比色皿中加入 3 mL 样品提取液,再加入 50 μL 酶、50 μL 显色剂,摇匀后于 37℃放置 30 min。再加入 50 μL 底物,盖上比色皿盖,摇匀,立即放入仪器比色池中进行测定。记录反应 3 min 的吸光度变化值 ΔA_t。

6   结果计算

抑制率按式(2-6)计算。

$$抑制率 = \frac{\Delta A_0 - \Delta A_t}{\Delta A_0} \times 100\% \qquad (2\text{-}6)$$

式中:ΔA_0—对照溶液反应 3 min 吸光度的变化值;

ΔA_t—样品溶液反应 3 min 吸光度的变化值。

7   结果判定

结果以酶被抑制的程度(抑制率)表示。

当蔬菜样品提取液对酶的抑制率≥50%时,表示蔬菜中有高剂量有机磷或氨基甲酸酯农药存在,样品为阳性结果;阳性结果的样品需要重复检测 2 次以上。对阳性结果的样品,可用其他方法进一步确定具体农药品种和含量。

8   检出限与符合率

酶抑制率法对部分农药的检出限见表 2-12。

表 2-12   酶抑制率法对 12 种常见农药的检出限

(引自 GB/T 5009.199—2003)   mg/kg

农药名称	检出限	农药名称	检出限
甲胺磷	2.0	乐果	3.0
敌敌畏	0.3	氧化乐果	0.8
辛硫磷	0.3	敌百虫	0.2
甲基异柳磷	5.0	灭多威	0.1
对硫磷	1.0	丁硫克百威	0.2
马拉硫磷	4.0	呋喃丹	0.05

符合率:在检出的抑制率≥50%的30份以上样品中,经气相色谱法验证,阳性结果的符合率应在80%以上。

丁酰胆碱酯酶对甲基对硫磷、水胺硫磷、甲基异柳磷、毒死蜱等农药不敏感,最低检出限均在30 mg/kg以上。

9 注意事项

9.1 酶抑制率法只能检测对乙酰胆碱酶具有抑制作用的甲胺磷等有机磷和克百威等氨基甲酸酯类农药,对其他类型农药造成的污染则无法检出,而且方法的灵敏度通常较低。另外,对伏硫磷、水胺硫磷、涕灭威有时还有假阳性。

9.2 当温度条件低于37℃,酶反应的速度随之放慢,加入酶液和显色剂后放置反应的时间应相对延长,延长时间的确定,应以胆碱酯酶空白对照测试3 min的吸光度变化值 ΔA_0 在0.4~0.8。胆碱酯酶空白对照溶液3 min的吸光度变化值低于0.4的原因,一是酶的活性不够,二是温度太低。

9.3 注意样品放置时间应与空白对照溶液放置时间一致才有可比性。当吸光度大到无法读取时,说明测定液浑浊有干扰。

【任务考核标准】

序号	考核项目	考核内容	考核标准	参考分值
1	基本素质	学习与工作态度	态度端正,学习认真,积极主动,学习方法多样,服从安排,出满勤。	5
		团队协作	顾全大局,积极与小组成员合作,共同制定工作计划,共同完成工作任务。	5
2	基本知识	酶抑制法基本原理	能说出或写出酶抑制法快速检测有机磷与氨基甲酸酯类农药残留的基本原理。	5
		酶源及特点	能说出或写出酶抑制法常用酶源及特点。	5
		检测方法	能说出或写出酶抑制法检测常用方法、适用范围及特点。	5
3	制定检测方案	制定酶抑制率法和酶片法检测实施方案	能根据工作任务,积极思考,广泛查阅资料,制定出切实可行的酶抑制率法和酶片法检测方案。	10
4	检测	试剂的配制	能按试剂盒说明书要求准确配制试剂。	10
		样品处理	能根据检测需要准备和处理样品。	10
		检测	操作规范,读数准确。	15
		结果计算	能根据计算公式计算酶抑制率。	10
		结果判定	能根据酶片显色或酶抑制率正确判定结果。	5
5	检测报告	编写检测报告	数据记录完整,能按要求编写检测报告并上报。	10
6	职业素质	方法能力	能通过各种途径快速获取所需信息,问题提出明确,表达清晰,有独立分析问题和解决问题的能力。	5
		工作能力	学习工作次序井然、操作规范、检测结果正确。主动完成自测训练,有完整的读书笔记和工作记录,字迹工整。	5
			合　计	100

【自测训练】

一、知识训练

(一)填空题

1.目前用于农药残留快速检测的酶是_____酶和_____酶。_____酶存在于动物组织中。_____酶从植物中提取,目前主要以_____作为酶源。

2.酶抑制率法检测蔬菜中有机磷和氨基甲酸酯类农药残留,农药浓度越高,抑制率越_____。当酶抑制率_____时,表示蔬菜安全或较安全;酶抑制率_____时,表示蔬菜为轻度污染;酶抑制率_____时为中度污染;酶抑制率_____为重度污染,判定结果为_____性。

3.酶片法检测蔬菜中有机磷和氨基甲酸酯类农药残留,当白色药片不变色或略有浅蓝色时判定为_____,白色药片变为天蓝色或与空白对照卡相同判定为_____。

(二)简答题

1.简述酶抑制法快速检测农药残留的基本原理。

2.简述酶片法与酶抑制率法的异同。

3.简述酶抑制法检测农药残留存在的技术问题。

4.用简式表示酶片法检测蔬菜中有机磷和氨基甲酸酯类农药残留的检测流程。

5.用简式表示酶抑制率法检测蔬菜中有机磷和氨基甲酸酯类农药残留的检测流程。

6.用酶抑制法检测有机磷和氨基甲酸酯类农药残留时应注意哪些事项。

二、技能训练

1.用酶片法快速检测蔬菜中有机磷和氨基甲酸酯类农药残留。

2.用酶抑制率快速检测水果中有机磷和氨基甲酸酯类农药残留。

 任务2-4　有机氯类农药残留检测

【任务内容】

1.有机氯农药的类型与性质。

2.有机氯农药提取、净化方法。

3.有机氯农药检测常用方法及特点。

4.气相色谱法检测有机氯农药的原理、方法步骤、结果判定。

5.完成自测训练。

【学习条件】

1.场所:校内农产品检测实训中心(理实一体化教室、样品前处理室、仪器分析室)、多媒体教室、农产品质量安全检测校外实训基地(检验室)。

2.仪器设备:多媒体设备、气相色谱仪(配有电子捕获检测器,自动进样器,分流/不分流进样口)、色谱柱、食品加工器、电动振荡器、离心机、旋转蒸发仪、氮吹仪、分析实验室常用仪器设备等。

3.试剂和材料:正己烷、丙酮、石油醚、苯、有机氯农药(六六六、滴滴涕等)标准品等。

4.其他:教材、相关 PPT、视频、影像资料、相关图书、相关标准、网上资源等。

【相关知识】

有机氯农药是一类全球性环境污染物,对人和牲畜具致癌、致畸、致突变等作用。该类农药疏水性强,在环境中易于流动,能够扩散到世界各地,并且能够通过食物链传递。在环境中和生物体内难于降解,对生物体毒性大,是典型的持久性有机污染物。虽然它们大多数被禁用,但是近几年报道的全球各地的监测数据表明,大气、水、土壤、底泥、生物和食品等样品中均可检测到此类污染物,这类污染物持久地暴露在环境中,会给人类健康带来严重的潜在危害。

滴滴涕(DDT)是第一种合成的有机氯农药,紧随其后,1942 年林丹、1948 年艾氏剂、1949年狄氏剂、1951 年异狄氏剂等相继问世。有机氯农药以其广谱、高效、价廉、急性毒性小、易于大量生产等优点在 20 世纪中期得到了迅速发展。但人们很快发现了它的负面影响,其具有高度的物理、化学、生物学稳定性,不易分解,残效期长,一旦被释放到环境中,就能长期稳定地存在其中,并且积累在生物链中。因此,自 1973 年后,滴滴涕和其他有机氯农药被禁止在农业上使用并且严格限制用于防治一些疾病的载体上。到 20 世纪 80 年代,世界上所有国家都禁止使用几乎所有有机氯农药。我国于 1983 年停止生产和禁止使用六六六和滴滴涕等有机氯农药。

一、有机氯农药的类型与性质

有机氯农药是一类组成上含有氯的有机杀虫、杀螨、杀菌剂。一般分为两大类,氯苯类(包括六六六、滴滴涕等)和氯化脂环类(包括艾氏剂、狄氏剂、异狄氏剂与氯丹、七氯、毒杀芬等)。

六六六(HCH)即六氯环己烷,化学式为 $C_6H_6Cl_6$,主要有四种异构体(α、β、γ、δ),γ-HCH亦称为林丹,是六六六的主要活性成分,可以通过结晶的方法将它从六六六混合物中分离出来。林丹是有机氯农药中持久性最小的化合物,为白色、淡黄色或淡褐色粉末,性质稳定,但遇碱则逐渐分解,不溶于水。

滴滴涕(DDT)是一种混合物,化学式为 $C_{14}H_9Cl_5$,含氯量在 48%~51%,pH 为 5~8,相对分子质量 354.5,原粉为白色、淡灰色或淡黄色固体,纯品为白色结晶。不溶于水,易溶于某些有机溶剂,对热稳定性好,对酸稳定,在碱性介质中易水解。滴滴涕包含几种异构体:p,p'-DDT 为 75%~80%,o,p'-DDT 为 15%~20%,还有 4% 的 4,4'-二氯二苯基乙酸(p,p'-DDA)。滴滴涕(DDT)有三种代谢产物:1,1-二氯-2,2-双(4-氯苯)乙烯(DDE)、1,1-二氯-2,2-双(4-氯苯)乙烷(DDD)和 DDD 氧化成 DDA。通常 DDT 指的是这 6 种化合物的总和。DDT 和它的主要代谢产物 DDD、DDE 均是亲脂性化合物,易于积聚在身体的脂肪中。DDT 在环境中降解非常缓慢,在土壤中的半衰期为 4.3~5.3 年,在海水中则为 15 年。其代谢产物 DDE 的持久性也非常强。

艾氏剂在环境中一般缓慢降解生成狄氏剂,狄氏剂化学性质非常稳定,遇碱、酸和光都不分解,在土壤中的半衰期为 5 年。异狄氏剂是狄氏剂的立体异构体,它们仅在非常少的场合使用,如防治白蚁等。

有机氯类农药蒸气压低,挥发性小,使用后消失缓慢;能悬浮于水面,可随水分子一起蒸发,使得污染物随着空气尘埃的干湿沉降输送到地球的各个角落;脂溶性强,不溶或微溶于水(水中溶解度大多低于 1 mg/kg);氯苯架构稳定,不易为体内酶降解,在生物体内消失缓慢,通过生物富集和食物链的作用,使环境中的残留农药进一步得到富集和扩散;通过食物链进入人体的有机氯农药能在肝、肾、心脏等组织中蓄积,造成人体慢性中毒。

二、有机氯农药的提取与净化

对有机氯农药的提取,根据基质不同,一般采用索氏提取法、振荡法、超声波法、捣碎法、固相提取法等。

对于水果和蔬菜等含水量较高的样品中有机氯农药的提取,一般采用组织捣碎法或索氏提取法,提取溶剂多采用正己烷、石油醚、丙酮、乙腈、正己烷(或石油醚)-丙酮混合剂等。

对于谷物和茶叶等含水量低的样品中残留的有机氯农药的提取,一般采用浸渍振荡法、超声波法或索氏提取法,提取溶剂采用丙酮-甲醇、丙酮-正己烷、乙酸乙酯、乙腈、乙腈-水等,常常需要先粉碎到 20~60 目的细度。

对于水产品、动物组织及器官等含脂肪量较高的样品中残留的有机氯农药的提取,主要采用溶剂萃取法、固相萃取法、基质固相分散法等,提取溶剂采用石油醚、正己烷、乙酸乙酯、乙腈、丙酮-正己烷等。

净化方法有层析柱法和磺化法。弗罗里硅土层析柱法在有机氯农药净化中广泛应用。弗罗里硅土能很好除去样品中的脂肪。目前常用的弗罗里硅土柱,上下各加 1~2 cm 无水硫酸钠层,中间装弗罗里硅土,用正己烷预淋洗,加入一定量提取液,用正己烷连续不断进行淋洗,并收集淋洗液,用氮气吹至近干,用正己烷定容,即为待测样品净化液。磺化法即取一定量提取液于离心管中,加入少量浓硫酸,振摇,离心,取上清液重复净化 1~2 次至无色,离心,上清液用 2%硫酸钠水溶液洗涤 2 次,弃去水层,用氮气吹至近干,用正己烷定容,即为待测样品净化液。磺化法主要用于对酸稳定的有机氯农药,如六六六、滴滴涕等,不宜用于狄氏剂等。

三、有机氯农药检测方法

有机氯农药残留检测方法有多种,如薄层色谱法、气相色谱法、气-质联用法等。气相色谱法是目前使用最广泛的技术,需配电子捕获检测器(ECD),以保留时间定性,峰面积(或峰高)比较定量。用 ECD 检测有机氯,由于"假阳性"现象不可避免,因此 ECD 的分析方法仅可作为筛选方法,不能作为确认方法,一般用双柱法或质谱法确认。气-质联用法一般用来做最后的确认检测。

【检测技术】

案例一　大米中六六六、滴滴涕残留量的测定——气相色谱法

1　适用范围

本方法适用于各类食品中六六六、滴滴涕残留量的测定。方法检出限:六六六为

0.01 mg/kg；滴滴涕为 0.02 mg/kg。

2　检测原理

试样中六六六、滴滴涕经提取、净化后用气相色谱仪测定，与标准比较定量。电子捕获检测器对于负电极强的化合物具有极高的灵敏度，利用这一特点，可分别测出痕量的六六六、滴滴涕。不同异构体和代谢物可同时分别测定。

出峰顺序：α-HCH、γ-HCH、β-HCH、δ-HCH、p,p'-DDE、o,p'-DDT、p,p'-DDD、p,p'-DDT。

3　试剂

3.1　丙酮：分析纯，重蒸。

3.2　正己烷：分析纯，重蒸。

3.3　石油醚：沸程 30～60℃，分析纯，重蒸。

3.4　苯：分析纯。

3.5　硫酸：优质纯。

3.6　无水硫酸钠：分析纯。

3.7　硫酸钠溶液（20 g/L）

3.8　农药标准品：六六六（α-HCH、γ-HCH、β-HCH 和 δ-HCH）纯度＞99%，滴滴涕（p,p'-DDE、o,p'-DDT、p,p'-DDD 和 p,p'-DDT）纯度＞99%。

3.9　农药标准储备液：精密称取 α-HCH、γ-HCH、β-HCH、δ-HCH、p,p'-DDE、o,p'-DDT、p,p'-DDD 和 p,p'-DDT 各 10 mg，溶于苯中，分别移入 100 mL 容量瓶中，以苯稀释至刻度，混匀，浓度为 100 mg/L，贮存于冰箱中。

3.10　农药混合标准工作液：分别量取不同体积上述各标准储备液于同一容量瓶中，以正己烷稀释至刻度。配制成 α-HCH、γ-HCH 和 δ-HCH 的浓度为 0.005 mg/L，β-HCH 和 p,p'-DDE 浓度为 0.01 mg/L，o,p'-DDT 浓度为 0.05 mg/L，p,p'-DDD 浓度为 0.02 mg/L，p,p'-DDT 浓度为 0.1 mg/L。

4　仪器

4.1　气相色谱仪：具电子捕获检测器。

4.2　旋转蒸发器

4.3　氮气浓缩器

4.4　离心机

4.5　调速多用振荡器

4.6　粉碎机

5　分析步骤

5.1　试样预处理

大米制成粉末，混匀至样品袋备用。

5.2　提取与净化

称取 2 g 粉末样品，加石油醚 20 mL，振荡 30 min，过滤，浓缩，定容至 5 mL，加 0.5 mL 浓硫酸净化，振摇 0.5 min，于 3 000 r/min 离心 15 min。取上清液进行 GC 分析。

5.3　测定

5.3.1　气相色谱参考条件

色谱柱：内径 3 mm，长 2 m 的玻璃柱，内装涂以 1.5%OV-17 和 2%QF-1 混合固定液的

80～100 目硅藻土。

载气：高纯氮（纯度 99.99％），流速 110 mL/min。

温度：柱温，185℃；检测器温度，225℃；进样口温度，195℃。

进样量：1 μL。外标法定量。

5.3.2 色谱分析

分别吸取 1 μL 混合标准工作液及试样净化液注入气相色谱仪，记录色谱图，以保留时间定性，以试样和标准品的峰高或峰面积比较定量。

5.3.3 色谱图

8 种农药的色谱图见图 2-7。

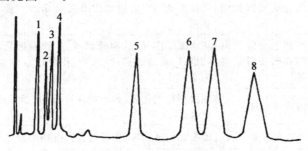

图 2-7 8 种农药的色谱图

出峰顺序：1、2、3、4 为 α-HCH、γ-HCH、β-HCH、δ-HCH；

5、6、7、8 为 p,p'-DDE、o,p'-DDT、p,p'-DDD、p,p'-DDT。

6 结果计算

试样中六六六、滴滴涕及其异构体或代谢物的单一含量按式(2-7)进行计算。

$$X = \frac{A_1}{A_2} \times \frac{m_1}{m_2} \times \frac{V_1}{V_2} \times \frac{1\ 000}{1\ 000} \tag{2-7}$$

式中：X—试样中六六六、滴滴涕及其异构体或代谢物的单一含量，单位为毫克每千克(mg/kg)；

　　A_1—被测定试样各组分的峰值(峰高或面积)；

　　A_2—各农药组分标准的峰值(峰高或面积)；

　　m_1—单一农药标准溶液的含量，单位为纳克(ng)；

　　m_2—被测定试样的取样量，单位为克(g)；

　　V_1—被测定试样的稀释体积，单位为毫升(mL)；

　　V_2—被测定试样的进样体积，单位为微升(μL)。

7 精密度

在重复性条件下获得的两次独立测定结果的绝对差值不得超过算数平均值的 15％。

8 注意事项

不同色谱柱的出峰顺序不同，应以单个标样校对。

六六六、滴滴涕标准溶液有毒性，器具需经浓氢氧化钾或六价铬酸洗液浸泡后，才能洗涤。

【任务考核标准】

序号	考核项目	考核内容	考核标准	参考分值
1	基本素质	学习与工作态度	态度端正,学习认真,积极主动,学习方法多样,服从安排,出满勤。	5
		团队协作	顾全大局,积极与小组成员合作,共同制定工作计划,共同完成工作任务。	5
2	有机氯农药残留检测基本知识	有机氯农药性质	能说出或写出有机氯农药的主要理化性质。	5
		有机氯农药提取、净化方法	能说出或写出有机氯农药常用提取方法、提取试剂,净化方法。	5
		有机氯农药残留检测方法	能说出或写出有机氯农药残留检测主要方法,检测器类型。	5
3	制定检测方案	制定气相色谱法检测有机氯农药残留量实施方案	能根据工作任务,积极思考,广泛查阅资料,结合样品特性,制定出切实可行的气相色谱法检测有机氯农药方案。	10
4	样品制备	仪器的选择与准备	能根据检测任务,合理选择仪器,并能正确处理和使用仪器。	5
		试剂选择与配制	能根据检测内容,合理选择并准确配制试剂。	5
		样品预处理	能根据检测需要,对样品进行绞碎、均质等。	2
		样品称量	能根据检测需要,精确称取样品。	3
		有机氯农药提取、净化	能从样品中正确提取目标物质并进行净化。	10
5	仪器分析	仪器分析条件选择	能正确选择检测检测器,色谱柱规格与型号,设定载气与辅助气流量,设定升温程序曲线。	5
		读取数据	能准确读取数据,如保留时间、峰面积等。	5
		绘制标准曲线	能利用仪器软件或根据标准品浓度与峰面积绘制标准曲线。	5
		结果计算	能使用软件或计算公式对测定结果进行计算。	5
6	检测报告	编写检测报告	数据记录完整,能按要求编写检测报告并上报。	10
7	职业素质	方法能力	能通过各种途径快速查阅获取所需信息,问题提出明确,表达清晰,有独立分析问题和解决问题的能力。	5
		工作过程	学习工作程序规范、次序井然、检测结果准确。主动完成自测训练,有完整的读书笔记和工作记录,字迹工整。	5
		合　　计		100

【自测训练】

一、知识训练

(一)填空题

1.有机氯农药是一类组成上含有_____的有机杀虫、杀螨、杀菌剂。

2.有机氯农药一般分为两大类:一类是_____,称为氯代苯及其衍生物,包括_____

及_____等;另一类是_____类,如_____、_____、_____、_____等。

3.用于提取有机氯农药的常用试剂为_____、_____、_____等。

4.有机氯农药净化方法有_____和_____。

5.六六六化学名称为_____,其主要的四种异构体为_____、_____、_____、_____,六六六的主要活性成分是_____,又名_____。

6.滴滴涕的三种异构体分别是_____、_____、_____,两种主要代谢产物为_____和_____。

(二)单项或多项选择题

1.滴滴涕原粉为( ),纯品为( )。

A.白色   B.白色、淡灰色、淡黄色固体   C.淡黄色固体   D.白色结晶

2.试样中六六六、滴滴涕各化合物的含量最后应以( )表述。

A.$\mu g/kg$ B.mg/kg C.g/kg D.百分含量

3.用浓硫酸净化样品,样品中有机氯组分只能是( )。

A.六六六   B.滴滴滴   C.狄氏剂   D.异狄氏剂

4.用气相色谱法测定有机氯农药需要的检测器是( )。

A.ECD   B.FID   C.FPD   D.TCD

5.关于有机氯农药的特性,描述正确的是( )。

A.脂溶性强,水溶性低   B.结构稳定,在生物体内难于降解

C.环境中残留有机氯农药分子可以得到富集与扩散   D.都存在同分异构体

(三)问答题

1.气相色谱法检测有机氯农药的基本原理是什么?

2.有机氯农药残留提取与净化有哪些常用方法?

二、技能训练

1.果蔬样品中有机氯农药的提取和净化。

2.用气相色谱法测定样品中有机氯农药。

 任务 2-5   有机磷类农药残留检测

【任务内容】

1.有机磷类农药的类型与性质。

2.有机磷类农药提取、净化方法与特点。

3.检测有机磷类农药常用方法及特点。

4.气相色谱法检测有机磷类农药残留的原理、方法步骤、结果判定。

5.完成自测训练。

【学习条件】

1. 场所：校内农产品质量检测实训中心（多媒体教室、样品前处理室、仪器分析室）、农产品质量安全检测校外实训基地（检验室）、农产品生产基地、农贸市场、超市。

2. 仪器设备：分析实验室常用仪器设备、粉碎机、匀浆机、旋转蒸发仪、氮吹仪、气相色谱仪（带火焰光度检测器、毛细管进样口）等。

3. 试剂：乙腈、丙酮、氯化钠、农药标准品、滤膜等。

4. 其他：教材、PPT、相关图书、相关标准、网上资源等。

【相关知识】

有机磷农药是目前应用最广的农用杀虫剂，数量已超过250种，约占杀虫剂的37%。近年来也先后合成了杀菌剂、杀鼠剂等有机磷农药。由于有机磷农药的广泛使用，给环境、人类、动物带来了急性或慢性危害。残留农药通过食物链作用在人体内累积，引起致畸、致癌、致突变危害。为保护消费者的身体健康，大多数国家已经制定法律，不仅要限制农药的使用，而且规定了食物中最大残留限量。我国也制定了GB 2763—2012《食品中农药最大残留限量》。

一、有机磷农药的类型与性质

有机磷农药是一类含有磷原子的有机酯类化合物。按结构分主要有6种：磷酸酯、O-硫代磷酸酯、S-硫代磷酸酯、二硫代磷酸酯和氨基磷酸酯。按毒性可分为三大类：剧毒类（如甲拌磷、内吸磷、对硫磷、氧化乐果）；高毒类（如甲基对硫磷、二甲硫吸磷、敌敌畏、亚胺磷）；低毒类（如敌百虫、乐果、马拉硫磷等）。

有机磷农药除少数品种为固体（如敌百虫）外，多数为油状液体，工业品呈淡黄色至棕色，具有大蒜样特殊臭味。微溶于水，易溶于多种有机溶剂。稳定性较差，特别是在碱性中更不稳定。大多数有机磷农药都比较容易氧化、水解或降解，环境温度、pH、水分能影响这些过程。不同的有机磷农药类别极性不同，以氨基磷酸酯、膦酸酯、磷酸酯极性比较大；硫醇型有机磷农药极性一般强于硫酮型；甲基同系物强于乙基同系物。

二、有机磷农药的提取与净化

提取样品中的有机磷农药，一般采用振荡法、洗脱法（柱层析淋洗）、超声波法、捣碎法等。由于有些有机磷农药的热稳定性较差，索氏提取法一般较少采用。

常用的混合提取液有乙腈-石油醚、丙酮-石油醚、丙酮-正己烷、丙酮-苯、丙酮-二氯甲烷等。一般而言，混合溶剂比单一溶剂提取效果好。

脂肪含量较高（2%～10%）、含水量高的样品（大于75%），用与水混溶的溶剂进行提取，如乙腈、丙醇，然后再与一种有机溶剂进行液-液分配，极性较弱的可用石油醚，极性较强的可用二氯甲烷；含水量小于75%的样品，可用含水35%的乙腈或丙酮（补足水分）提取，再用有机溶剂提取，这样将乙腈或丙酮层弃去后，水溶性或极性的物质便随之除去；脂肪含量不高的样品（小于2%），可以直接用中等极性或弱极性溶剂提取后进行柱层析，不需经过液-液分配。

高脂肪含量的样品(脂肪含量2%～10%)可加入丙酮,使脂肪颗粒沉淀,用玻璃纤维过滤后,滤液再用二氯甲烷或石油醚提取;脂肪含量大于20%时,可用丙酮-甲基纤维素-甲酰胺(5∶5∶2)提取。

糖分含量高的样品会使水和乙腈或丙酮分开,使提取溶剂分层,可用加入部分水(25%～35%)或将乙腈或丙酮加热的方法解决。

提取时样品中加入无水硫酸钠有助于水溶性较强的化合物释出。

检测有机磷农药,柱层析法是常用的净化方法。常见的柱层析有弗罗里硅土吸附柱层析、活性炭吸附柱层析、中性氧化铝吸附柱层析、凝胶柱层析等。

弗罗里硅土吸附柱层析是弱、中极性有机磷农药分析时广泛采用的一种净化方法。淋洗液常采用一定量二氯甲烷的正己烷溶液。乙酸乙酯-正己烷淋洗液,对于对硫磷、乙硫磷、杀螟硫磷、马拉硫磷、甲基对硫磷等多种有机磷农药有较好的淋洗效果。

活性炭柱在有机磷农药残留分析中用得较多,一般认为效果优于弗罗里硅土柱。活性炭柱对色素的吸附力很强,但对脂肪、蜡质的吸附力不强,因此最好将活性炭和吸附脂肪、蜡质的中性氧化铝或弗罗里硅土混合装柱,净化效果会更好。

活性炭在使用前,一般要经过一定的处理。处理方法:200 g活性炭用500 mL浓盐酸调成浆状,煮沸1 h,并不断搅拌,加入500 mL水,搅拌后再煮0.5～1 h,放在布氏漏斗上,用水洗至中性,130℃下烘干备用。

中性氧化铝是农药残留分析中广泛应用的一种吸附剂。其优点是价廉;吸附脂肪、蜡质的效果不亚于弗罗里硅土;淋洗溶剂用量少;可除去样品中存在的可溶于三氯甲烷的有机磷农药干扰物质。中性氧化铝的活化温度不可超过528℃,否则就会使活性表面显著减少,而且在高温下活化的氧化铝会有游离的碱,使中性氧化铝变为碱性,易引起农药的分解。使用前130℃下活化3～6 h,然后加入5%～15%的水脱活。中性氧化铝的吸附能力比弗罗里硅土强,因此不脱活的中性氧化铝会使农药的回收率降低。中性氧化铝易吸水,活化后的氧化铝在密闭容器中可保持一周有效活性,过期使用应重新进行活化。

凝胶柱层析(GPC)广泛用于农药残留分析的净化。主要用于除去样品中色素、脂类等大分子化合物杂质。常用的凝胶如Bio-Beads SX-2、Bio-Beads SX-3等,淋洗剂用环己烷、甲苯、乙酸乙酯等。

三、有机磷农药残留检测方法

有机磷农药残留检测方法有:酶抑制法、酶联免疫法、色谱法及质谱法等。

酶抑制法在任务2-3已述。

气相色谱法是有机磷农药残留分析最常用的方法。应用的检测器为火焰光度检测器(FPD)、氮磷检测器(NPD)以及质谱检测器(MSD)。也有部分有机磷农药,如杀螟硫磷、对硫磷等,可以用电子捕获检测器(ECD)进行检测。由于有机磷农药均含有磷元素,因此,FPD和NPD更适合有机磷农药残留量的检测,具有选择性好、干扰小、可以在较高温度下操作、线性范围较宽、操作简便等优点,可以检出1×10^{-10}～1×10^{-12} g的组分,适合农药微量和痕量分析。

某些热稳定性较差的有机磷农药,如辛硫磷,常用配紫外检测器的高效液相色谱法进行检测。由于紫外检测器灵敏度比较低,在检测痕量残留时有一定困难,从而限制了此方法在农药残留分析中的应用。随着新型、灵敏度高的检测器不断出现,HPLC方法在有机磷农药残留分析中的应用会越来越普遍。

【检测技术】

案例一　蔬菜中敌敌畏、乙酰甲胺磷、乐果、毒死蜱、水胺硫磷等多种农药残留测定——气相色谱法

1　适用范围

本方适用于使用过敌敌畏、甲胺磷、乙酰甲胺磷、甲拌磷、乐果、毒死蜱、甲基对硫磷、杀螟硫磷、对硫磷、水胺硫磷等多种农药制剂的新鲜蔬菜、水果等作物的残留量分析。

2　检测原理

样品中有机磷类农药用乙腈提取,提取液经净化、浓缩后,用丙酮定容,注入气相色谱仪,汽化后在载气携带下于色谱柱中分离,由火焰光度检测器(FPD)检测。保留时间定性,外标法定量。

3　试剂

除非另有说明,在分析中仅使用确认为分析纯的试剂和GB/T 6682中规定的至少二级水。

3.1　丙酮

3.2　乙腈

3.3　氯化钠:140℃烘烤4 h。

3.4　滤膜:0.2 μm,有机溶剂膜。

3.5　铝箔

3.6　农药标准品:敌敌畏(dichlorvos)、甲胺磷(methamidophos)、乙酰甲胺磷(acephate)、甲拌磷(phorate)、乐果(dimethoate)、毒死蜱(chlorpyrifos)、甲基对硫磷(parathion-methyl)、杀螟硫磷(fenitrothion)、对硫磷(parathion)、水胺硫磷(isocarbophos)纯度均≥96%。

3.7　农药标准溶液的配制

单一农药标准溶液:用移液管准确取一定量某农药标准品(质量浓度为1 000 mg/L的供试农药单标),用丙酮稀释,逐一配制20 mg/L的10种有机磷农药的单一农药标准储备液,贮存在−10℃以下冰箱中;

农药混合标准溶液:吸取一定体积的单个农药标准储备液分别注入同一容量瓶中,用丙酮稀释至刻度,使用前稀释成所需浓度的标准工作液。

4　仪器设备

4.1　实验室常用仪器设备

4.2　粉碎机

4.3　旋转蒸发仪

4.4　匀浆机

4.5　氮吹仪

4.6　气相色谱仪:附火焰光度检测器(FPD)。

5　试样预处理

取蔬菜样品洗净，去掉非可食部分，经缩分后，将其切碎，充分混匀放入食品加工器粉碎，制成待分析试样。如需保存，于−20～−16℃冷冻，备用。

6　分析步骤

6.1　提取

准确称取 25.0 g 样品，放入匀浆机中，加 50 mL 乙腈，高速匀浆 2 min，用滤纸过滤，滤液收集到加入 5～7 g 氯化钠的 100 mL 具塞量筒中，收集滤液 40～50 mL，盖上塞子，剧烈振荡 1 min，在室温下静置 30 min，使乙腈和水相分层。

6.2　净化

从具塞量筒中吸取 10.00 mL 乙腈溶液，放入 150 mL 烧杯中，将烧杯放在 80℃水浴锅上加热，杯内缓缓通入氮气或空气流，蒸发至近干，加入 2.0 mL 丙酮，盖上铝箔，备用。

将上述备用液完全转移至 15 mL 刻度离心管中，再用约 3 mL 丙酮分三次冲洗烧杯，并转移至离心管，最后定容至 5.0 mL，在旋涡混合器上混匀，用 0.2 μm 的有机滤膜过滤，分别移入两个 2 mL 的自动进样瓶中，供色谱测定。

6.3　测定

6.3.1　参考条件

色谱柱：DB-1701(30 m×0.25 mm×0.25 μm)。

温度：进样口，220℃；检测器，FPD，250℃。

柱箱条件：70℃保持 1 min，以 20℃/min 升至 190℃，再 10℃/min 到 260℃保持 6 min。

气体及流量：氮气（载气），纯度≥99.999%，流速 2.0 mL/min；氢气（燃气），纯度≥99.999%，流速 75.0 mL/min；空气（助燃气），纯度≥99.999%，流速 100.0 mL/min。

6.3.2　测定

吸取 1.0 μL 标准混合液和净化后的样品溶液注入色谱仪中，以保留时间定性，获得的样品溶液峰面积与标准溶液峰面积比较定量(气相色谱法检测 10 种有机磷农药色谱图见图 2-8)，推荐条件下气相色谱法检测 10 种有机磷农药参考信息见表 2-13。

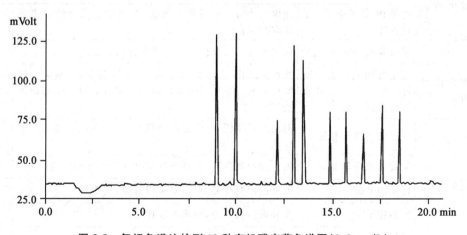

图 2-8　气相色谱法检测 10 种有机磷农药色谱图(0.2 mg/L)

表 2-13   推荐条件下气相色谱法检测 10 种有机磷农药参考信息

农药种类	敌敌畏	甲胺磷	乙酰甲胺磷	甲拌磷	乐果	毒死蜱	甲基对硫磷	杀螟硫磷	对硫磷	水胺硫磷
保留时间/min	8.058	9.988	12.002	12.063	14.845	15.685	16.003	16.594	17.173	18.576
序号	1	2	3	4	5	6	7	8	9	10

7   结果计算

试样中被测农药残留量以质量分数 ω 计,单位以毫克每千克(mg/kg)表示,按式(2-8)计算。

$$\omega = \frac{V_1 \times A \times V_3}{V_2 \times A_s \times m} \times \rho \qquad (2-8)$$

式中:ρ—标准溶液中农药的质量浓度,单位为毫克每升(mg/L);

A—样品溶液中被测农药的峰面积;

A_s—农药标准溶液中被测农药的峰面积;

V_1—提取溶剂总体积,单位为毫升(mL);

V_2—吸取出用于检测的提取溶液的体积,单位为毫升(mL);

V_3—样品溶液定容体积,单位为毫升(mL);

m—试样的质量,单位为克(g)。

计算结果保留两位有效数字,当结果大于 1 mg/kg 时保留三位有效数字。

【任务考核标准】

序号	考核项目	考核内容	考核标准	参考分值
1	基本素质	学习与工作态度	态度端正,学习认真,积极主动,学习方法多样,服从安排,出满勤。	5
		团队协作	顾全大局,积极与小组成员合作,共同制定工作计划,共同完成工作任务。	5
2	有机磷农药基本知识	有机磷农药性质	能说出或写出有机磷农药主要理化性质。	5
		有机磷农药提取、净化方法	能说出或写出有机磷农药提取、净化常用方法及主要提取试剂。	5
		有机磷农药检测方法	能说出或写出有机磷农药检测常用方法及特点。	5
3	制定检测方案	制定气相色谱法检测样品中多种有机磷农药残留的方案	能根据工作任务,积极思考,广泛查阅资料,制定出切实可行的气相色谱法检测样品中多种有机磷农药残留的方案。	10
4	样品处理	仪器的选择与准备	能根据检测任务,合理选择仪器,并能正确处理和使用仪器。	4
		试剂的选择与配制	能根据检测内容,合理选择试剂并准确配制试剂。	5
		样品预处理	能根据检测需要,对样品进行绞碎、均质等。	3
		样品称量	能根据检测需要,精确称取样品。	3
		样品提取、净化	能从样品中正确提取目标物质并进行净化。	10

续表

序号	考核项目	考核内容	考核标准	参考分值
5	仪器分析	分析条件选择	能正确选择色谱柱、检测器,正确设计分析条件等。	5
		数据读取	能准确读取检测数据,如保留时间、峰高或峰面积等。	5
		标准曲线绘制	能正确绘制标准曲线,并能准确查出测定结果。	5
		结果计算	能使用软件或计算公式对测定结果进行计算。	5
6	检测报告	编写检测报告	数据记录完整,能按要求编写检测报告并上报。	10
7	职业素质	方法能力	能通过各种途径快速获取所需信息,问题提出明确,表达清晰,有独立分析问题和解决问题的能力。	5
		工作能力	学习工作次序井然、操作规范、结果准确。主动完成自测训练,有完整的读书笔记和工作记录,字迹工整。	5
			合　　计	100

【自测训练】

一、知识训练

(一)填空题

1.有机磷农药,是一类含有_____原子的有机酯类化合物。按结构主要有种六种,分别是_____、_____、_____、_____、_____和_____。按毒性常分为三大类,分别为_____、_____、_____。

2.有机磷农药_____溶于水,_____溶于多种有机溶剂。

3.有机磷农药稳定性较差,大多数有机磷农药都比较容易_____、_____或_____降解,环境温度、pH、水分能影响这些过程。

4.提取样品中的有机磷农药,一般采用_____法、_____法、_____法和_____法等。

5.提取有机磷农药常用的混合提取液有_____、_____、_____、_____、_____等。

6.检测有机磷农药,常用的柱层析净化方法有_____层析、_____层析、_____层析、_____层析等。

7.气相色谱法检测有机磷类农药时,可以应用的检测器有_____、_____、_____等。

(二)简答题

1.有机磷农药残留分析中的净化方法有哪些?各有何特点?

2.对于含有脂肪、油等杂质的有机磷农药,采取弗罗里硅土柱层析净化时,应注意哪些问题?

3.气相色谱法检测敌敌畏、乙酰甲胺磷、乐果、毒死蜱、水胺硫磷等多种有机磷农药残留的原理是什么?

二、技能训练

用气相色谱法测定水果中敌敌畏、乐果、马拉硫磷、对硫磷、甲拌磷多种有机磷农药残留量。

任务 2-6 氨基甲酸酯类农药残留检测

【任务内容】

1.氨基甲酸酯农药理化性质及残留毒性。

2.提取、净化氨基甲酸酯类农药的方法与技术。

3.氨基甲酸酯类农药残留的分析方法、适用要求及检测技术。

4.氨基甲酸酯农药残留的检测程序、技术应用与数据处理。

5.完成自测训练。

【学习条件】

1.场所:校内农产品检测实训中心(理实一体化教室、样品前处理室、仪器分析室)、多媒体教室、农产品质量安全检测校外实训基地(检验室)。

2.仪器设备:气相色谱(火焰热离子检测器)、恒温水浴锅、电动振荡器、组织捣碎机、减压浓缩装置、氮吹仪、抽滤瓶、布氏漏斗、电子天平等。

3.试剂和材料:石油醚、丙酮、二氯甲烷、甲醇、氨基甲酸酯农药(甲萘威、速灭威、异丙威)标准品等。

4.其他:教材、相关 PPT、视频、影像资料、相关图书、网上资源等。

【相关知识】

20 世纪 40 年代后期,人们在研究毒扁豆的生物碱时,发现了氨基甲酸酯类化合物对蝇脑胆碱酯酶有强烈的抑制作用,其活性基团是—$OCONHCH_3$。随着大量类似物的合成与对昆虫毒力的生物测定,1953 年合成出西维因,1956 年推广应用。自此新品种不断出现,在全世界得到了广泛应用,成为现代杀虫剂的主要类型之一。

一、氨基甲酸酯类农药的类型与性质

氨基甲酸酯是甲酸酯化合物中连接在碳原子上的氢被氨基取代的化合物,其通式为:

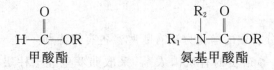

$$H—\overset{\overset{\displaystyle O}{\|}}{C}—OR \qquad\qquad R_1—\overset{R_2}{\underset{}{N}}—\overset{\overset{\displaystyle O}{\|}}{C}—OR$$

甲酸酯　　　　　　　　氨基甲酸酯

氨基甲酸酯主要分为九大类,即 N-甲基氨基甲酸酯、胺苯基 N-甲基氨基甲酸酯、肟 N-甲基氨基甲酸酯、N,N-二甲基氨基甲酸酯、N-苯基氨基甲酸酯、苯并咪唑氨基甲酸酯、硫代氨基甲酸酯、二硫代氨基甲酸酯和乙烯基双二硫代氨基甲酸酯。主要品种有:甲萘威、异丙威、克百威、涕灭威等。

氨基甲酸酯类农药为无味、白色晶状固体,熔点高、挥发性低、水溶性差。大多数氨基甲酸酯易溶于极性有机溶剂,如甲醇、乙醇、丙酮等;可溶于中等极性有机溶剂,如苯、甲苯、二甲苯、氯仿、二氯甲烷、1,2-二氯乙烷等;在非极性有机溶剂如正己烷、石油醚等中溶解性较差。

氨基甲酸酯类农药的毒理作用与有机磷农药相似,能抑制乙酰胆碱酯酶的活性,从而引起神经递质乙酰胆碱的积累,造成神经功能紊乱。但是,氨基甲酸酯类农药对人类的毒性比有机磷小。氨基甲酸酯类农药在植物中不太稳定,通过氧化和结合作用能够迅速分解或降解。

二、氨基甲酸酯类农药的提取与净化

氨基甲酸酯类农药的提取可采用索氏提取、液液萃取、蒸馏等传统技术,现代萃取技术如固相萃取(SPE)、基质固相分散(MSPD)、加速溶剂提取(ASE)和微波辅助提取(MASE)等也均适用。

固相萃取可以直接作为液体样品的提取技术,也可作为溶剂提取后的净化方法。SPE 的吸附剂包括 C_{18} 或 C_8 键合硅胶、石墨炭黑、聚合物树脂、阳离子交换剂等。

非脂性样品中残留氨基甲酸酯类农药的提取一般有两种方法,一种是先将样品与甲醇、乙腈、水等极性溶剂及无水硫酸钠混合后再用乙酸乙酯提取;另一种是先用丙酮提取样品,再用另一种溶剂如二氯甲烷或石油醚进行液液萃取。当有酸性物质存在时,氨基甲酸酯有水解趋势,会对分析造成影响,加入 Na_2HPO_4-柠檬酸缓冲溶液可抑制水解的发生。

脂质样品中残留氨基甲酸酯类农药的提取要依据样品基质确定方法。从动物组织中提取 N-甲基氨基甲酸酯方法:一是与水互溶的溶剂混合,然后酸解;二是直接酸解。奶制品的提取通常采用无水硫酸钠脱水,然后采用轻石油醚提取。

氨基甲酸酯类农药残留分析常用净化技术有液液分配、柱层析等。特别是弗罗里硅土,已被广泛用于脂质食物提取物的净化。近年来,更多采用固相萃取和凝胶渗透色谱来净化样品提取液。凝胶渗透色谱常用于多残留分析中,二乙烯基苯-聚苯乙烯凝胶(Bio Beads SX-3)是目前 GPC 技术中使用最广泛的吸附剂。

氨基甲酸酯类农药热稳定性较差,挥发性不强,用 GC-ECD 检测时灵敏度不高,需要对其进行衍生化。比如气相色谱分析 N-甲基氨基甲酸酯类农药时,常采用对其母体进行衍生或对其水解产物(挥发性的甲基胺)进行衍生化。使 N-甲基氨基甲酸酯衍生为三甲基硅烷衍生物,或是对其水解产物苯胺进行衍生,然后用 GC-ECD 检测。采用 GC 分析时常用的衍生剂有七氟丁酸酐(HFBA)、氢氧化四甲铵(TMAH)等。但是,衍生化过程耗时且会引起待测物损失,在分析中受到一些影响。采用高效液相色谱法时,衍生的目的主要是增强待测物在检测器上的响应。常采用柱前或柱后衍生,一般引入发色团或荧光基团。因此,用液相色谱-荧光检测 N-甲基氨基甲酸酯时,待测物流出色谱柱后先进行碱解,然后用 O-邻苯二甲酰二醛等邻苯二醛/硫醇试剂衍生形成强荧光异构化吲哚,大大提高了检测灵敏度。

三、氨基甲酸酯类农药检测方法

检测氨基甲酸酯类农药残留最初采用比色法或薄层色谱法,目前,气相色谱法为其主要方法,常采用电子捕获检测器(ECD)和氮磷检测器(NPD)。对极性强、热不稳定的 N-甲基氨基甲酸酯类农药残留量分析时,需要对一些条件进行改进和优化,如进样前对样品进行衍生以增强其稳定性和挥发性;冷柱头进样或在 GC 的柱入口端采用电子压力程序控制也可以减少该类农药在 GC 气化室内的降解程度。

对非挥发性和热不稳定性农药残留量的分析,高效液相色谱(HPLC)是非常有效的分析手段。

毛细管电泳法(CE)、酶联免疫吸附法、生物传感器法等在氨基甲酸酯类农药残留分析中也都有应用。

【检测技术】

案例一 蔬菜中速灭威、异丙威、甲萘威等多农药残留测定
——气相色谱法

1 适用范围

本方法适用于粮食、蔬菜中速灭威、异丙威、残杀威、克百威、抗蚜威和甲萘威的残留分析。检出限依次为 0.02、0.02、0.03、0.05、0.02、0.10 mg/kg。

2 检测原理

含氮有机化合物被色谱柱分离后在加热的碱金属片的表面产生热分解,形成氰自由基(CN*),并且从被加热的碱金属表面放出的原子状态的碱金属(Rb)接受电子变成 CN$^-$,再与氢原子结合。放出电子的碱金属变成正离子,由收集极收集,并作为信号电流而被测定。电流信号的大小与含氮化合物的含量成正比。以峰面积或峰高比较定量。

3 试剂

除另有说明,在分析中使用分析纯的试剂和 GB/T 6682 规定的一级水。

3.1 无水硫酸钠:于 450℃焙烧 4 h 后备用。

3.2 丙酮:重蒸。

3.3 无水甲醇:重蒸。

3.4 二氯甲烷:重蒸。

3.5 石油醚:沸程 30~60℃,重蒸。

3.6 农药标准品:速灭威、异丙威、甲萘威,纯度≥99%。

3.7 氯化钠溶液(50 g/L):称取 25 g 氯化钠,用水溶解并稀释至 500 mL。

3.8 甲醇-氯化钠溶液:取无水甲醇及 50 g/L 氯化钠溶液等体积混合。

3.9 氨基甲酸酯杀虫剂标准溶液:分别准确称取速灭威、异丙威、甲萘威标准品,用丙酮分别配制成 1 mg/mL 的标准储备液。使用时用丙酮稀释配制成单一品种的标准使用液(5 μg/mL)和混合标准工作液(每个品种浓度为 2~10 μg/mL)。

4 仪器设备

4.1 气相色谱仪:附有 FTD(火焰热离子检测器)。

4.2 电动振荡器

4.3 组织捣碎机

4.4 恒温水浴锅

4.5 减压浓缩装置

4.6 分流漏斗:250 mL,500 mL。

4.7 具塞三角烧瓶:250 mL。

4.8 抽滤瓶:250 mL。

4.9 布氏漏斗:ϕ10 cm。

5 试样预处理

蔬菜去掉非食部分剁碎或切碎,充分混匀放入组织捣碎机捣碎,制成待测样。

6 分析步骤

6.1 提取

称取 20 g(精确至 0.001 g)蔬菜试样,置于 250 mL 具塞锥形瓶中,加入 80 mL 无水甲醇,塞紧,于电动振荡器上振荡 30 min。然后经铺有快速滤纸的布氏漏斗抽滤于 250 mL 抽滤瓶中,用 50 mL 无水甲醇分次洗涤提取瓶及滤器。将滤液转入 500 mL 分液漏斗中,用 100 mL 50 g/L 氯化钠溶液分次洗涤滤器,并入分液漏斗中。

6.2 净化

于盛有试样提取液的 500 mL 分液漏斗中加入 50 mL 石油醚,振荡 1 min,静置分层后将下层放入第二个 500 mL 分液漏斗中,并加入 50 mL 石油醚,振荡 1 min,静置分层后将下层放入第三个 500 mL 分液漏斗中。然后用 25 mL 甲醇-氯化钠溶液并入第三分液漏斗中。

6.3 萃取

于盛有试样净化液的分液漏斗中,用二氯甲烷依次提取三次(依次取 50、25、25 mL),每次振荡 1 min,静置分层后将二氯甲烷层经铺有无水硫酸钠(玻璃棉支撑)的漏斗(用二氯甲烷预洗过)过滤于 250 mL 蒸馏瓶中,用少量二氯甲烷洗涤漏斗,并入蒸馏瓶中。

6.4 浓缩

将蒸馏瓶接上减压浓缩装置,于 50℃ 水浴上减压浓缩至 1 mL 左右,取下蒸馏瓶,将残余物转入 10 mL 离心管中,用二氯甲烷反复洗涤蒸馏瓶并入离心管中。然后吹氮气除尽二氯甲烷溶剂,用丙酮溶解残渣并定容至 2.0 mL,供气相色谱分析用。

6.5 气相色谱条件

6.5.1 色谱柱

色谱柱 1:玻璃柱,3.2 mm(内径)×2.1 m,内装涂有 2%OV-101+6% OV-210 混合固定液的 Chromosorb W(HP)80～100 目担体。

色谱柱 2:玻璃柱,3.2 mm(内径)×1.5 m,内装涂有 2%OV-17+1.95% OV-210 混合固定液的 Chromosorb W(AW-DMCS)80～100 目担体。

6.5.2 气体条件

氮气 65 mL/min;空气 150 mL/min;氢气 3.2 mL/min。

6.5.3 温度条件

柱温190℃,进样口及检测室温度240℃。

6.6 测定

取定容样液及标准样液各 1 μL,注入气相色谱仪中做色谱分析。根据组分在两根色谱柱上的峰时间与标准组分比较定性;用外标法与标准组分比较定量(6种氨基甲酸酯杀虫剂的气相色谱图见图2-9)。

7 结果计算

试样中残留农药 i 的含量按式(2-9)计算。

$$X_i = \frac{2\,000 \times E_i \times \dfrac{A_i}{A_E}}{m \times 1\,000} \quad (2\text{-}9)$$

式中:X_i—试样中残留农药 i 的含量,单位为毫克每千克(mg/kg);

E_i—标准试样中组分 i 的含量,单位为纳克(ng);

A_i—试样中组分 i 的峰面积或峰高,积分单位;

A_E—标准试样中组分 i 的峰面积或峰高,积分单位;

m—试样质量,单位为克(g);

2 000—进样液的定容体积(2.0 mL);

1 000—换算单位。

8 精密度

在重复性条件下获得的两次独立测定结果的绝对值差值不得超过算术平均值的15%。

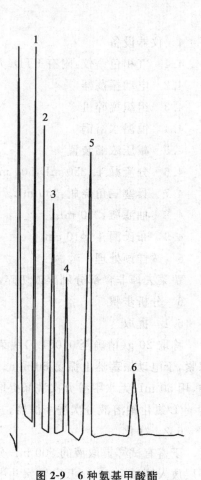

图2-9 6种氨基甲酸酯杀虫剂的气相色谱图

1.速灭威 2.异丙威 3.残杀威
4.克百威 5.抗蚜威 6.甲萘威

【任务考核标准】

序号	考核项目	考核内容	考核标准	参考分值
1	基本素质	学习与工作态度	态度端正,学习认真,积极思考,具体问题具体分析,能够进行分析和归纳,服从安排,安全操作,出满勤。	5
		团队协作	顾全大局,自觉与小组成员合作,提前制定工作计划,协调、有序完成工作任务。	5
2	氨基甲酸酯农药残留检测基本知识	农药性质	能说出或写出氨基甲酸酯类农药的主要理化性质。	5
		提取、净化方法	能说出或写出氨基甲酸酯类农药常用的提取、净化方法。	5
		农药残留检测方法	能说出或写出氨基甲酸酯类农药残留检测主要方法、检测器类型。	5
3	制定检测方案	制定氨基甲酸酯类农药残留检测实施方案	能根据工作任务,积极思考、查阅资料,结合样品基质性质,制定可行的气相色谱法及高效液相色谱法检测氨基甲酸酯类农药残留方案。	10

续表

序号	考核项目	考核内容	考核标准	参考分值
4	样品制备	仪器的选择与准备	根据任务,能合理选择仪器,进行仪器的准备与使用。	5
		试剂选择与配制	能根据检测方法规定,选择合理试剂并准确配制溶液。	5
		样品预处理	能根据检测方法要求,对样品进行绞碎、均质等前处理。	2
		样品称量	能根据检测结果需要,精确称取样品。	3
		农药提取、净化	能从样品中正确提取检测的目标物质并进行净化。	10
5	仪器分析	仪器分析条件选择	能进行所选择仪器的检查、验收,对所用仪器、检测器、色谱柱、梯度泵等能在规格、型号上进行核对,设定最大吸收波长、气体流量、流动相,设置程序升温曲线。	5
		读取数据	能根据最大吸收波长或保留时间定性农药品种,根据吸光度、峰面积进行农药残留量的计算。	5
		绘制标准曲线	能手动绘制吸收曲线、利用工作站软件绘制标准曲线。	5
		结果计算	能使用软件及计算公式对测定结果进行计算。	5
6	检测报告	编写检测报告	完整记录数据,按规定格式写出检测报告并上报	10
7	职业素质	方法能力	能通过各种途径快速查阅获取所需信息,提出问题,表达清晰,有自主分析问题意识,主动找寻帮助。	5
		工作能力	工作程序规范、次序井然、检测结果准确。主动完成自测训练,有完整的读书笔记和工作记录,字迹工整。	5
	合　计			100

【自测训练】

一、知识训练

(一)填空题

1.氨基甲酸酯类农药是无味、白色的晶状固体,多用极性有机溶剂,如_____、_____、丙酮等,中等极性有机溶剂,如_____、_____、二甲苯、_____、二氯甲烷等提取。

2.提取氨基甲酸酯类农药残留的传统技术包括_____、_____、蒸馏等,现代萃取技术有_____、_____、_____、_____等。

3.对样品进行衍生化,提高农药的_____性,增强色谱柱(GC 和 HPLC)的_____能力,提高检测的_____和_____。

4.食物中氨基甲酸酯类农药残留量的分析早期是_____法或_____法,目前的主要分析方法是_____法,_____法逐渐成为分析氨基甲酸酯类农药残留量的重要方法。

5.分析氨基甲酸酯类农药残留常采用的检测器是_____。

(二)简答题

1.简述气相色谱法检测蔬菜中速灭威、异丙威、甲萘威等氨基甲酸酯类农药残留的原理。

2.用简式表示气相色谱法检测蔬菜中速灭威农药残留的检测流程。

二、技能训练

气相色谱法检测大米中甲萘威残留量。

任务 2-7   拟除虫菊酯类农药残留检测

【任务内容】

1. 拟除虫菊酯类农药特性。

2. 提取、净化拟除虫菊酯类农药的方法、技术特点。

3. 拟除虫菊酯类农药残留的检测方法、适用条件。

4. 谷物试样中拟除虫菊酯类农药残留检测的方法、技术及数据处理。

5. 完成自测训练。

【学习条件】

1. 场所:校内农产品检测实训中心(理实一体化教室、样品前处理室、仪器分析室)、多媒体教室、农产品质量安全检测校外实训基地(检验室)。

2. 仪器设备:气相色谱(电子捕获检测器)、自动进样器、色谱柱、电动振荡器、高温炉、K-D浓缩器、层析柱、食品粉碎机、分析天平等。

3. 试剂和材料:石油醚、丙酮、无水硫酸钠、中性氧化铝、活性炭、氯氰菊酯、氰戊菊酯、溴氰菊酯等农药标品。

4. 其他:教材、相关 PPT、视频、影像资料、相关图书、网上资源等。

【相关知识】

拟除虫菊酯是一类重要的仿生性杀虫剂,是继有机氯、有机磷、氨基甲酸酯杀虫剂之后的又一新突破。20 世纪 70 年代,我国即开始了对这类杀虫剂的研制。由于这类农药具有较高的紫外线稳定性,且广谱、高效、低毒、低残留,被广泛用于农作物害虫和卫生害虫的防治。市场份额约为 20%,仅次于有机磷农药。

一、拟除虫菊酯类农药的种类与特性

拟除虫菊酯杀虫剂是仿天然除虫菊素合成的化学杀虫剂。目前已商品化的拟除虫菊酯类农药品种近 40 个,主要有氯菊酯、胺菊酯、氯氰菊酯、高效氯氰菊酯、氯氟氰菊酯、甲氰菊酯、高效氰戊菊酯、氟氯氰菊酯等。

拟除虫菊酯类农药极性较低,挥发性很差,药物主要以粉尘、溶胶通过口腔摄入或皮肤吸附吸收进入有机体,在植物体内非内吸性、非全身性存在,在动植物体内的代谢途径主要有水解、共轭和氧化等作用。多数品种在碱性条件下易分解,使用时注意不能与碱性物质混用。

二、拟除虫菊酯类农药的提取与净化

提取拟除虫菊酯类农药的传统技术有索氏提取、液-液萃取、蒸馏等。现代技术有固相萃取、基质固相分散、超临界流体萃取、加速溶剂萃取及微波辅助提取等。常用溶剂为正己烷、

苯、丙酮-正己烷、正己烷-异丙醇或石油醚-乙醚等。样品中类脂类物质也会被提取出来,成为共提取物。对谷物样品中该类农药的提取,加入合适溶剂后采用超声波辅助提取或机械振动提取即可。过滤后用无水 Na_2SO_4 脱水,得到的提取物可供进一步净化或直接进样分析。

含水量低的样品,如茶叶、烟草等,提取前一般用水溶性溶剂或蒸馏水浸泡,然后进行匀质化。再采用混合溶剂如丙酮-正己烷(1:1)、正己烷-异丙醇(3:1),或单一极性溶剂如甲醇、丙酮或乙腈提取。

含水量高的样品,如水果、蔬菜等,常先加入粒状无水 Na_2SO_4,或采用冷冻干燥的方式除去水分,再采用混合溶剂如丙酮-正己烷(1:1)、丙酮-正己烷(1:4)或正己烷-异丙醇(3:1)提取。

动物组织样品含脂量较高,一般在粒状无水 Na_2SO_4 存在下用混合溶剂如丙酮-正己烷或乙醚-石油醚提取。牛奶样品用丙酮-正己烷或正己烷溶解。

常用的净化方法有液-液分配、柱色谱、固相萃取、基质固相分散等。方法选用依赖于样品的类型,同时也取决于检测仪器的要求,如果检测器具有非常高的选择性,往往不需要严格的净化,否则提取物必须经过严格净化以减少共提取物的干扰。

液-液分配在萃取前往往向提取物中加入饱和 NaCl 水溶液以提高分配效率。

固相萃取最常用的吸附柱是 Florisil 柱。吸附剂包括弗罗里硅土、硅胶和氧化铝,适合净化非极性的除虫菊酯、合成除虫菊酯残留。弗罗里硅土柱和液-液分配结合,作为一个净化处理过程运用于联苯菊酯、三氟氯氰菊酯、氯氰菊酯、溴氰菊酯、甲氰菊酯、氰戊菊酯、氟胺氰菊酯、苄氯菊酯、苯氧司林的测定,以及合成除虫菊酯、有机磷和有机氯农药的多残留分析。

基质固相分散技术能够提取并净化包括氯氰菊酯、甲氰菊酯、氰戊菊酯和氯菊酯等拟除虫菊酯类农药在内的多种农药。水果和蔬菜样品经匀质后与弗罗里硅土混合,使样品均匀分布在弗罗里硅土表面,将该粉状混合物填充到玻璃柱中,用二氯甲烷-丙酮(9:1)或乙酸乙酯淋洗,将残留农药洗脱下来。将所得的淋出液浓缩,然后用少量正己烷溶解,样液供 GC-ECD 分析测定。

三、拟除虫菊酯类农药的检测方法

气相色谱法是拟除虫菊酯类农药残留分析时首先考虑并采用的方法。由于一些除虫菊酯分子中含有卤素原子,因此,GC-ECD 可以很灵敏地检测这些农药的残留,检测限可以达到 ng 甚至 pg 级。

对于不含卤素的除虫菊酯类农药如烯丙菊酯、苄呋菊酯、苯醚菊酯、胺菊酯等,通过衍生化使分子中含有卤素原子,然后采用 GC-ECD 法分析,以提高检测灵敏度。火焰光度检测器(FPD)对不含卤素的除虫菊酯类农药如烯丙菊酯、甲氰菊酯、苄呋菊酯、苯醚菊酯、胺菊酯、环戊烯丙菊酯等能进行直接测定,但灵敏度仅达到 mg 或 10 ng 级。

某些含氮原子的拟除虫菊酯类农药,用气相色谱-氮磷检测(GC-NPD)法检测这些农药的残留。例如,植物样品、土壤样品、环境中氰戊菊酯的残留量以及环境中氯氰菊酯残留量的分析测定。

高效液相色谱法(HPLC)也被用于部分除虫菊酯类农药残留分析。以键合硅胶 C_{18}、C_8 为主的反相色谱模式(RP-HPLC),已用于动物组织和蛋中氯氰菊酯残留的分析,蔬菜和水果中氰戊菊酯含量的测定,谷物、水果和蔬菜中多种拟除虫菊酯类农药残留的分析。一般用 UV 检测器,检测波长一般为 200～350 nm。

气相色谱-质谱法(GC-MS)、高效液相色谱-质谱法(LC-MS)也均已用于拟除虫菊酯类农药残留分析。

【检测技术】

案例一　大米中氯氰菊酯、氰戊菊酯和溴氰菊酯多残留检测——气相色谱法

1　适用范围

本法适用于谷类和蔬菜中氯氰菊酯、氰戊菊酯和溴氰菊酯的多残留分析。粮食和蔬菜的检出限依次为 2.1、3.1、0.88 $\mu g/kg$。

2　检测原理

试样中氯氰菊酯、氰戊菊酯和溴氰菊酯经提取、净化、浓缩后用气相色谱-电子捕获法测定。氯氰菊酯、氰戊菊酯和溴氰菊酯经色谱柱分离后进入到电子捕获检测器中,便可分别测出其含量。经放大器,把讯号放大用记录器记录下峰高或峰面积。利用被测物的峰高或峰面积与标准的峰高或峰面积比进行定量。

3　试剂

除另有说明,在分析中使用分析纯的试剂和 GB/T 6682 规定的一级水。

3.1　石油醚:30～60℃重蒸。

3.2　丙酮:重蒸。

3.3　无水硫酸钠:550℃灼烧 4 h 备用。

3.4　层析用中性氧化铝:550℃灼烧 4 h 后备用,用前 140℃烘烤 1 h,加 3％水脱活。

3.5　层析活性炭:550℃灼烧 4 h 后备用。

3.6　脱脂棉:经正己烷洗涤后,干燥备用。

3.7　农药标准品:氯氰菊酯、氰戊菊酯和溴氰菊酯,纯度≥96％。

3.8　氯氰菊酯、氰戊菊酯和溴氰菊酯的标准液:用重蒸石油醚或丙酮分别配制氯氰菊酯、氰戊菊酯和溴氰菊酯 2×10^{-7} g/mL 标准液。

3.9　标准混合使用液:吸取 10 mL 氯氰菊酯、氰戊菊酯和溴氰菊酯标准液于 50 mL 容量瓶中,同样溶剂定容后摇匀,即为 4×10^{-8} g/mL 氯氰菊酯、氰戊菊酯和溴氰菊酯标准使用液。

4　仪器设备

4.1　气相色谱仪:附电子捕获检测器。

4.2　高速组织捣碎机

4.3　电动振荡器

4.4　高温炉

4.5　K-D 浓缩器或恒温水浴箱

4.6　具塞三角烧瓶

4.7　玻璃漏斗

4.8　10 μL 微量注射器

5　分析步骤

5.1　提取

称取 10 g 大米等谷类粉碎的试样,置于 100 mL 具塞三角瓶中,加入石油醚 20 mL,振荡 30 min 或浸泡过夜,取出上清液 2~4 mL 待过柱用(相当于 1~2 g 试样)。

5.2　净化

用内径 1.5 cm、长 25~30 cm 的玻璃层析柱,底端塞已经处理的脱脂棉。依次从下至上加入 1 cm 的无水硫酸钠,3 cm 的中性氧化铝,2 cm 的无水硫酸钠,然后以 10 mL 石油醚淋洗柱子,弃去淋洗液,待石油醚层下降至无水硫酸钠层时,迅速将试样提取液加入,待其下降至无水硫酸钠层时加入淋洗液淋洗,淋洗液用量 25~30 mL 石油醚,收集滤液于尖底定容瓶中,最后以氮气流吹,浓缩体积至 1 mL,供气相色谱用。

5.3　色谱条件

5.3.1　色谱柱:玻璃柱 3 mm(内径)×1.5 m 或 2 m,内填充 3% OV-101/ChromosorbW (AWDMC S) 80~100 目。

5.3.2　温度:柱温 245℃,进样口和检测器 260℃。

5.3.3　载气:高纯氮气流速 140 mL/min。

5.4　测定

取定容样液及标准样液各 1 μL,注入气相色谱仪中做色谱分析。根据组分在两根色谱柱上的峰时间与标准组分比较定性;用外标法与标准组分比较定量。

氯氰菊酯、氰戊菊酯和溴氰菊酯的色谱图见图 2-10。

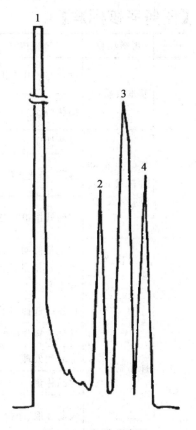

图 2-10　色谱分离图
1. 溶剂　2. 氯氰菊酯($t_R=2'57''$)
3. 氰戊菊酯($t_R=3'50''$)
4. 溴氰菊酯($t_R=4'47''$)

6　结果计算

试样中氯氰菊酯、氰戊菊酯和溴氰菊酯农药含量(c_x)(mg/kg),依式(2-10)分别计算:

$$c_x = \frac{h_x \cdot c_s \cdot Q_s \cdot V_x}{h_s \cdot m \cdot Q_x}$$

(2-10)

式中:h_x——试样溶液峰高,单位为毫米(mm);

c_s——标准溶液浓度,单位为克每毫升(g/mL);

Q_s——标准溶液进样量,单位为微升(μL);

V_x——试样的定容体积,单位为毫升(mL);

h_s——标准溶液峰高,单位为毫米(mm);

m——试样质量,单位为克(g);

Q_x——试样溶液的进样量,单位为微升(μL)。

7 精密度

在重复性条件下获得的两次独立测定结果的绝对值差值不得超过算术平均值的10%。

【任务考核标准】

序号	考核项目	考核内容	考核标准	参考分值
1	基本素质	学习与工作态度	态度端正,学习认真,积极思考,具体问题具体分析,能够进行分析和归纳,服从安排,安全操作,出满勤。	5
		团队协作	顾全大局,自觉与小组成员合作,提前制定工作计划,协调、有序完成工作任务。	5
2	拟除虫菊酯农药残留检测基本知识	农药性质	能说出或写出拟除虫菊酯类农药的主要理化性质。	5
		提取、净化方法	能说出或写出拟除虫菊酯类农药常用的提取、净化方法。	5
		农药残留检测方法	能说出或写出拟除虫菊酯类农药残留检测主要方法、检测器类型。	5
3	制定检测方案	制定拟除虫菊酯类农药残留量检测实施方案	能根据工作任务,展开思考、查阅资料,结合样品基质性质,制定可行的气相色谱-电子捕获检测法(衍生化技术)检测拟除虫菊酯类农药残留方案。	10
4	样品制备	仪器的选择与准备	根据任务,能合理选择仪器,进行仪器的准备与使用。	5
		试剂选择与配制	能根据检测方法规定,选择合理试剂并准确配制溶液。	5
		样品预处理	能根据检测方法要求,对样品进行绞碎、均质等前处理。	2
		样品称量	能根据检测结果需要,精确称取样品。	3
		农药提取、净化	能安排合理的操作流程,从样品中提取并净化检测的目标物质。	10
5	仪器分析	仪器分析条件选择	能进行所选择仪器的检查、验收,对所用检测器、色谱柱等能在规格、型号上进行核对,设定气体流量,设置程序升温曲线。	5
		读取数据	能根据保留时间定性农药品种,根据峰高、峰面积进行农药残留量的计算。	5
		绘制标准曲线	能手动绘制吸收曲线、利用工作站软件绘制标准曲线。	5
		结果计算	能使用软件及计算公式对测定结果进行计算。	5
6	检测报告	编写检测报告	完整记录数据,按规定格式写出检测报告并上报。	10
7	职业素质	方法能力	能通过各种途径快速查阅获取所需信息,提出问题,表达清晰,有自主分析问题意识,主动找寻帮助。	5
		工作能力	工作程序规范、次序井然、检测结果准确。主动完成自测训练,有完整的读书笔记和工作记录,字迹工整。	5
合　　计				100

【自测训练】

一、知识训练

(一)填空题

1.拟除虫菊酯类农药的提取一般是经_____,使用提取剂为_____、_____等;加入溶剂后,采用_____、_____提取即可;过滤后用_____脱水。

2.拟除虫菊酯类农药提取液常用的净化技术有_____、_____、_____等。

3.拟除虫菊酯类农药检测最为常用的是_____色谱法,所用检测器为_____。

4.食品中拟除虫菊酯类农药在植物体内的存在形式是_____。

5.用气相色谱法测定拟除虫菊酯类农药残留需要的检测器是_____。

6.拟除虫菊酯类农药残留提取液净化方法有_____、_____、_____等。

(二)简答题

1.在试样提取、净化中,无水硫酸钠如何使用?

2.简述气相色谱法测定谷物中拟除虫菊酯类农药残留的原理。

3.用简式表示气相色谱法测定谷物中拟除虫菊酯类农药残留的检测流程。

二、技能训练

1.提取净化大白菜中的氯氰菊酯。

2.气相色谱法测定韭菜中的甲氰菊酯残留。

项目3

兽药残留检测

❋ 知识目标

 1. 了解兽药分类、兽药残留的来源、危害及残留兽药的性质。

 2. 熟悉兽药残留检测的一般程序。

 3. 熟知兽药残留检测样品前处理方法、特点及适用条件。

 4. 熟知各类兽药残留检测方法、特点、适用条件。

 5. 熟知兽药残检测结果评价方法与要求。

❋ 能力目标

 1. 能够根据检测目的和任务查阅相关资料,制定兽药残留检测方案。

 2. 能够使用传统方法及先进技术对样品中残留兽药进行提取、净化、衍生化,制备可检测样液。

 3. 能够使用酶标仪对样品中残留兽药进行快速筛选检测。

 4. 能够使用气相色谱法、高效液相色谱法对样品中残留兽药进行定量检测。

 5. 能对检测结果进行判定与评价,编写检测报告。

◆◆◆ 任务 3-1   兽药残留检测基础知识 ◆◆◆

【任务内容】

 1. 兽药分类,兽药残留的来源、种类及危害。

 2. 农产品样品预处理方法,样品均匀化、去蛋白及结合物水解方法。

 3. 农产品样品中残留兽药的提取、净化、浓缩方法及衍生化技术。

 4. 兽药残留检测方法。

 5. 完成自测训练。

【学习条件】

1.场所:校内农产品质量检测实训中心(多媒体教室、样品前处理室、仪器分析室)。

2.其他:教材、相关 PPT、视频、影像资料、相关图书、网上资源等。

【相关知识】

一、兽药分类

兽药是指用于预防、治疗和诊断家畜、家禽、鱼类、蜜蜂以及其他人工饲养的动物疾病,有目的地调节其生理机能并规定作用、用途、用量的物质(包括饲料添加剂)。

畜牧生产和兽医临床上使用的兽药按用途分类,主要有抗微生物药、抗寄生虫药、激素类及生长促进剂等。这些物质都可能在动物源性食品中产生残留。

1.抗微生物药

抗微生物药是指对病原微生物(细菌、真菌、支原体、病毒等)具有抑制或杀灭作用,主要用于全身感染的抗生素、磺胺药及其他合成抗菌药。根据其化学结构可分为:

(1)β-内酰胺类 包括青霉素、头孢菌素等。

(2)氨基糖苷类 包括链霉素、庆大霉素、卡那霉素、新霉素、阿米卡星、大观霉素、安普霉素等。

(3)大环内酯类 包括红霉素、泰乐菌素、吉他霉素、替米考星等。

(4)氯霉素类 包括氯霉素、甲砜霉素、氟苯尼考等。

(5)四环素类 包括土霉素、四环素、金霉素、多西环素等。

(6)林可胺类 包括林可霉素、克林霉素和吡利霉素等。

(7)磺胺类 包括磺胺嘧啶、磺胺甲噁唑、磺胺间甲氧嘧啶、磺胺对甲氧嘧啶等。

(8)氟喹诺酮类 包括诺氟沙星、氧氟沙星、环丙沙星、恩诺沙星、沙拉沙星、二氟沙星等。

(9)硝基呋喃类 包括呋喃唑酮、呋喃妥因和呋喃西林等。

2.抗寄生虫药

抗寄生虫药是指能驱除或杀灭畜禽体内外寄生虫的药物。根据药物作用特点,抗寄生虫药可分为:

(1)抗蠕虫药 包括苯并咪唑类、咪唑并噻唑类、有机磷酸酯类、四氢嘧啶类、阿维菌素类、哌嗪衍生物等。

(2)抗原虫药 包括聚醚类离子载体抗生素、三嗪类、二硝基类等。

(3)杀虫药 包括有机磷酸酯类、拟除虫菊酯类等。

3.激素与生长促进剂

在畜牧业中,激素常作为饲料添加剂或埋植于动物皮下,达到促进动物生长发育,增加体重,促进动物发情等目的,结果导致动物食品中激素残留。常用的激素包括:

(1)性激素 包括雌激素(如雌二醇、雌酮、己烯雌酚等)、孕激素(如孕酮、氯地孕酮、醋酸甲羟孕酮等)和雄激素(如睾酮、甲基睾丸酮、丙酸睾酮、氯睾酮等)。

(2)肾上腺皮质激素 包括氢化可的松、地塞米松、泼尼松龙等。

(3)甲状腺素 包括四碘甲腺原氨酸(T_4)和三碘甲腺原氨酸(T_3)。

(4)肾上腺髓质激素　包括肾上腺激素和去甲肾上腺激素。

(5)生长激素　包括牛生长激素(BST)和猪生长激素(PST)。

(6)β_2-受体激动剂　包括克伦特罗、沙丁胺醇、莱克多巴胺等。

二、兽药残留及其危害

兽药残留是指动物产品的任何可食部分所含兽药的母体化合物及其代谢物,以及与兽药有关的杂质。

(一)兽药残留的来源

兽药残留的原因多种多样,涉及兽药的生产过程、销售、使用等各环节,常见原因有以下几方面:

(1)不遵守休药期。休药期是指畜禽最后一次用药到该畜禽许可屠宰或其产品(乳、蛋)许可上市的间隔时间,不按休药期要求用药易产生药物残留。

(2)兽药使用不规范。主要表现在药物种类、给药途径、用药剂量等不符合规定。如非法使用违禁药品、超量使用抗生素和其他添加剂等。

(3)药物标签不规范。《兽药管理条例》明确规定,标签必须写明兽药的主要成分及其含量等。一些伪劣兽药产品中添加某些药物不在药物标签及使用说明中明示,容易造成用药混乱而使兽药残留超标。

(4)屠宰前用药掩饰临床症状,以逃避屠宰前检查。

(5)动物性食品加工过程中使用兽药,如食品保鲜使用抗生素,也可造成动物性食品中的兽药残留。

(二)兽药残留的种类

兽药残留的种类很多,残留毒理学意义较大的兽药,按其用途可分为抗生素类、合成抗菌药类、抗寄生虫类、生长促进剂和杀虫剂等。抗生素和抗菌药统称抗微生物药物,是最主要的兽药残留。

(三)影响动物性食品中兽药残留的因素

药物的生产应用以及在动物体内的代谢过程均可影响兽药的残留。

(1)兽药生产应用方面。①监管力度不够,对兽药的生产、经营、销售各环节的管理不到位;②动物源性食品溯源体系不完善,不能从饲料加工、养殖管理、屠宰加工、贮存、运输、销售信息链的各个环节进行监督检查;③检测技术不能完全满足动物性食品中兽药残留检测的要求。

(2)药物残留与药物在动物体内的代谢动力学有关。有些药物在不同动物、同一动物不同组织的残留有明显差异,另外组织中的药物残留随药物的种类、剂量、给药途径、给药持续时间等因素变化而不同。如亲脂性的药物在脂肪中易发生残留,肝肾通常比肌肉更容易发生药物残留,长期使用药物比短期用药更容易造成残留等。

(四)兽药残留的危害

长期食用兽药残留过高的食品,会引起人体急慢性中毒,诱导耐药菌株产生,破坏人体胃肠菌群平衡,引起"三致"(致癌、致畸和致突变)作用等,常见危害有以下几种:

1. 引起毒性反应

药物浓度过大或在体内时间过长而超过机体的耐受能力时,表现出急性或慢性毒性反应。由于兽药残留的浓度通常较低,人们食用的数量有限,引起的急性毒性反应较为少见。但一些药物(如 β-兴奋剂)残留严重的食品会引起急性中毒,可使人出现心悸,面颈、四肢肌肉颤动,头晕,乏力等症状。其他药物残留的毒性作用大多通过长期接触或逐渐蓄积而造成,表现为慢性毒性反应。如氨基糖苷类易导致耳聋、肾损伤及神经肌肉的阻断作用;氯霉素可引起贫血灰婴综合征、白血病等;乙酰化磺胺在酸性尿中溶解度降低易造成肾脏损害;红霉素、土霉素等易造成肝损害;两性霉素 B 可致心肌损害等。

2. 诱导产生耐药菌株

耐药性又称抗药性,是指病原菌与抗菌药物多次接触后,对药物的敏感性下降甚至消失,致使抗菌药物对该病原菌的疗效降低或无效。一方面,抗菌药物在动物产品中的残留可能使人类的病原菌长期接触低浓度的药物,从而产生耐药性;另一方面,食品动物长期使用低剂量的抗菌药作促生长剂必然会使动物产生耐药性,并且细菌的耐药基因可以与人群中细菌、动物群中细菌、生态系统中细菌互相传递,导致产生耐药致病菌,一旦细菌的耐药性传递给人类,就会导致致病菌产生耐药性而引起人类和动物感染性疾病治疗的失败。

3. 破坏人体胃肠菌群平衡

正常条件下,人体消化道内的多种微生物维持着共生状态的平衡。当食品中有抗菌药残留时,即使浓度较低,毒性反应小,但长期摄入抗生素残留的食品会使敏感菌群受到抑制,非敏感菌乘机大量繁殖,破坏菌群平衡,导致消化道功能紊乱,维生素缺乏等疾病。

4. 引起过敏反应

人类对各种药物的敏感性不同,常见的可引起人类过敏的药物有青霉素、磺胺类药、四环素等。调查显示,大约有 13% 的人对磺胺类药物过敏,10% 的人对青霉素过敏,5% 的人对头孢菌素过敏,5% 的人对四环素过敏,3% 的人对甲氧苄啶过敏,0.5% 的人对红霉素过敏。过敏反应可表现为皮肤、呼吸道、消化道等反应,出现皮肤红肿、呼吸困难、呕吐腹泻等症状。如呋喃类药物过敏表现为周围神经炎、嗜酸性粒细胞增多;磺胺类药物的过敏反应表现为皮炎、白细胞减少、溶血性贫血和药物热;青霉素药物引起的变态反应,轻者表现为接触性皮炎和皮肤反应,严重者表现为致死过敏性休克。药物的过敏反应与药物的剂量及药物进入体内的途径有关。

5. 引起"三致"作用

"三致"作用即致癌、致畸、致突变作用。当人们长期食用"三致"作用药物残留的动物性食品时,药物在人体内不断蓄积,最终可引起基因突变或染色体畸变而造成对人群的潜在危害。到目前为止,已经发现了不少药物对动物和人体具有致癌作用。如己烯雌酚通过怀孕妇女使新生女婴阴道发生癌变倾向,还可诱发大鼠肿瘤的发生;呋喃唑酮可诱发乳腺癌和支气管癌;磺胺二甲嘧啶可诱发甲状腺癌;砷制剂也具有明显的发育毒性和致癌性;苯丙咪唑类、喹乙醇和卡巴氧也具有潜在的"三致"作用。近年来四环素类、氨基糖苷类等也被怀疑具有"三致"作用。

6.引起激素样作用

人经常食用含低剂量激素残留的食品,可扰乱人体的激素平衡,产生一系列激素样作用。如生长激素、己烯雌酚、己烷雌酚和雌二醇等会扰乱内分泌系统,导致妇女的更年期紊乱,儿童性早熟,男性女性化,生育能力下降,诱发女性乳腺癌和卵巢癌等疾病。

三、兽药残留检测

(一)兽药残留检测样品的制备

兽药残留分析中,最常用的生物样品是组织样品,其次是奶、血液和尿液样品。生物样品中被测组分一般需经提取、净化、浓缩后才能进行色谱分析。

1.样品预处理

(1)样品均匀化　对于血浆、奶、尿液样品,可置涡旋混合器上混匀;对于肌肉、组织样品可置匀浆机中均质。

(2)去蛋白处理　生物样品如肝脏、肾脏、血浆等含有大量的蛋白质,它们能结合药物,因此对于某些药物的测定,必须先将其与蛋白质分离后再作进一步处理。蛋白质在测定过程中会形成泡沫、浑浊或出现沉淀而干扰测定。蛋白质还会污染仪器或恶化测定条件,如直接进样含有蛋白质的样品时,蛋白质会沉积在色谱柱上,不仅影响柱效,而且大大缩短色谱柱的使用寿命。

常用去蛋白质的方法有以下三种:

①沉淀法　即在样品溶液中加入适当的沉淀剂或变性剂,使蛋白质脱水而沉淀或形成不溶性盐而析出。

甲醇、乙腈、丙酮和乙醇是沉淀蛋白质常用的有机溶剂,尤以甲醇和乙腈为最常用。甲醇与蛋白质形成絮状沉淀易于离心分离,得到澄清的上清液。乙腈与蛋白质形成致密沉淀,易离心除去,沉淀效率较甲醇高。使用时应加入足量的沉淀剂,通常加入量为样品体积的 1.5～2 倍。

常用的酸性沉淀剂有三氟乙酸、三氯乙酸和高氯酸。即在样品中加入酸性沉淀剂,酸性沉淀剂能与蛋白质的阳离子形成不溶盐而沉淀,必要的条件是溶液的 pH 要低于蛋白质的等电点。加入沉淀剂之后立即形成白色沉淀(必要时可加热使沉淀完全),离心后可得到澄明的上清液。

一些无机盐如硫酸铵、硫酸钠和氧化钠等,能使蛋白质胶体脱水并中和其电荷,使蛋白质失去胶体性质而沉淀下来。无机盐中以硫酸铵最常用。

②超滤法　也是一种薄膜分离技术,是另一种除去样品中蛋白质和其他大分子的方法。与沉淀法相比,其优点是适用于小量样品,不稀释试样,也不改变试样的 pH,尤其适于含对酸碱不稳定的化合物的样品,用于样品的浓缩、脱盐、不同分子大小的分离。如果待测物易被某种酶分解,那么超滤除去该酶后就避免了待测物的分解。在残留分析中超滤法常用于牛奶、血液中游离药物的测定。超滤法的缺点是待测物可能被结合在滤膜上而影响回收率,而且一些能与大分子蛋白结合的药物也会随着蛋白质被除去而丢失。

③固相萃取法　这是近年来残留分析中应用最广的一种快速、简便的除蛋白方法。

(3)结合物水解　药物在体内经第二相代谢反应后,常形成葡糖苷酸及硫酸酯等结合物。由于这些结合物极性大,水溶性强,并且在生理 pH 条件下呈电离状态,不能用液-液萃取法将其自样品中分离出来,通常需将样品作水解处理,使结合物水解,结合物中的药物或代谢物游离出来,才有可能用溶剂萃取法将其自生物样品溶液中分离出来。常用的结合物水解方法有:

①酸水解 通常使用无机酸(如盐酸),使结合物水解。至于加入酸的浓度、酸化时间以及是否需要加热等,因药物而异。有的药物生成的结合物水解时只需较温和的条件,如加入 0.5 mol/L 盐酸室温放置 15 min 即可;有的药物生成的结合物则必须采取较剧烈的条件,如加入 3 mol/L 盐酸后还必须煮沸 1 h。

②酶水解 是专属性很强的水解结合物的方法。常使用的水解酶是 β-葡糖苷酸酶或芳基硫酸酯酶,前者可专门水解药物的葡萄糖醛酸苷,后者水解药物的硫酸酯。也可用两者的混合物,将生物样品中药物的葡萄糖醛酸苷及硫酸酯同时水解。目前已有葡糖苷酸/硫酸酯混合酶可供使用,应用时必须按不同酶试剂的要求进行操作。与酸水解相比,酶水解反应比较温和,一般不会引起被测药物分解。但酶试剂较贵,水解所需时间较长,此外酶试剂还会带入黏液蛋白等杂质,可能导致样品乳化。

③溶剂解 某些药物或内源化合物的硫酸酯,可随加入的萃取溶剂在萃取过程中发生分解,称为溶剂解。溶剂解也是分解结合物较温和的一种方法。

2. 样品提取与净化(见农药残留检测)

(1)提取 提取即用物理或化学的手段破坏待测组分和样品成分间的结合力,将待测组分从样品中释放出来并转移到易于分析的溶液状态。提取溶剂的选择遵循"相似相溶"原理,还需满足以下要求:对待测组分溶解度大,对干扰杂质溶解度小;与样品基质有较好的相容性,能有效释放药物;具有脱蛋白或脱脂能力;其他,如沸点适中(40~80℃)、黏度小、毒性小、易纯化、价格低及易于进一步净化等。通常水溶性溶剂采用乙腈、甲醇和丙酮等,脂溶性溶剂采用乙酸乙酯、氯仿、乙醚等。为增加提取效率也可采用混合溶剂,如乙腈-甲醇,氯仿-甲醇,甲醇-水等。常用的提取方法有:

①组织捣碎法 又称匀浆提取法,一般将样品切成小块,或进行预绞碎后加入适量的溶剂,通过高速搅拌或匀浆使溶剂和样品的微细颗粒紧密接触、混合,将待测组分从固体样品溶出,将样品过滤或离心后移取提取液,残渣重复提取 1~2 次,合并提取液后可进行净化。

②振荡法 对于均匀的样品,可直接加入溶剂浸泡后进行振荡;而对于未均匀的样品需要进行组织捣碎匀浆后再进行振荡。一般振荡时间为 0.5~1 h,振荡后的样品液过滤或离心后移取提取液即可。

③索氏提取法

④超声波辅助提取 由于超声波对细胞有较强的穿透力,因此在兽药检测方面可以大大促进溶剂提取目标成分,提高分析效率。

⑤超临界流体萃取

⑥微波辅助萃取

(2)净化 是指将待测组分和杂质分离的过程。提取过程可将大部分的样品基质除去,但与待测组分一起转移出来的杂质即使少量也可通过干扰光谱检测、增加基线噪声、污染色谱柱等,造成检测灵敏度降低甚至降低仪器的使用寿命。常用的净化方法有以下几种:

①液-液分配

②固相萃取

③固相微萃取

④基质固相分散技术

⑤膜分离技术 膜萃取技术(ME)是以选择性透过膜为分离介质,通过在膜两侧加某种推动力,使样品一侧中的欲分离组分选择性地通过膜,其中的低分子溶质通过膜而大分子溶质被截留,以此分离溶液中不同分子量的物质,从而达到分离纯化的目的。与传统的液液分配相比,膜萃取技术具有选择性高、溶剂量少、可以实现自动化并易与分析仪器在线联用以及准确度和精密度均较高等优势。

⑥分子印迹技术 分子印迹(MI)技术在兽药残留分析领域是一个较新的发展方向。它的主要原理是使模板分子(印迹分子)与聚合物单体键合,通过聚合作用而被记忆下来,当除去模板分子后,聚合物中就形成了与模板分子空间构型相匹配的空穴,这样的空穴将对模板分子及其类似物具有高度的选择识别性。分子印迹聚合物(MIP)制备简单,能反复使用,稳定性好,因此可用作 SPE 填料或 SPME 涂层以及分子印迹薄膜来分离富集复杂基质中的痕量分析物。

3.样品浓缩

经提取、净化后的待测组分由于浓度过低或溶剂与仪器不兼容,需要浓缩处理后,用溶剂重新定容。常用的浓缩方法有旋转蒸发、气流吹蒸、真空离心等。真空离心浓缩法,适用于热敏性组分或黏稠液体的浓缩。

4.衍生化技术

待测组分由于本身性质的原因不适合进行色谱分析,或灵敏度过低,需要利用相关试剂进行衍生化改变组分的性质,从而达到检测的目的。衍生化是将样品中的待测组分制成衍生物,使其更适合于特定的分析方法。其作用如下:①提高检测灵敏度;②改变化合物的色谱性能,改善分离效果;③适合进一步做化合物的结构鉴定;④扩大色谱分析的应用范围。

(1)柱前衍生化技术 柱前衍生化技术是在色谱分离前,预先将样品制成适当的衍生物,然后进行分离和检测的技术。其优点是衍生化试剂、反应时间和反应条件的选择都不受色谱条件的限制,衍生化后的样品能用各种处理方法进行纯化和浓缩,也不需要附加特殊的仪器设备。缺点是操作比较繁杂费时,容易引起误差,影响测定的准确度。

(2)柱后衍生化技术 柱后衍生化技术是样品经色谱分离后,使衍生化试剂与色谱流出组分在系统内进行反应,然后检测衍生物的技术。优点是操作简便,重复性好,色谱分离和衍生化连续自动进行,而且衍生化不影响组分的色谱分离。缺点是需要附加输液泵、混合室和反应器等装置,由于柱出口至检测器间有较长的流程,可能发生色谱峰展宽。

实现柱后衍生化必须满足以下条件:①衍生化试剂足够稳定,对检测器的响应可以忽略,不产生干扰;②衍生化试剂溶液与色谱流动相能互相混溶,而且色谱流动相适宜作衍生化反应的介质;③衍生化试剂与色谱柱流出液的速度要匹配,混合迅速且均匀,以免产生噪声;④衍生化反应必须迅速和重现性好,反应器设计要合理,以尽可能减少峰展宽。

常用的柱后衍生化技术包括 HPLC 柱后衍生化和 GC 柱后衍生化。

(3)液相色谱分析常用的衍生化反应 选择化学衍生化反应(衍生化试剂),首先要考虑的是待测化合物的结构和化学性质,其次是样品基质和可能存在的干扰物质的影响,最后是采用的色谱系统是否与之匹配。根据上述因素,液相色谱分析常用的衍生化反应包括可见-紫外衍生化、荧光衍生化和电化学衍生化。

①可见-紫外衍生化 许多药物并没有强的紫外吸收(Vis-UV),为了能用可见-紫外检测器进行检测,需将强发色团引入到这些化合物中。可见-紫外衍生化试剂的种类很多,它们都是高度共轭的芳香化合物。如取代苯甲酰氯、芳基硫酰氯、异硫氰酸酯、硝基苯、苯甲酰甲基

溴、萘甲酰甲基溴、酰氯、异氰酸苯酯、2,4-二硝基苯肼(2,4-DNPH)等。

②荧光衍生化 液相色谱的荧光检测器灵敏度比紫外检测器高得多,适合半痕量分析。但是大多数药物本身并不具有荧光,因此,必须与荧光衍生化试剂反应接上能产生荧光的基团后才能进行荧光检测。常用的荧光衍生化试剂包括磺酰氯、氯甲酸酯、异硫氰酸酯、荧光胺、邻苯二甲醛等。荧光衍生化反应既可在柱前也可在柱后进行。荧光衍生物都有紫外吸收,因此也可用紫外检测,但紫外检测灵敏度比荧光检测低1~3个数量级。

③电化学衍生化 是使样品组分与衍生化试剂反应,生成具有电化学活性的衍生物,以便对电化学检测有较灵敏的响应。常见的电化学活性基团包括氧化法检测的酚和芳胺以及能用还原法检测的硝基苯。常用的衍生化试剂包括乙酰水杨酰氯、二硝基邻苯二甲酸酐、二戊铁异硫氰酸酐等。

(4)气相色谱分析常用的衍生化反应 气相色谱柱前衍生化主要是将难挥发或热不稳定化合物通过化学反应转变成易挥发和热稳定的化合物,然后进行气相色谱分析。常用的衍生化反应有硅烷化反应、酯化反应、酰化反应、烷基化反应、肟化反应等。其中硅烷化反应是气相色谱柱前衍生化最典型的衍生化反应。

①硅烷化反应 硅烷化反应是指将硅烷基引入到分子中,一般是取代活性氢(如羟基—OH、羧基—COOH、氨基—NH₂、巯基—SH、磷酸盐)。活性氢被硅烷基取代后降低了化合物的极性,减少了氢键束缚,因此所形成的硅烷化衍生物更容易挥发;同时,由于含活性氢的反应位点数目减少,化合物的稳定性也得以加强;硅烷化试剂在 GC 分析中用途很大,许多被认为是不挥发性的或在 200~300℃热不稳定的羟基或氨基化合物经硅烷化后成功地进行了色谱分析。

硅烷化一般指三甲基硅烷化(TMS)。结构中凡含活泼氢原子基团的(如羟基、酚羟基、可烯醇化的酮基、氨基、羧基等)均可发生硅烷化反应,生成 TMS 醚、TMS 烯醇醚、TMS 胺和 TMS 酯等衍生物。这些硅烷衍生物挥发性高,产生的碎片离子易于辨认。常用的 TMS 硅烷化试剂有 N-甲基- N-三甲基硅三氟乙酰胺(MSTFA)和 N,O-双(三甲基甲硅烷基)三氟乙酰胺(BSTFA)。硅烷化在催化剂作用下可以提高衍生反应的程度。常用的催化剂有三甲基氯硅烷(TMCS)、三甲基硅烷咪唑(TMSIM)、三甲基碘硅烷(TMIS)和乙酸钾。除乙酸钾外,大部分催化剂也是硅烷化试剂。

②酯化反应 羧酸的极性较强,常与 GC 的"惰性"固定相发生非特异性作用,产生拖尾峰;羧酸的挥发性也差,因此难于用 GC 直接分析羧酸。而羧酸酯的极性较弱,挥发性也强,很符合 GC 的要求,所以许多羧酸在 GC 测定之前都要衍生化成相应的酯,最常用的是甲基酯。甲基酯化反应有三种方法,重氮甲烷法、甲醇法、热解法。重氮甲烷与羧酸反应应在非水介质中进行,因为重氮甲烷能与水反应;以甲醇作为酯化试剂,反应往往需要催化剂,常用盐酸、硫酸、BF₃、BCl₃ 或酸酐作催化剂。通常将这些催化剂制成一定浓度的甲醇溶液;在 300~400℃温度下,热解羧酸的四甲基铵盐,便可制得甲基酯。将羧酸溶于甲醇,并以 24% 的氢氧化四甲基铵甲醇溶液滴定至酚酞变色,此溶液直接注射进 GC 的加热装置(350℃)内,分离测定相应的羧酸甲酯。

③酰化反应 酰化是向有机物分子中引进酰基的反应过程。酰化能降低羟基、氨基、巯基的极性,改善这些化合物的色谱性能。酰化还能增加氨基酸、糖类等化合物的挥发性,也能使儿茶酚胺等易于氧化的化合物的稳定性增强。酰化试剂有三类:酰氯、全氟代酸酐(如三氟乙酸酐、五氟丙酸酐和七氟丁酸酐)和含有活性酰基的化合物(如酰基咪唑)。酰化剂按酰化能力

的次序是:酰卤＞酸酐＞羧酸。酰化衍生物易于制备,一般将待测物溶于吡啶,加入过量的酰化剂即可。

④肟化反应　肟化是将酮基保护起来的一种方法。肟化常用的试剂有盐酸羟胺、O-甲基羟胺、O-苯基羟胺、O-丁基羟胺、O-五氟卞基羟胺等,生成肟或基烷肟。

(二)兽药残留检测方法

兽药残留检测方法主要有微生物法、免疫分析法和色谱分析法。微生物法包括抑制法等;免疫分析法包括酶免疫测定法、放射免疫测定法、免疫传感器法、荧光免疫测定法等;色谱分析法包括气相色谱法、液相色谱法、毛细管电泳法、色谱-质谱联用法等。近年颁布的兽药残留检测国家标准主要为色谱法,其中液相色谱和液质联用占多数。

1. 微生物抑制法

微生物抑制法(microbial inhibition, MI)是一种较为传统的测定抗微生物药物的分析方法,它根据抗微生物药物对微生物生理机能、代谢的抑制作用,来定性或定量分析样品中的残留量。微生物抑制法包括棉签法(又称现场拭子法)、杯碟法、纸片法等。该方法具有操作简便、价格低廉、不需要精密仪器和复杂的样品前处理过程等优点,但同时也存在检出限较高、灵敏度低、易受干扰等缺点。因此该方法在食品中兽药残留的初步筛选分析中得到广泛应用,但确证需要配合其他的分析方法。

2. 酶免疫测定法

酶免疫测定法(enzyme immunoassay, EIA)是在 20 世纪 70 年代发展起来、使用酶进行标记的免疫分析方法。它避免了同位素标记的放射性污染和标记物易衰变等问题,且操作方便、仪器简单,在兽药残留分析中得到很快的发展,其中应用最广泛的是酶联免疫吸附法(ELISA)。ELISA 可对抗原或抗体进行定性,也可通过酶与底物的显色反应进行定量,适用于现场筛选分析和工业化检测需求,目前已有检测磺胺类、四环素类、氯毒素、克伦特罗等残留的试剂盒出售。但该方法存在选择性高,难同时分析多组分等缺点。

3. 气相色谱法

气相色谱法(GC)具有分析速度快、分离效率高,灵敏度高、稳定性好等诸多优点,常用于复杂样品的痕量分析。但由于大多数兽药是极性和沸点较高的化合物,因此,用 GC 法检测操作较为繁琐,使它在兽药残留分析中的应用受到一定的限制。

4. 高效液相色谱法

高效液相色谱(HPLC)与气相色谱相比,适用于极性大、沸点高的化合物的分离分析,因此,可直接应用于具有此特征的兽药残留分析中。根据待测物性质的不同,HPLC 有多种检测器可供选择,其中最常用的是紫外检测器(UVD)及荧光检测器(FLD),其他检测器如电化学检测器(ECD)、化学发光检测器(CLD)和二极管阵列检测器(DAD)等的应用也逐步增多。这使得 HPLC 比 GC 在多种兽药的残留分析中得到更好的应用。

5. 色谱-质谱联用

色谱-质谱联用技术将色谱的高效分离能力和质谱的高灵敏度、强大的定性能力相结合,成为目前兽药残留分析领域强大的分析手段,有力的定性定量工具。主要包括气相色谱-质谱联用(GC-MS)和液相色谱-质谱联用(LC-MS)。GC-MS 不适合分析沸点高、极性大、热不稳定的化合物,进行兽药残留分析前通常需要衍生化,步骤较烦琐,因此,GC-MS 在兽药残留分析中的应用大受限制,不及 LC-MS 应用广泛。

四、兽药残留检测发展方向

目前美国对兽药残留的分析方法分为三级:三级为定性或半定量方法,采用快速并能大量检测样品的筛选分析方法,能鉴别出含有残留物的阳性样品,主要是免疫分析法、微生物法。二级为常规定量方法,采用可靠的分析方法,残留量的测定值不具有确证性,但具有相应的准确度和有效性,能确定样品中残留物存在的定量信息,一般为高效液相色谱法(HPLC)、气相色谱法(GC)等。一级为确证法,能明确提供残留物的确证信息并能进行准确定量,分析结果具有最高的确认性,通常采用色谱和质谱联用技术,如气质法(GC-MS)、液质法(LC-MS、LC-MS/MS)等;这种分级方法为国际分析化学家学会公认的方法。我国也是参照这样的分级方法,但我国当前在快速筛选及多残留检测技术方面仍较欠缺。到2009年止农业部共制定发布兽药残留检测方法国家标准146个,其中30个可用于残留筛选,116个可用于残留定量检测。在这146个标准中,涉及检测方法9种,可检测药物150余种,有46个标准可用于多残留检测。近期农业部第1927公告又发布了29项残留检测方法的国家标准,并于2014年1月1日起实施,进一步完善我国的兽药残留监测体系。随着科学的发展,新的检测技术不断涌现,今后兽药残留检测技术的发展将具有以下特点:①高通量化,检测时间更短,仪器前处理、分析自动化使检测耗时减少;②灵敏度更高,检测限更低;③多残留,同时测定不同种类或同一种类不同药物;④检测的选择性更高,抗干扰能力更强。总之,兽药残留检测技术的发展在今后一段时间内仍将在筛选、定量、确证三个层面不断发展与完善。

【任务考核标准】

序号	考核项目	考核内容	考核标准	参考分值
1	基本素质	学习与工作态度	态度端正,学习认真,积极主动,学习方法多样,服从安排,出满勤。	10
2	兽药残留检测基础知识	兽药分类	能说出或写出兽药的定义及常见种类。	7
		兽药残留	能说出或写出兽药残留的概念、来源及危害。	8
		样品预处理	能说出或写出样品均匀化操作方法及去蛋白的方法。	10
		样品提取	能说出或写出用于残留兽药提取的常用方法及主要提取试剂。	15
		样品净化	能说出或写出提取液净化的常用方法及适用范围。	15
		样品浓缩	能说出或写出样液浓缩的常用方法及使用特点。	10
		兽药残留检测方法	能说出或写出兽药残留检测的主要方法及适用范围。	15
3	职业素质	方法能力	能通过各种途径快速查阅获取所需信息,问题提出明确,表达清晰,有独立分析问题和解决问题的能力。	5
		工作能力	学习工作程序规范、次序井然。主动完成自测训练,有完整的读书笔记和工作记录,字迹工整。	5
		合　计		100

【自测训练】

一、知识训练

（一）填空

1.畜牧生产和兽医临床上使用的抗微生物药根据其化学结构可分为_____、_____、_____、_____、_____等九类。

2.常用的蛋白质酸性沉淀剂有_____、_____和_____。

3.沉淀蛋白质常用的有机溶剂有_____等。

4.常用的结合物水解方法有_____、_____。

5.气相色谱分析常用的衍生化反应有_____、_____和_____。

6.液相色谱分析常用的衍生化反应有_____、_____和_____。

7.对于极性大、沸点高的残留兽药通常采用_____色谱分析。

（二）单项或多项选择题

1.以下残留兽药中易造成急性中毒的是（　　）。

A.链霉素　　　　　B.红霉素　　　　　C.诺氟沙星　　　　　D.克伦特罗

2.以下不属于兽药残留危害的是（　　）。

A.三致毒性　　　　B.耐药性　　　　　C.破坏生态环境　　　D.造成产品腐败

3.以下不属于样品净化方法的是（　　）。

A.液-液萃取　　　　B.固相萃取　　　　C.水相萃取　　　　　D.固相微萃取

4.以下对微生物法描述错误的是（　　）。

A.操作简单　　　　　　　　　　　　B.多用于药物残留的初步筛选

C.成本较低　　　　　　　　　　　　D.多用于定量分析和确证

5.液相色谱分析兽药残留最常用的检测器是（　　）。

A.紫外检测器　　　B.荧光检测器　　　C.电化学检测器　　　D.化学发光检测器

E.二极管阵列检测器

（三）简答题

1.兽药残留常见的种类有哪些？

2.样品提取溶剂应具备哪些特点？

3.样品提取中常用的去除蛋白的方法有哪些？

4.样品净化有哪些方法？

5.样品衍生化的作用是什么？

任务 3-2　酶联免疫吸附法快速检测兽药残留

【任务内容】

1.酶联免吸附法快速测定相关概念和特性。

2.酶联免吸附法快速测定基本原理。

3.酶联免疫吸附法快速测定操作方法步骤及注意事项。

4.用酶联免疫吸附法对盐酸克伦特罗进行测定。

5.完成自测训练。

【学习条件】

1.场所:校内农产品质量检测实训中心(多媒体教室、样品前处理室、仪器分析室)、农产品质量安全检测校外实训基地(检验室)。

2.仪器设备:多媒体设备、酶标仪、离心机(3 000 r/min)、微型振荡器、电子天平感量为1 mg。

3.试剂:盐酸克伦特罗免疫试剂盒。

4.其他:教材、相关 PPT、视频、影像资料、相关图书、网上资源等。

【相关知识】

酶联免疫吸附法(ELISA)是把抗原抗体反应的特异性与酶对底物的高效催化作用结合起来,根据酶作用底物后显色,以颜色变化判断试验结果,可经酶标测定仪做定量分析,敏感度可达 ng 级水平。是目前农产品安全检测中应用最广泛的酶免疫分析技术。

一、基本概念

1.免疫反应

即抗体-抗原反应,不仅发生在生物体内,在体外也能进行,而且反应时高度特异性,遵循质量作用定律。

2.抗原

凡是能刺激机体产生抗体和致敏淋巴细胞并能与之结合引起特异性免疫反应的物质称为抗原,简称 Ag。抗原又分为完全抗原和不完全抗原。

(1)完全抗原 既具有免疫原性又具有反应原性的物质称为完全抗原。

(2)不完全抗原 只有反应原性而缺乏免疫原性的物质称为不完全抗原,也称为半抗原。半抗原相对分子质量小,一般小于 1 000。

3.免疫原

在具有免疫应答能力的机体中,能使机体产生免疫应答的物质称为免疫原,故抗原物质又可称为免疫原,但半抗原不是免疫原。

4.免疫原性与反应原性

刺激机体产生抗体和致敏淋巴细胞的特性称为免疫原性。与相应抗体结合发生反应的特性称为反应原性或免疫反应性。二者统称为抗原性。

抗原的免疫原性与其分子大小有直接关系。免疫原性良好的物质相对分子质量一般在10 000 以上。在一定条件下,相对分子质量越大,免疫原性越强。相对分子质量小于 5 000 的物质免疫原性较弱。相对分子质量小于 1 000 的物质为半抗原,没有免疫原性,但与蛋白质载体结合可获得免疫原性。一般来讲,分子量越小,免疫原性越弱,甚至失去免疫原性。

抗原除了要求有一定分子量外,相同大小的分子如果化学组成、分子结构和空间构象不同,其免疫原性也有差异。一般来说,分子结构和空间构象愈复杂的物质免疫原性愈强。

抗原的免疫原性与其物理状态也有关系,颗粒性抗原的免疫原性通常比可溶性抗原强。

5. 载体效应

小分子物质不具有免疫原性,不能诱导机体产生免疫应答,但是,当与大分子物质(载体)连接形成结合抗原后,就能诱导机体产生免疫应答,并能与相应的抗体结合,这种现象称为半抗原载体现象。这些小分子即为半抗原,实际上就抗原决定簇,大分子物质即为载体(通常为蛋白质)。半抗原与载体蛋白的偶联物称之为人工抗原。载体不仅仅是简单地增加半抗原的分子量,更重要的是利用其强的免疫原性诱导机体产生免疫应答,对半抗原发生载体效应的作用。蛋白质结构越复杂,免疫原性越好。常用的载体蛋白有牛血清白蛋白(BSA)、卵清蛋白(OVA)、兔血清白蛋白(RSA)、人血清白蛋白(HAS)、人 γ 球蛋白(γ-GA)、人血纤维蛋白、匙孔血蓝蛋白(KLH)、甲状腺球蛋白、猪血清白蛋白(PSA)等。

目前,绝大多数人工抗原是通过将单一半抗原偶联到载体蛋白分子上获得的。

6. 抗体

抗体是在抗原刺激下产生的,并能与之特异性结合的免疫球蛋白。

获得效价高、特异性强的抗体是建立免疫学分析方法最关键的步骤,抗体质量的优劣直接影响测定的性能和操作性。抗体的制备一般可采用三种途径:多克隆抗体技术、单克隆抗体技术和重组抗体技术。

7. 抗原或抗体的酶标记

将酶标记于抗原或抗体上制成酶标抗原或酶标抗体,称为抗原或抗体的酶标记。酶标抗原或酶标抗体加入到抗原抗体的反应体系中与相应的抗体或抗原反应,以检测酶的有无及含量,间接反映被测物的存在与多少。

标记分为直接标记和间接标记,前者是指酶直接标记在纯化的抗体或抗原上,后者是指酶标记在与抗原无关的抗体上。直接标记应用时步骤少,本底低,缺点是灵敏度相对较低。标记抗体时,有时酶可能影响抗体的结合活性。

用于标记的理想酶应该是价格便宜,活性稳定,分子量小,易于交联,催化活性高,酶的相应底物易于制备和保存等。ELISA 分析常用的标记酶有辣根过氧化物酶(HRP)、碱性磷酸酯酶(AP)、葡萄糖氧化酶(GOD)等,其中辣根过氧化物酶来源丰富、热稳定性好而被普遍使用。酶与抗体的交联因酶结构的不同可采用不同的方法。辣根过氧化物酶交联在抗体上的方法主要有两种:戊二醛法和过碘酸钠氧化法。

8. 酶与底物

酶结合物是酶与抗体或抗原、半抗原在交联剂作用下联结的产物,是 ELISA 分析成败的关键试剂。它不仅具有抗体抗原特异的免疫反应,还具有酶促反应,显示出生物放大作用,但不同的酶选用不同的底物。辣根过氧化物酶常用的底物是邻苯二胺(OPD),但 OPD 有致癌作用,显色也不稳定,因此,近年来人们更愿意用性质稳定又无致癌作用的 $3,3',5,5'$-四甲基联苯胺(TMB)作为辣根过氧化物酶的底物。免疫技术常用的酶及其底物见表 3-1。

表 3-1 免疫技术常用的酶及其底物

表 3-1　免疫技术常用的酶及其底物

（引自赵杰文,孙永海《现代食品检测技术》）

酶	底　　物	显色反应	测定波长/nm
辣根过氧化物酶（HRP）	邻苯二胺（OPD）	橘红色	492[①],460[②]
	3,3′,5,5′-四甲基联苯胺（TMB）	黄色	450
	5-氨基水杨酸（5-AS）	棕色	449
	邻联苯甲胺（OT）	蓝色	425
	2,2′-连氨基-2(3-乙基-并噻唑啉磺酸-6)铵盐（ABTS）	蓝绿色	642
碱性磷酸酯酶（AP）	4-硝基酚磷酸盐（PNP）	黄色	400
	萘酚-AS-Mx 磷酸盐＋重氮盐	红色	500
葡萄糖氧化酶（GOD）	ABTS＋HRP＋葡萄糖	黄色	405,420
	葡萄糖＋甲硫酚嗪＋噻唑蓝	深蓝色	
β-D-半乳糖苷酶	4-甲基伞酮基-半乳糖苷（4MuG）	荧光	360,450
	硝基酚半乳糖苷（ONPG）	黄色	420

注：①终止剂为 2 mol/L 硫酸。

②终止剂为 2 mol/L 柠檬酸,不同的底物有不同的终止剂。

由于酶催化的是氧化还原反应,在呈色后须立刻测定,否则空气中的氧化作用使颜色加深,无法准确地定量。

9.固相载体

可作 ELISA 分析载体的物质很多,最常用的是聚苯乙烯。聚苯乙烯具有较强的吸附蛋白质的性能,抗体或蛋白质抗原吸附其上后保留原来的免疫活性。聚苯乙烯为塑料,可制成各种形状,在 ELISA 测定过程中,它作为载体和容器,不参与化学反应,加之它的价格低廉,所以被普遍采用。

ELISA 分析载体的形状主要有三种:小试管、小珠和微量反应板（酶标板）。小试管的特点是还能兼作反应的容器,最后放入分光光度计中比色;小珠一般为直径 0.5~0.6 nm 的圆球,表面经磨砂处理以增强其吸附性能。此小珠可以事先吸附或交联上抗原或抗体,制成商品。检测时将小珠放入特制的孔板或小管中,加入待检样液将小珠浸没进行反应,最后在底物显色后比色测定;最常用的载体是微量反应板,专用于 ELISA 测定的产品也称为 ELISA 板。国际通用的标准板形是 8×12 的 96 孔式（图 3-1）。ELISA 板的特点是可以同时进行大量样本的检测,并可在特定的比色计上迅速读出结果。现在已有多种自动化仪器用于微量反应板的 ELISA 检测,加样、洗涤、保温、比色等步骤皆可实现自动化,对操作的标准化极为有利。新板在

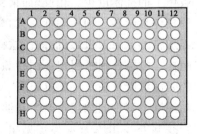

图 3-1　96 孔酶标板示意

应用前一般无须特殊处理,直接应用或用蒸馏水冲洗干净,自然干燥备用。一般均一次性使用。

良好的 ELISA 板应该是吸附性能好,空白值低,孔底透明度高,各板之间和同一板各孔之

间性能相近。聚苯乙烯 ELISA 板由于配料的不同和制作工艺的差别,各种产品的质量差异很大。因此,每一批号的聚苯乙烯制品在使用前须检测其性能。

除聚苯乙烯外,固相酶联免疫测定的载体还有微孔滤膜,如硝酸纤维素膜。将待检样本点加在膜上,然后在膜上进行 ELISA 测定。

二、ELISA 基本原理

酶联免疫吸附法的基本原理是将抗原或抗体吸附在固相载体表面,加入酶标抗体或抗原,使抗原抗体反应在固相载体表面进行,酶标抗体或抗原与吸附在固相载体上的相应的抗原或抗体发生特异性结合反应,形成酶标记的免疫复合物,经过洗涤后,游离的酶标抗体或抗原被缓冲液冲掉,而形成的酶标记免疫复合物不能冲掉,当加入酶的底物时,底物发生化学反应,呈现颜色变化,颜色的深浅与待测抗原或抗体的量相关,借助分光光度计的光吸收计算抗原或抗体的量,也可用肉眼定性观察,因此,可定量或定性测定抗原或抗体。

三、ELISA 分类

根据抗原-抗体反应动力学上的区别,ELISA 可分为非竞争性 ELISA 和竞争性 ELISA。在检测农药、兽药、真菌毒素等小分子化合物时,一般采用竞争性 ELISA 法。竞争性 ELISA 法又可分为间接竞争 ELISA 和直接竞争 ELISA。

间接竞争 ELISA 是将酶标记在二抗上,当抗体(一抗)和包被在酶标板上的抗原结合形成抗原-抗体复合物后,再以酶标二抗和复合物结合形成抗原-抗体-酶标二抗复合物,通过测定酶反应产物的颜色可以(间接)反映一抗和抗原的结合情况,进而计算出抗原或抗体的量。

将包被了抗原的酶标板的微孔分为测定孔和对照孔,在测定孔中同时加入抗体和待测样品,包被的抗原与加入的待测抗原竞争与加入的抗体结合。洗涤除去游离的待测抗原或抗体、抗原-抗体复合物。加入酶标二抗,酶标二抗与已固定在固相载体上的抗原-抗体复合物结合形成抗原-抗体-酶标二抗复合物。加入酶反应底物显色。如果待测抗原浓度越高,与抗体结合量越多,则结合到包被抗原上的抗体量越少。加入酶标二抗,酶标二抗结合到已固定在固相载体上的抗体量少。相反,如果待测抗原浓度越低,与抗体结合量越少,则结合到包被抗原上的抗体量越多。加入酶标二抗,酶标二抗结合到已固定在固相载体上的抗体量多。对照孔中不加待测抗原,只加入抗体。这样对照孔中抗体结合到包被抗原上的量最多,加入酶标二抗,酶标二抗结合到已固定在固相载体上的抗体量越多。酶反应产物的颜色越深,而测定孔中颜色的深浅则反映了待测抗原(待测物)的浓度,颜色越深非待测抗原(待测物)的浓度越低,颜色越浅则待测物的浓度越高。对照孔与样品孔底物降解量的差等于待测物的量(未知抗原量)。间接竞争 ELISA 反应原理见图 3-2。

直接竞争 ELISA 是酶标抗原或抗体直接与包被在酶标板上的抗体或抗原结合形成酶标抗原-抗体复合物,加入酶反应底物,测定产物的吸光值,计算出包被在酶标板上的抗体或抗原的量。

直接竞争 ELISA 又可分为包被抗原模式、包被抗体模式和包被二抗模式,其原理和检测过程与间接竞争 ELISA 基本相似,但也有所不同。

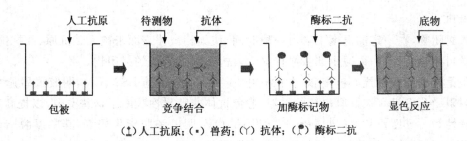

（↥人工抗原；（▪）兽药；（Y）抗体；（🍭）酶标二抗

图 3-2　间接竞争 ELISA 反应原理示意（包被抗原、酶标二抗模式）

　　下面以直接竞争 ELISA 包被抗体模式为例说明（图 3-3）。将包被了抗体的酶标板的微孔分为测定孔和对照孔，在测定孔中同时加入酶标抗原和非酶标抗原（待测样品），标记抗原和非标记抗原相互竞争包被抗体的结合点，没有结合到包被抗体上的标记抗原和非标记抗原通过洗涤去除。如果非标记抗原浓度越高，则结合到包被抗体上的量就越多，而酶标记抗原结合在包被抗体上的量就越少，相反，非标记抗原浓度越低，则结合到包被抗体上的标记抗原的量就越多；对照孔中不加入非标记抗原，只加入标记抗原。这样对照孔中结合的酶标记抗原的量最多，酶反应产物的颜色越深，而测定孔中颜色的深浅则反映了非标记抗原（待测物）的浓度，颜色越深非标记抗原（待测物）的浓度越低，颜色越浅则待测物的浓度越高。对照孔与样品孔底物降解量的差等于待测物的量（未知抗原量）。

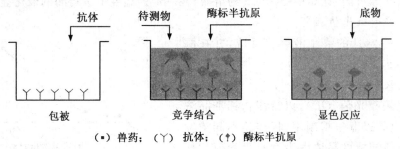

（▪）兽药；（Y）抗体；（↑）酶标半抗原

图 3-3　直接竞争 ELISA 反应原理示意（包被抗体、酶标抗原模式）

四、ELISA 操作过程

　　酶联免疫吸附（ELISA）法的种类很多，不同的 ELISA 法的具体操作过程不完全相同，但是基本过程是一致的。下面以 96 孔板为固相载体，以间接竞争 ELISA 法为例，对操作过程叙述如下：

　　1. 包被

　　将预先制备好的人工抗原（或抗体）加入酶标板的微孔内，在一定的温度下孵育一段时间，使人工抗原（或抗体）包被到固相载体的表面。洗涤，除去游离的人工抗原（或抗体）。

　　将抗原或抗体吸附在固相载体表面的过程，称载体的致敏或包被。包被的蛋白质浓度通常为 $1\sim10\ \mu g/mL$。高 pH 和低离子强度缓冲溶液一般有利于蛋白质包被，通常用 $0.1\ mol/L$、pH 9.6 碳酸盐缓冲液作包被液。

2. 封阻

加入封闭物,在一定的温度下孵育一段时间,使固相载体表面未被人工抗原(或抗体)结合的位点被封闭物所屏蔽,以减少非特异性吸附,洗涤,除去游离的封闭物。

封阻是指酶标板被抗原包被后,在微孔中加入一定浓度的 BSA、OV、明胶或脱脂牛奶等溶液以封阻微孔内没有被抗原包被的空隙,避免抗体非特异性吸附于这些空隙,以提高实验结果的准确性和可靠度。常用的封阻剂包括 BSA、OV、明胶和脱脂牛奶等,其中以脱脂牛奶较为便宜,而且封阻效果和其他几种封阻剂没有明显的差别。

3. 抗原抗体竞争反应

在酶标板的每个微孔中加入一定量的(比如 90 μL)适当稀释度的抗体(或抗原),同时分别加入一定量的(比如 10 μL)样品溶液或不同稀释倍数的标准溶液(不同浓度的标准溶液用于作标准曲线),混匀,在一定的温度下孵育一段时间进行竞争反应,洗涤,除去游离的抗体(或抗原)。

4. 酶标二抗与抗原-抗体复合物的反应

在酶标板各反应孔中分别加入一定量的(比如 100 μL)适当稀释的酶标二抗溶液,在一定的温度下孵育一段时间,使酶标二抗和抗原-抗体复合物反应,形成抗原-抗体-酶标二抗的复合物固定在酶标板上,洗涤,除去游离的酶标二抗。

5. 底物显色反应

每孔加入一定量的(比如 100 μL)底物溶液,在一定的温度下进行酶的催化显色反应。

6. 终止反应和吸光值测定

每孔加入一定量的终止液终止反应,并在酶标仪上测定特定波长下的吸光值。

7. 测定结果计算

根据测定的吸光值(OD),以待测物标准品浓度对数为横坐标,以竞争抑制率(标准品不同浓度所对应的吸光值与标准品浓度为 0 时吸光值的比值的百分数)为纵坐标,绘制标准曲线,见图 3-4。对于样品溶液根据测定的吸光值(OD),计算出抑

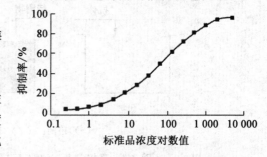

图 3-4　典型 ELISA 反应标准曲线示意

制率,再根据标准曲线查得样品中待测物的浓度。抑制率(I)按式(3-1)计算:

$$I=\frac{(OD_{max}-OD_{min})-(OD_x-OD_{min})}{OD_{max}-OD_{min}}\times100\%\tag{3-1}$$

式中:OD_{max}—标准品浓度为 0 时的吸光值;

$\quad OD_x$—标准品浓度为 x 时的吸光值;

$\quad OD_{min}$—空白对照孔的吸光值。

对于已经商品化的酶联免疫试剂盒,一般盒内已经提供了包被好的酶标板,因此在检测时只需加入待测样品、标记物,竞争反应后加底物显色,再在酶标仪上读数即可,省去了包被、封闭的过程。另外在一些商品化的酶联免疫试剂盒内也提供了做好的标准曲线,因此在检测时不需要再做标准曲线,也就不会再接触标准品了,减少了操作人员被有毒物质污染的危险。

五、ELISA 测定注意事项

1.加样

在 ELISA 中除了包被外,一般需进行 4～5 次加样。在定性测定中有时不强调加样量的准确性,例如规定为加样一滴,此时应该使用相同口径的滴管,保持准确的加样姿势,使每滴液体的体积基本相同。在定量测定中加样量应力求准确。加样时应将液体加在孔底,避免加在孔壁上部,并注意不可出现气泡。

2.保温

ELISA 中一般有二次抗原抗体反应,即加标准品后和加结合物后,此时反应的温度和时间应按规定的要求,保温容器最好是水浴箱,可使温度迅速平衡。各 ELISA 板不应叠在一起。为避免蒸发,板上应加盖,或将板平放在底部垫有湿纱布的湿盒中。湿盒应该是金属的,传热容易。如用保温箱,空湿盒应预先放在其中,以平衡温度。加入底物后,反应的时间和温度通常不做严格要求。如室温高于 20℃,ELISA 板可避光放在实验台上,以便不时观察,待对照孔显色适当时,即可终止酶反应。

3.洗涤

洗涤在 ELISA 过程中不是反应步骤,但却是决定实验成败的关键。在 ELISA 的整个过程中,需进行多次洗涤,目的是洗去反应液中没有与固相抗原或抗体结合的物质,以及在反应过程中非特异性吸附于固相载体的干扰物质,洗涤必须充分。通常采用含助溶剂吐温-20(最终浓度为 0.05%)的 PBS(磷酸盐)作洗液,以免发生非特异性吸附。洗涤时,先将前次加入的溶液倒空,吸干,然后于洗液中泡洗 3～4 次,每次 3～5 min,倒空,并用滤纸吸干。

4.比色

ELISA 实验结果可用肉眼观察,也可用酶标仪测定。肉眼观察,将孔板置于白色背景上观察结果。每批实验都需要阳性和阴性对照,如颜色反应超过阴性对照,即判断为阳性。欲获得精确实验结果,需用酶标仪测定吸光值。所用波长随底物而异。通常以四甲基联苯胺(TMB)为底物,测定的波长是 450 nm。

5.酶底物系统

ELISA 中常用的酶大多数底物系统不稳定,如邻苯二胺(OPD)和四甲基联苯胺(TMB)等在光线和潮湿的条件下易被氧化而产生颜色。因此,应避光、干燥保存。同时注意底物现配现用,并防止在底物溶液中污染酶标记物(污染的可能性是加样器滴头使缓冲液污染或通过手的途径污染盛装底物液的容器)。

六、ELISA 试剂盒使用中的一些问题

1.样本吸光值高于标准曲线最大吸光值

在竞争性 ELISA 中,标准曲线最大吸光值的点不含待测物,如果样本测定的吸光值高于标准曲线最大吸光值,则其结果出现负值,说明测定是不正常的。出现这种现象的原因有 3 种可能。①零标准样本稀释错误,或者用于稀释标准品的无待测物实际含有一定量的待测物。②样本中含有某些干扰物质,而且用于稀释标准品的无待测样本对其他样本的代表性差。

③ELISA 方法的灵敏度较低。对于第一种情况,可将样本中最大吸光值的点作为零标准点,绘制标准曲线。对于后两种情况,则需对样本进行适当的前处理,如稀释等。

2.样本吸光值低于标准曲线最小吸光值

出现这种情况,说明样本中的待测物含量较高,因此必须加大稀释倍数后重新测定。

3.最大吸光值较低

样本测定和标准品测定的吸光值均很低,如低于 0.5(正常情况一般要求最大吸光值高于 0.8)时,虽然可以建立标准曲线并计算结果,但重复性较差,结果的可靠性降低。出现这种现象的原因错综复杂,大体上有如下几种:

(1)抗体效价降低,或者酶活性下降。由于这些制剂均为蛋白质,极易受保存和运输条件的影响而降低活性。

(2)酶标记物的活性虽未降低,但因发生脱落而使免疫活性降低。

(3)酶底物系统受运输和保存条件的影响而变质。

(4)固相载体(例如酶标板)在运输、保存和使用过程中受污染(如灰尘等)。

4.试剂盒经一次测定后第二次测定中标准曲线不成型

造成这种现象的原因有两种:一种是 ELISA 试剂(特别是酶标记物和抗体)中的蛋白质物质在高倍稀释的情况下(4℃)极易失活,冷冻保存后又进行冻融,也能引起失活。此外,酶底物系统在使用过程中易受潮而变质。第二种原因是试管(塑料或玻璃)对蛋白质类(酶标记物和抗体)有较强的黏附作用。使用过的试管如果洗涤不彻底,易引起第二次使用时标准曲线不成型。因此,所使用的玻璃试管,最好先进行硅烷化处理,使用后,再用硫酸洗涤液处理。

七、ELISA 在农产品安全检测中的应用

ELISA 技术可用于检测农产品中的各种农药残留、兽药残留、生物毒素,方法简便、快速、前处理程序简化(不需净化),反应既可在试管中进行,也可以在微孔板上进行;若在 96 孔板上进行,每次可分析几十个样品,且可同时做出标准曲线。由于其操作上的简便、快速以及达到 ng 级水平的灵敏度等优点,已成为农产品安全检测的一种重要手段。其缺陷在于该法会出现假阳性结果,但作为一种快速筛选方法备受技术人员的青睐。

目前已有商业化的农药 ELISA 试剂盒、兽药 ELISA 试剂盒和生物毒素 ELISA 试剂盒,商品 ELISA 试剂盒中包含了包被好的固相载体、酶结合物、底物和洗涤液等。半自动和自动化 ELISA 分析仪亦趋于成熟,并在大中型检验实验室中取得应用。

【检测技术】

案例一　猪尿中盐酸克伦特罗的测定——酶联免疫吸附法

1　适用范围

本方法适用于猪尿中盐酸克伦特罗残留的常规快速筛选及定量检测。本方法在猪尿中的检测限为 $1.0\ \mu g/L$。

2　测定原理

基于抗原抗体反应进行竞争性抑制测定。微孔板包被有盐酸克伦特罗特异性抗体的抗体。加入抗盐酸克伦特罗的特异性抗体,两者结合被固定,经过孵育及洗涤后,加入酶标记物、

标准溶液或试样溶液。标准溶液或试样溶液中克伦特罗与酶标记抗原竞争抗克伦特罗的特异性抗体。通过洗涤以除去没有与抗克伦特罗的特异性抗体结合的酶标记抗原。加入底物(过氧化尿素)和发色剂(四甲基联苯胺),结合到酶标板上的酶标记物将无色的发色剂转化为蓝色产物。加入反应停止液后,颜色由蓝色转变为黄色。在 450 nm 处测量吸光度值,吸光度比值与样品中克伦特罗浓度的自然对数成反比。

3 试剂

3.1 克伦特罗酶联免疫试剂盒(可用于定量测定尿、肌肉、肝脏等中的克伦特罗。试剂盒中包括了所有检测用的试剂,在使用前,请详细阅读试剂盒说明书)

3.2 96 孔酶标板(12 条×8 孔)包被有针对克伦特罗的包被抗体

3.3 克伦特罗系列标准溶液(至少有 5 个倍比稀释浓度水平,外加 1 个空白)

3.4 过氧化物酶标记抗原(浓缩液)

3.5 克伦特罗抗体(浓缩液)

3.6 酶底物:过氧化尿素。

3.7 发色剂:四甲基联苯胺。

3.8 反应停止液:1 mol/L 硫酸。

3.9 缓冲溶液:酶标记物及抗体浓缩液稀释时用。

4 仪器设备

4.1 酶标仪(配备 450 nm 滤光片)

4.2 离心机

4.3 微型振荡器

4.4 微量加样器(单道 20 μL、50 μL、100 μL,多道 50～250 μL)

5 测定方法

5.1 试样制备

取适量(2 000 g)新鲜或解冻后的供试尿液,若尿液浑浊先离心(3 000 r/min)10 min,取上清液作为供试试料;取解冻后的空白样品 2 000 g,离心(3 000 r/min)10 min,取上清液作为空白试剂。

5.2 尿液试样保存

暂时不用的样液放于－20℃冰箱中贮存备用。

5.3 试剂的准备

5.3.1 酶标记物:提供的酶标记物为浓缩液,由于稀释的酶标记物稳定性不好,用时仅稀释实际需用量的酶标记物。在吸取浓缩液之前,要仔细振摇。用缓冲液以 1∶10 的比例稀释酶标记物浓缩液。

5.3.2 克伦特罗抗体:提供的克伦特罗抗体为浓缩液,由于稀释的克伦特罗抗体稳定性变差,用时仅稀释实际需用量的克伦特罗抗体。在吸取浓缩液之前,要仔细振摇。用缓冲液以 1∶10 的比例稀释克伦特罗抗体浓缩液。

5.3.3 包被有抗体的微孔板条:从锡箔袋中取出需用数量的微孔板及框架。

5.4 测定

使用前将试剂盒放置室温(19～25℃)1～2 h。

5.4.1 按每个标准溶液和试料做两个或两个以上平等实验计算,拿所需数量的微孔板条,插入微孔架。

5.4.2　向每个微孔中加入 100 μL 稀释后的抗体溶液,用封口膜封好,室温孵育 15 min。倒出孔中液体,将微孔架倒置在吸水纸上拍打,使孔内没有残余液体。加 250 μL 蒸馏水于孔中,倒掉孔内液体,再将微孔架倒置在吸水纸上拍打,重复操作两次。

5.4.3　精密吸取 20 μL 标准溶液及试样液于各微孔中(标准样和试样至少做两个平行试验),并在每孔中加入 100 μL 稀释的酶标记物,在微型振荡器上混匀,用封口膜封好,室温孵育 30 min。倒出孔中液体,将微孔架倒置在吸水纸上拍打,使孔内没有残余液体。加 250 μL 蒸馏水于孔中,倒掉孔内液体,再将微孔架倒置在吸水纸上拍打,重复操作两次。

5.4.4　每孔加入 50 μL 酶底物和 50 μL 发色剂,在微型振荡器上充分混匀,室温避光孵育 15 min。

5.4.5　每孔加 100 μL 反应停止液,混匀。于 450 nm 波长处测定吸光度值,60 min 内完成读数。

5.5　结果判定和表述

按式(3-2)计算相对吸光度值

$$相对吸光度值 = \frac{B}{B_0} \times 100\% \tag{3-2}$$

式中:B—为标准溶液或供试样品的平均吸光度值;

B—空白(浓度为 0 的标准溶液)的平均吸光度值。

以标准溶液中克伦特罗浓度(ng/L)的自然对数为 X 轴,相对吸光度值(%)为 Y 轴,在半对数坐标纸上绘制标准曲线图,从标准曲线上查出供试样品中克伦特罗浓度(ng/L)。也可以用专业计算机软件求出供试样品中克伦特罗的浓度。

检测结果小于 1.0 μg/L 时可判定为未检出,大于 1.0 μg/L 时判定为可疑,需用 GC-MS 法确认。

6　方法的准确度和精密度

本方法在 1.0 μg/L 添加浓度水平上的回收率 60%~120%;本方法的批内变异系数 $CV \leqslant 30\%$,批间变异系数 $CV \leqslant 45\%$。

【任务考核标准】

序号	考核项目	考核内容	考核标准	参考分值
1	基本素质	学习与工作态度	态度端正,学习认真,积极主动,学习方法多样,服从安排,出满勤。	5
		团队协作	顾全大局,积极与小组成员合作,共同制定工作计划,共同完成工作任务。	5
2	基本知识	基本概念	能说出或写出抗原、抗体、免疫反应、胶体金等概念。	5
		基本原理	能说出或写出酶联免疫吸附法和胶体金免疫层析法测定的原理。	5
		基本操作	能说出或写出酶联免疫吸附法和胶体金免疫层析法测定的操作方法步骤。	5

续表

序号	考核项目	考核内容	考核标准	参考分值
3	制定检测方案	根据检测任务,依据样品特性,制定酶联免疫吸附法检测方案	能根据工作任务,积极思考,广泛查阅资料,制定出切实可行的酶联免疫吸附法快速检测方案。	10
4	检测操作	选择仪器与试剂盒	能根据检测任务,正确选择酶标仪、酶联免疫试剂盒,并正确使用。	5
		配制试剂	能根据检测需要正确配制所需试剂。	5
		制备样品	能根据检测需要,精确称(量)取样品并制备成检测样液。	5
		检测样品	能按对样液进行正确检测,准确读取数据。	10
		标准曲线绘制	能正确绘制标准曲线,并准确查出测定结果。	10
		结果计算与判定	能根据计算公式对测定结果进行计算并对结果进行判定。	10
5	检测报告	编写检测报告	能按要求编写检测报告并上报。	10
6	职业素质	方法能力	能通过各种途径快速获取所需信息,问题提出明确,表达清晰,有独立分析问题和解决问题的能力。	5
		工作能力	学习工作次序井然、操作规范、结果准确。主动完成自测训练,有完整的读书笔记和工作记录,字迹工整。	5
		合　计		100

【自测训练】

一、知识训练

(一)选择题

1.抗原的免疫原性与其分子大小有直接关系。免疫原性良好的物质相对分子质量一般在(　　)。

A.10 000 以上　　B.5 000 以上　　C.1 000 以上　　D.5 000~10 000

2.用酶标仪测定吸光值,当以四甲基联苯胺(TMB)为底物时,测定的波长是(　　)。

A.449 nm　　B.4 250 nm　　C.450 nm　　D.500 nm

3.如果出现样本吸光值低于标准曲线最小吸光值情况,说明(　　),因此必须加大稀释倍数后重新测定。

A.样本中的待测物含量较高　　　　B.样本中的待测物含量较低

C.标准品浓度较高　　　　　　　　D.标准品浓度较低

(二)填空题

1.ELISA 分析常用的标记酶有_____、_____、_____等。

2.辣根过氧化物酶常用的底物有_____、_____等。

3.可作 ELISA 分析载体的物质很多,最常用的是_____。

4.根据抗原-抗体反应动力学上的区别,ELISA 法可分为_____和_____。在检测农药、兽药、黄曲霉毒素等小分子化合物时,一般采用_____法。

（三）名词解释

抗原、抗体、免疫反应、载体效应、抗原或抗体的酶标记。

（四）简答题

1.试述酶联免疫吸附法的基本原理。

2.请用简式表示酶联免疫吸附法测定猪尿液中克伦特罗的检测流程。

3.用酶联免吸附法测定猪尿液中克伦特罗含量时应注意哪些事项?

二、技能训练

用酶联免疫吸附法检测猪尿中的盐酸克伦特罗。

 任务 3-3　氯霉素类药物残留检测

【任务内容】

1.氯霉素类药物的性质。

2.氯霉素类药物提取、净化方法及特点。

3.氯霉素类药物残留检测常用方法及适用范围。

4.气相色谱法检测氯霉素类药物残留量的原理、方法步骤。

5.完成自测训练。

【学习条件】

1.场所:校内农产品质量检测实训中心(多媒体教室、样品前处理室、仪器分析室)、农产品质量安全检测校外实训基地(检验室)。

2.仪器设备:多媒体设备、气相色谱仪、组织匀浆机、涡动混合器、冷冻离心机、固相萃取装置、氮吹仪、电子天平等。

3.试剂和材料:氯霉素标准品、N,O-双三甲基硅烷三氟乙酰胺(BSTFA)、甲醇、乙腈、正己烷等。

4.其他:教材、相关 PPT、视频、影像资料、相关参考书、网络资源等。

【相关知识】

氯霉素类药物(Chloramphenicols)是一类广谱抗生素,对革兰阳性菌、革兰阴性菌均有抑制作用,特别是对流感杆菌、伤寒杆菌和百日咳杆菌作用比其他抗生素强,对立克次体感染也有效,且价格相对低廉,被广泛应用于家禽、畜类以及水产品的传染性疾病的治疗。但是,氯霉素类药物中的氯霉素对人体有严重的毒副作用(如再生障碍性贫血、粒性白细胞减少等),美国、欧盟等国规定在动物源性食品中不得检出氯霉素。我国农业部也将氯霉素列入 2002 年发布的《食品动物禁用兽药及其化合物清单》(第 193 号公告)。

一、氯霉素类药物的类型和性质

氯霉素类药物包括氯霉素、甲砜霉素和氟苯尼考等。早期的氯霉素系从委内瑞拉链丝菌的培养液中提取制得,现均为人工合成。

氯霉素为白色或微带黄绿色的针状、长片状结晶或结晶性粉末,味苦,易溶于甲醇、乙醇、丙酮、丙二醇等有机溶剂,微溶于水。在弱酸性和中性溶液中较稳定,能耐煮沸,遇碱易分解失效。

甲砜霉素是氯霉素进行结构修饰后的产物,毒性和药理活性均比氯霉素小,水溶性略大于氯霉素,比氯霉素稳定。抗菌效果与氯霉素近似。在我国和日本等国允许使用,而美国则禁止其在水产品中使用。现欧盟对甲砜霉素的限量为 $100~\mu g/kg$。甲砜霉素为白色结晶性粉末,无臭,在二甲基甲酰胺中易溶,在无水乙醇及水中微溶。

氟苯尼考(又称氟甲砜霉素)是动物专用氯霉素类广谱抗生素,是氯霉素的第二代替代品,是对甲砜霉素进行结构修饰而研制出的抗生素,1990 年首次在日本被用于水产养殖,我国目前已通过了该药的审批,对其的限量为 $100~\mu g/kg$。氟苯尼考为白色或类白色结晶性粉末,无臭,在二甲基甲酸胺中极易溶解,在甲醇中溶解,在冰醋酸中微溶,在水或氯仿中极微溶解。

二、氯霉素类药物的提取与净化

液体样品(如牛奶)通过离心脱脂,用水稀释后再经固相萃取柱净化。组织样品(如肌肉、肾脏、肝脏等)在提取前,先粉碎或均质。

组织样品的提取与脱蛋白质一般用乙酸乙酯和乙腈。乙腈适合氯霉素类三种药物的同时提取,但提取效率不及乙酸乙酯。水相中加入氯化钠使浓度为 3%~4%,可提高乙酸乙酯的提取效率。其他溶剂如丙酮、甲醇、乙醚、乙酸异戊酯、三氯乙酸、磷酸盐缓冲液(pH 7.8)也可用于氯霉素的提取与脱蛋白质。

提取液净化一般采用固相萃取法。最常用的吸附剂为反相吸附剂 C_{18},极性吸附剂如 Florisil 亦被用于组织样品的净化。

样液脱脂可用正己烷、石油醚、异丙酮和甲苯等有机溶剂。除蛋白和杂质亦可采用基质固相分散技术和透析法。基质固相分散技术在净化肌肉组织和奶样中氯霉素时,用 C_{18} 作吸附剂。透析法用于牛奶样品中氯霉素的测定时,先用乙酸乙酯提取样品,提取液经透析膜选择性透析,使药物分子从基体中分离出来,达到与蛋白质及其他杂质分离的目的。

三、氯霉素类药物残留检测方法

生物样品中氯霉素类药物残留的检测主要采用色谱法和免疫分析法。色谱法包括气相色谱法(GC)和液相色谱法(HPLC)以及与质谱的联用,免疫分析法主要为酶联免疫吸附法。

氯霉素类药物为高极性、难挥发的化合物,须对它们的极性官能团进行酯化、硅烷化或酰化,生成热稳定和易挥发的衍生物,才能用 GC 或 GC-MS 进行测定。由于氯霉素类药物都有羟基,通过三甲基硅烷化(TMS)可以定量衍生,生成易挥发和热稳定的硅烷化衍生物。常用的硅烷化试剂有 N,O-双三甲基硅三氟乙酰胺(BSTFA)、三甲基硅-N,N-二甲基氨基甲酸酯、六甲基二硅氧烷(HMDS)、六甲基乙硅氧烷-三甲基氯硅烷(TMCS)的吡啶溶液和 N,O-双三甲基硅三氟乙酰胺(BSTFA)- 三甲基氯硅烷(TMCS)(99＋1)。

由于氯霉素类药物分子中有吸电子的卤素,可以使用电子捕获检测器检测。GC-MS法检测可提供化合物的结构信息,被用于动物源食品中氯霉类残留的确证分析。

氯霉素、甲砜霉素和氟苯尼考都有很强的紫外吸收,因此也可直接用 HPLC/UV 检测。分析柱多采用 C_{18} 柱。流动相主要是甲醇或乙腈与磷酸盐缓冲液或醋酸盐缓冲液。氯霉素的检测波长可选择 214 nm、254 nm 或 278 nm。在 214 nm 氯霉素的检测灵敏度最高,但样品提取液的色谱图上会有许多内源性化合物的干扰峰,在 278 nm 检测氯霉素时干扰峰较少。甲砜霉素和氟苯尼考在 224 nm、225 nm 或 230 nm 进行检测。

【检测技术】

案例一　鸡肉中氯霉素残留量检测——气相色谱法

1　适用范围

本方法适用于猪肉、鸡肉中氯霉素残留量的检测。

2　检测原理

组织样品经乙酸乙酯提取、液液分配和固相萃取净化后,用 N,O-双三甲基硅烷三氟乙酰胺(BSTFA)衍生化,用气相色谱微电子捕获检测器检测,内标法定量。

3　试剂

除非另有说明,本方法所使用试剂均为分析纯;水质符合 GB/T 6682 二级水的规定。

3.1　乙酸乙酯:色谱纯。

3.2　正己烷:色谱纯。

3.3　甲醇:色谱纯。

3.4　乙腈:色谱纯。

3.5　氯化钠溶液(4%):称取氯化钠 40.0 g,加水溶解并稀释至 1 000 mL。

3.6　N,O-双三甲基硅烷三氟乙酰胺(BSTFA)

3.7　氨水

3.8　氯霉素标准品

3.9　异氯霉素标准品

3.10　氯霉素标准储备液(1 000 μg/L)

准确称取适量的氯霉素标准品,用乙腈溶解定容,配制成 1 000 μg/L 的标准储备液,－20℃ 冰箱中保存。工作液用乙腈稀释。

3.11　异氯霉素标准储备液(1 000 μg/L)

准确称取适量的异氯霉素标准品,用乙腈溶解定容,配制成 1 000 μg/L 的标准储备液,－20℃ 冰箱中保存。工作液用乙腈稀释。

4　仪器

4.1　气相色谱仪,配微池电子捕获检测器。

4.2　涡动混合器

4.3　冷冻离心机

4.4　电子天平,感量 0.01 g 与 0.001 g。

4.5　组织匀浆机

4.6　氮吹仪

4.7 固相萃取装置

4.8 固相萃取柱 HLB 或相当者：60 mg,3 mL。

5 测定步骤

5.1 提取

称取(5±0.05)g 试样,置于 50 mL 离心管中,加入 20 mL 乙酸乙酯旋涡混合 2 min,5 000 r/min 离心 15 min,分离上清液。用 20 mL 乙酸乙酯重复提取 1 次,合并两次上清液,加入 500 μL 氨水,放入−20℃冰箱过夜后,在−10℃条件下 6 000 r/min 离心 20 min,将全部上清液转移到另一离心管中,45℃氮气吹干。加入 500 μL 甲醇旋涡混合 1 min 后,加入 10 mL 4％氯化钠溶液旋涡混合 10 s,再加入 10 mL 正己烷轻摇 20 次,4 000 r/min 离心 10 min,弃上层液,用正己烷重复脱脂 1 次,加入 500 μL 氨水,混匀备用。

5.2 净化

HLB 柱用 2 mL 甲醇和 2 mL 水预洗,将上述备用液在重力作用下过柱,然后分别用 2 mL 水和 1 mL 甲醇：乙腈：水：氨水(15：15：65：5)淋洗,再分别用 2 mL 水和 1 mL 甲醇：乙腈：水：氨水(30：30：35：5)洗脱药物,收集洗脱液。

5.3 衍生化

洗脱液在 45℃氮气吹干,加入 100 μL 乙腈旋涡混合 20 s,再加 100 μL BSTFA 旋涡混合 10 s,70℃衍生化 20 min,取出旋涡混合 30 s,待冷却后,用氮气小流速缓慢吹干,然后用 200 μL 正己烷复溶,旋涡混合 30 s,再加入 300 μL 甲醇：水（5：5）旋涡混合 30 s,转入 500 μL 离心管中,9 000 r/min 离心 2 min,吸取上层液转入装有 200 μL 内插管的进样小瓶中,供气相色谱检测。

5.4 气相色谱测定

5.4.1 气相色谱测定参数

色谱柱：HP -1(5％苯基甲基硅氧烷),30 m×320 mm×0.25 μm。

载气：氮气。

柱前压：30psi。

进样口温度：250℃。

进样量：3 μL。

分流模式：不分流。

程序升温程序：105℃保持 0.5 min,以 30℃/min 的速度升至 280℃,保持 5 min。以 30℃/min 的速度升至 290℃,保持 5 min。

检测器：微池电子捕获检测器,检测温度 320℃。

5.4.2 测定

分别取适量试样溶液和相应浓度的标准工作液,作单点或多点校准,以待测物色谱峰面积与内标物色谱峰面积比值进行定量。

5.4.3 结果计算

试样中氯霉素的残留量按式(3-3)计算：

$$X = \frac{A \times f}{m} \tag{3-3}$$

式中：X——试样中氯霉素的残留量,以微克每千克表示($\mu g/kg$)；

　　　A——试样色谱峰与内标色谱峰的峰面积比对应的氯霉素质量,单位为微克(μg)；

f—试样稀释倍数；

m—试样的取样量,单位为克(g)。

测定结果用平行测定的算数平均值表示,保留至小数点后两位。

6　检测方法灵敏度、准确度、精密度

6.1　灵敏度

本方法在猪肉、鸡肉组织中的检测限为 $0.1\ \mu g/kg$。

6.2　准确度

本方法回收率均为 $60\%\sim120\%$。

6.3　精密度

本方法的批内变异系数 $CV\leqslant21\%$,批间变异系数 $CV\leqslant32\%$。

【任务考核标准】

序号	考核项目	考核内容	考核标准	参考分值
1	基本素质	学习与工作态度	态度端正,学习认真,积极主动,学习方法多样,服从安排,出满勤。	5
		团队协作	顾全大局,积极与小组成员合作,共同制定工作计划,共同完成工作任务。	5
2	基础知识	氯霉素类药物性质	能说出或写出氯霉素类药物的理化性质。	5
		提取净化方法	能说出或写出氯霉素药物提取的特点、提取条件,净化的主要方法。	5
		检测方法	能说出或写出氯霉素类药物残留检测主要方法。	5
3	制定检测方案	制定气相色谱法检测样品中氯霉素含量的方案	能根据工作任务,积极思考,广泛查阅资料,制定出切实可行的气相色谱法检测样品中氯霉素含量的方案。	5
4	样品处理	仪器准备	能根据检测任务,合理选择仪器,并能正确处理和使用仪器。	5
		试剂准备	能根据检测内容,合理选择试剂并准确配制试剂。	5
		样品预处理	能根据检测需要,对样品进行粉碎、研磨等。	2
		样品称量	能根据检测需要,准确称量所需样品。	3
		样品提取净化	能从样品中正确提取目标物质并进行净化。	5
5	仪器分析	分析条件设置	能正确选择色谱柱,正确设置色谱分析各参数等。	10
		上机操作	实验操作过程规范、设备使用熟练。	10
		数据分析	能正确读取和处理数据,利用软件或公式对检测结果进行计算,获得正确结论。	10
6	检测报告	编写检测报告	数据记录完整,能按要求编写检测报告并上报。	10
7	职业素质	方法能力	能通过各种途径快速获取所需信息,问题提出明确,表达清晰,有独立分析问题和解决问题的能力。	5
		工作能力	学习工作次序井然,操作规范、结果准确。主动完成自测训练,有完整的读书笔记和工作记录,字迹工整。	5
		合　　计		100

【自测训练】

一、知识训练

(一)填空题

1.氯霉素易溶于_____、_____、_____、_____等有机溶剂,微溶于_____。在_____性和_____性溶液中较稳定。

2.甲砜霉素在_____中易溶,在_____中略溶,在_____中微溶。

3.氟苯尼考在_____中极易溶解,在_____中溶解,在_____中微溶,在_____或_____中极微溶解。

4.氯霉素类药物提取液净化一般采用_____法。最常用的吸附剂为_____。

5.氯霉素类药物样液脱脂可用_____、_____、_____和_____等有机溶剂。

6.美国、欧盟、中国等国规定在动物源性食品中氯霉素为_____检出。

(二)选择题(单项或多项选择)

1.下列哪种氯霉素类药物是动物专用抗生素( )。

A. 氯霉素　　　　 B. 氟苯尼考　　　　 C. 乙酰氯霉素　　　　 D. 甲砜霉素

2.我国于( )年将氯霉素列为禁用兽药。

A. 2000 年　　　　 B. 2001 年　　　　 C. 2002 年　　　　 D. 2003 年

3.从组织中提取氯霉素最常用的溶剂是( )。

A. 乙醇　　　　 B. 三氯甲烷　　　　 C. 乙腈　　　　 D. 乙酸乙酯

4.测定氯霉素类药物时,从组织中脱去脂肪所使用的溶剂是( )。

A. 乙醇　　　　 B. 三氯甲烷　　　　 C. 正己烷　　　　 D. 乙酸乙酯

5.检测氯霉素类药物残留,提取液净化一般采用( )法。

A. 液液萃取　　　 B. 固相萃取　　　 C. 基质固相分散　　　 D. 超临界流体萃取

6.高效液相色谱法测定禽类组织中氯霉素类药物残留时使用( )检测器。

A. 紫外检测器　　 B. 示差检测器　　 C. 二级阵列管检测器 　D. 荧光检测器

7.氯霉素类药物易溶于下列( )溶剂。

A. 甲醇　　　　 B. 丙酮　　　　 C. 水　　　　 D. 正己烷

(三)简答题

1.氯霉素类药物主要包括哪几种?其在食品中的检出限各是多少?

2.简述气相色谱法测定鸡肉中氯霉素残留量的原理。

二、技能训练

气相色谱法测定禽肉中氯霉素残留量。

任务 3-4　磺胺类药物残留检测

【任务内容】

1. 磺胺类药物的性质。

2. 磺胺类药物提取、净化方法及特点。

3. 磺胺类药物残留检测常用方法及特点。

4. 高效液相色谱法检测鸡肉中磺胺类药物残留量的原理、方法步骤。

5. 完成自测训练。

【学习条件】

1. 场所：校内农产品检测实训中心（理实一体化教室、样品前处理室、仪器分析室）、多媒体教室、农产品质量安全检测校外实训基地（检验室）。

2. 仪器设备：多媒体设备、液相色谱仪（配紫外检测器）、均质机（14 000 r/min）、离心机、旋涡混匀器、旋转蒸发仪、氮吹仪、固相萃取装置、天平（感量 0.000 01 g、0.01 g）等。

3. 试剂和材料：磺胺醋酰、磺胺吡啶、磺胺甲氧哒嗪、苯酰磺胺、磺胺间甲氧嘧啶、磺胺氯哒嗪、磺胺甲噁唑、磺胺异噁唑、磺胺二甲氧哒嗪、磺胺吡唑标准品，含量≥99%；磺胺噁唑、磺胺甲基嘧啶、磺胺二甲基嘧啶标准品，含量≥98%。乙酸乙酯、乙腈、甲醇、正己烷、MCX 柱等。

4. 其他：教材、相关 PPT、视频、影像资料、相关图书、网上资源等。

【相关知识】

磺胺类药物（Sulfonamides，SAs）是一类用于预防和治疗细菌感染性疾病的化学治疗药物，对大多数革兰阳性菌和革兰阴性菌均有效。同时也被广泛用作饲料添加剂，增肥犊牛和猪。但这类药物可以在动物体内残留，人食用后可能在人体内蓄积，蓄积达一定浓度时对人体有害。短时间大剂量或长时间小剂量的刺激可能引起急性或慢性中毒，影响机体的泌尿、免疫系统，破坏肌肉、肾脏和甲状腺等组织。人体内长期存在磺胺会导致许多细菌对磺胺类药物的抗药性。尤其是致癌性物质磺胺二甲嘧啶，能引起人的再生性障碍贫血，粒细胞缺乏症等疾病。因此，国际食品法典委员会（CAC）和许多国家规定，食品中磺胺类药物总量以及磺胺二甲嘧啶等单个磺胺的最大残留限量为 0.1 mg/kg，我国规定所有食品动物组织及奶中磺胺类药物的最大残留限量为 100 μg/kg，磺胺二甲嘧啶为 25 μg/kg。

一、磺胺类药物的类型和性质

磺胺类药物是人工合成的一类抗菌药物的总称。至今已合成数千种磺胺类药物，其中兽医上常用的、疗效好、毒副作用小的有 10 余种。如磺胺嘧啶、磺胺甲嘧啶、磺胺二甲嘧啶、磺胺二甲氧嘧啶、磺胺甲基异噁唑、磺胺喹噁啉、磺胺噻唑等。

磺胺类药物一般为白色或淡黄色结晶性粉末，无臭，无味，呈酸碱两性。可溶于酸或碱溶液，在水中溶解度低，制成钠盐后易溶于水，水溶液呈强碱性。易溶于极性有机溶剂如乙腈、丙酮、乙醇、氯仿和二氯甲烷等,难溶于非极性有机溶剂。由于磺胺药具有酸碱两性,通过调节溶液的 pH 值(pH7～9),可以使磺胺药呈现不同的状态,即中性分子或是离子状态,从而改变水相和有机相的分配系数。比如磺胺的中性分子,在二氯甲烷等有机溶剂中分配系数大;离子状态则在水性溶液中分配系数大。

二、磺胺类药物的提取与净化

液体样品可用水、水性缓冲液或氯化钠溶液稀释,组织样品先进行粉碎、均质。

溶剂提取时,应尽可能使组织中结合态的残留物溶解,并且除去大部分的蛋白质。样品中磺胺类药物提取可采用以下方法:①单一有机溶剂提取,如甲醇、乙腈、丙酮、二氯甲烷、乙酸乙酯等;②混合有机溶剂提取,如三氯甲烷-丙酮、三氯甲烷-甲醇、三氯甲烷-乙酸乙酯、乙腈-氯仿、丙酮-二氯甲烷、丙酮-氯仿等;③酸溶液或缓冲溶液提取,如盐酸溶液、磷酸缓冲溶液、EDTA 缓冲溶液、三氯乙酸-盐酸溶液等;④酸和有机溶剂的混合溶液提取,如盐酸-甲醇、乙酸-三氯甲烷溶液、磷酸-甲醇溶液、乙酸-丙酮溶液等。

提取过程中加入无水硫酸钠可脱去组织中的水分,有利于样品的充分提取。

初提取液净化方法有液-液分配、固相萃取、基质固相分散、免疫亲和色谱、在线痕量富集、超临界流体萃取等。

由于磺胺类药物具有酸碱两性,使得液-液分配成为磺胺类药物净化的重要方法。通过调节样液的 pH 值,使磺胺类药物有选择性地在有机相与水相之间进行分配。比如,有机相提取液中的磺胺类药物可以被强酸溶液或碱性溶液抽提;水相提取液调节 pH 至 5.1～5.6,可用二氯甲烷或乙酸乙酯进行再抽提。一般先用正己烷萃取除去样液中的脂肪,然后蒸干,加入稀酸溶液溶解残渣,调节 pH 值,再用二氯甲烷萃取,即可进行测定。

固相萃取法是目前兽药残留分析样品前处理中的主流技术。磺胺类药物净化常用的固相萃取柱有 C_{18} 柱、C_8 柱、硅胶柱、离子交换柱、Florisil 柱和碱性氧化铝柱等。亦可将几种小柱串联使用,可获得更高的净化效果。

基质固相分散法目前只使用 C_{18} 吸附剂,填充料和样品的比例一般为 4:1。免疫亲和色谱法由于柱子对待测物的选择性亲和,特别适合含杂质较多的复杂样品中少量组分的净化。

三、磺胺类药物残留检测方法

磺胺类药物残留检测早期使用的方法有分光光度法、荧光法、薄层色谱法、气相色谱法等;进入 20 世纪 80 年代后出现了液相色谱法、气相色谱-质谱法、液相色谱-质谱法、酶联免疫吸附法等。目前高效液相色谱法是可食性动物产品中磺胺类药物残留检测应用最广泛的方法。

磺胺类药物残留检测,通常使用反相液相色谱(RP-HPLC)法,色谱柱为非极性反相色谱柱,如 C_{18}、C_8 和苯基柱。流动相一般由缓冲溶液与甲醇或乙腈按一定比例混合。检测器通常使用紫外检测器、荧光检测器或电化学检测器。其中紫外检测器最为常用。磺胺药一般都有较强的紫外吸收,无须衍生化即可直接进行液相色谱测定,检测波长一般为 254～288 nm。

目前,酶联免疫吸附法已被广泛应用于各种药物残留的初筛和检测之中。我国磺胺二甲嘧啶酶联免疫试剂盒已研制成功,检测限达 1.3 μg/kg,达到了国际水平。

【检测技术】

案例一　鸡肌肉13种磺胺类药物多残留测定——高效液相色谱法

1　适用范围

本方法适用于猪和鸡的肌肉和肝脏组织中的磺胺醋酰、磺胺吡啶、磺胺噁唑、磺胺甲基嘧啶、磺胺二甲基嘧啶、磺胺甲氧哒嗪、苯酰磺胺、磺胺间甲氧嘧啶、磺胺氯哒嗪、磺胺甲噁唑、磺胺异噁唑、磺胺二甲氧哒嗪和磺胺吡唑单个或多个药物残留量的检测。

2　检测原理

试料中残留的磺胺类药物,用乙酸乙酯提取,0.1 mol/L盐酸溶液转换溶剂,正己烷除脂,MCX柱净化,高效液相色谱—紫外检测法测定,外标法定量。

3　试剂和材料

以下所用试剂,除特殊注明外均为分析纯试剂,水为符合GB/T 6682规定的一级水。

3.1　磺胺醋酰、磺胺吡啶、磺胺甲氧哒嗪、苯酰磺胺、磺胺间甲氧嘧啶、磺胺氯哒嗪、磺胺甲噁唑、磺胺异噁唑、磺胺二甲氧哒嗪、磺胺吡唑对照品:含量≥99%;磺胺噁唑、磺胺甲基嘧啶、磺胺二甲基嘧啶:含量≥98%。

3.2　乙酸乙酯:色谱纯。

3.3　乙腈:色谱纯。

3.4　甲醇:色谱纯。

3.5　盐酸

3.6　正己烷

3.7　甲酸:色谱纯。

3.8　氨水

3.9　MCX柱:60 mg/3 mL,或相当者。

3.10　0.1%甲酸溶液:取甲酸1 mL,用水溶解并稀释至1 000 mL。

3.11　0.1%甲酸乙腈溶液:取0.1%甲酸830 mL,用乙腈溶解并稀释至1 000 mL。

3.12　洗脱液:取氨水5 mL,用甲醇溶解并稀释至100 mL。

3.13　0.1 mol/L盐酸溶液:取盐酸0.83 mL,用水溶解并稀释至100 mL。

3.14　50%甲醇乙腈溶液:取甲醇50 mL,用乙腈溶解并稀释至100 mL。

3.15　100 μg/mL磺胺类药物混合标准贮备液:精密称取磺胺类药物标准品各10 mg,于100 mL量瓶中,用乙腈溶解并稀释至刻度,配制成浓度为100 μg/mL的磺胺类药物混合标准贮备液。-20℃以下保存,有效期6个月。

3.16　10 μg/mL磺胺类药物混合标准工作液:精密量取100 μg/mL磺胺类药物混合标准贮备液5.0 mL,于50 mL量瓶中,用乙腈稀释至刻度,配制成浓度为10 μg/mL的磺胺类药物混合标准工作液。-20℃以下保存,有效期6个月。

4　仪器和设备

4.1　高效液相色谱仪:配紫外检测器或二极管阵列检测器。

4.2　分析天平:感量0.000 01 g。

4.3　天平:感量0.01 g。

4.4　涡动仪

4.5 离心机

4.6 均质机

4.7 旋转蒸发仪

4.8 氮吹仪

4.9 固相萃取装置

4.10 鸡心瓶:100 mL。

4.11 聚四氟乙烯离心管:50 mL。

4.12 滤膜:有机相,0.22 μm。

5 试料的制备与保存

取适量新鲜或解冻的空白或供试组织,绞碎,并使均质。−20℃以下保存。

取均质后的供试样品,作为供试试料;取均质后的空白样品,作为空白试料;取均质后的空白样品,添加适宜浓度的标准工作液,作为空白添加试料。

6 测定步骤

6.1 提取

称取试料(5±0.05)g,于50 mL聚四氟乙烯离心管中,加乙酸乙酯20 mL,涡动2 min,4 000 r/min离心5 min,取上清液于100 mL鸡心瓶中,残渣中加乙酸乙酯20 mL,重复提取一次,合并两次提取液。

6.2 净化

鸡心瓶中加0.1 mol/L盐酸溶液4 mL,于40℃下旋转蒸发浓缩至少于3 mL,转至10 mL离心管中。用0.1 mol/L盐酸溶液2 mL洗鸡心瓶,转至同一离心管中。再用正己烷3 mL洗鸡心瓶,将正己烷转至同一离心管中,涡旋混合30 s,3 000 r/min离心5 min,弃正己烷。再次用正己烷3 mL洗鸡心瓶,转至同一离心管中,涡旋混合30 s,3 000 r/min离心5 min,弃正己烷,取下层液备用。

MCX柱依次用甲醇2 mL和0.1 mol/L盐酸溶液2 mL活化,取备用液过柱,控制流速1 mL/min。依次用0.1 mol/L盐酸溶液1 mL和50%甲醇乙腈溶液2 mL淋洗,用洗脱液4 mL洗脱,收集洗脱液,于40℃氮气吹干,加0.1%甲酸乙腈溶液1.0 mL溶解残余物,滤膜过滤,供高效液相色谱测定。

6.3 标准曲线制备

精密量取10 μg/mL磺胺类药物混合标准工作液适量,用0.1%甲酸乙腈溶液稀释,配制成浓度为10 μg/L、50 μg/L、100 μg/L、250 μg/L、500 μg/L、2 500 μg/L和5 000 μg/L的系列混合标准溶液,供高效液相色谱测定。以测得峰面积为纵坐标,对应的标准溶液浓度为横坐标,绘制标准曲线。求回归方程和相关系数。

6.4 测定

6.4.1 液相色谱参考条件

色谱柱:ODS-3 C$_{18}$(250 mm×4.5 mm,粒径5 μm),或相当者。

流动相:0.1%甲酸+乙腈,梯度洗脱见表3-2。

流速:1 mL/min。

柱温:30℃。

检测波长:270 nm。

进样体积:100 μL。

表 3-2　流动相梯度洗脱条件

时间/min	0.1%甲酸/%	乙腈/%
0.0	83	17
5.0	83	17
10.0	80	20
22.3	60	40
22.4	10	90
30.0	10	90
31.0	83	17
48.0	83	17

6.4.2　测定法

取试样溶液和相应的对照溶液,作单点或多点校准,按外标法,以峰面积计算。对照溶液及试样溶液中磺胺类药物响应值应在仪器检测的线性范围之内。在上述色谱条件下,对照溶液的高效液相色谱图见图 3-5。

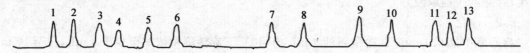

图 3-5　磺胺类药物标准溶液色谱图(250 ng/mL)
1.磺胺醋酰　2.磺胺吡啶　3.磺胺噻唑　4.磺胺甲基嘧啶　5.磺胺二甲基嘧啶　6.磺胺甲氧哒嗪
7.苯酰磺胺　8.磺胺间甲氧嘧啶　9.磺胺氯哒嗪　10.磺胺甲噁唑
11.磺胺异噁唑　12.磺胺二甲氧哒嗪　13.磺胺吡唑

6.5　空白试验

除不加试料外,采用完全相同的步骤进行平行操作。

7　结果计算和表述

试料中磺胺类药物的残留量(μg/kg)按式(3-4)计算。

$$X = \frac{c \times V}{m} \qquad (3-4)$$

式中:X—供试试料中相应的磺胺类药物的残留量(μg/kg);

　　c—试样溶液中相应的磺胺类药物浓度(μg/mL);

　　V—溶解残余物所用 0.1%甲酸乙腈溶液体积(mL);

　　m—供试试料质量(g)。

计算结果需扣除空白值,测定结果用平行测定后的算术平均值表示,保留三位有效数字。

8　检测方法灵敏度、准确度和精密度

8.1　灵敏度

本方法猪和鸡的肌肉组织的检测限为 5 μg/kg,定量限为 10 μg/kg;猪和鸡的肝脏组织的

检测限为 12 $\mu g/kg$,定量限为 25 $\mu g/kg$。

8.2 准确度

本方法肌肉组织 10～200 $\mu g/kg$、肝脏组织在 25～200 $\mu g/kg$ 浓度添加水平上的回收率为 60%～120%。

8.3 精密度

本方法的批内相对标准偏差≤15%,批间相对标准偏差≤20%。

【任务考核标准】

序号	考核项目	考核内容	考核标准	参考分值
1	基本素质	学习与工作态度	态度端正,学习认真,积极主动,学习方法多样,服从安排,出满勤。	5
		团队协作	顾全大局,积极与小组成员合作,共同制定工作计划,共同完成工作任务。	5
2	基础知识	磺胺类抗生素性质	能说出或写出磺胺类抗生素理化性质。	5
		磺胺类药物提取与净化方法	能说出或写出磺胺类药物提取方法、提取试剂,净化的主要方法。	5
		磺胺类药物检测方法	能说出或写出磺胺类药物残留检测主要方法及特点。	5
3	制定检测方案	制定高效液相色谱法检测样品中磺胺类药物的方案	能根据工作任务,积极思考,广泛查阅资料,制定出切实可行的高效液相色谱法检测样品中磺胺类药物的方案。	10
4	样品处理	试剂准备	能根据检测内容,合理选择试剂并准确配制试剂。	5
		样品预处理	能根据检测需要,对样品进行粉碎、均质等。	5
		样品称量	能根据检测需要,准确称取样品。	5
		样品提取净化	能从样品中正确提取目标物质并进行净化。	10
5	仪器分析	仪器分析条件	能正确设置色谱条件,如色谱柱、流动相、检测波长、柱温、进样量等。	10
		上机操作	实验操作过程规范、设备使用熟练。	5
		数据分析	能正确读取和处理色谱数据,利用软件或公示对检测结果进行运算,获得正确结论。	10
6	检测报告	编写检测报告	能按要求编写检测报告并上报。	5
7	职业素质	方法能力	能通过各种途径快速获取所需信息,问题提出明确,表达清晰,有独立分析问题和解决问题的能力。	5
		工作能力	学习工作次序井然、操作规范、结果准确。主动完成自测训练,有完整的读书笔记和工作记录,字迹工整。	5
			合　　计	100

【自测训练】

一、知识训练

（一）填空题

1.磺胺类药物呈_____性。可溶于_____或_____溶液,在_____中溶解度低,制成钠盐后易溶于水,水溶液呈强碱性。

2.磺胺类药物易溶于_____性有机溶剂如_____、_____、_____、_____和_____等,难溶于_____极性有机溶剂。

3.样品中磺胺类药物提取可采用以下 4 种方法:①_____;②_____;③_____;④_____。

4.磺胺类药物提取液净化常用的方法是_____。通过调节样液的_____值,使磺胺类药物有选择性地在_____相与_____相之间进行分配。

5.目前磺胺类药物残留检测最常用的方法是_____。此外,_____法已被广泛应用于各种药物残留的初筛检测之中。

6.我国规定所有食品动物组织及奶中磺胺类药物的最大残留限量为_____ μg/kg。

7.在磺胺类药物残留测定中,提取过程中加入_____脱去组织中的水分,利于样品的充分提取。

8.我国磺胺二甲嘧啶酶联免疫试剂盒检测限达到了_____ μg/kg。

（二）简答题

1.提取生物样品中残留的磺胺类药物的方法有哪几类? 分别采用哪些提取试剂?

2.磺胺类药物提取液净化主要方法有哪些?

3.高效液相色谱法检测磺胺类药物残留的原理是什么?

4.用简式说明高效液相色谱法检测磺胺类药物残留的检测流程。

二、技能训练

高效液相色谱法检测猪肉中磺胺类药物残留。

  # 任务 3-5　氟喹诺酮类药物残留检测

【任务内容】

1.氟喹诺酮类药物的性质。

2.氟喹诺酮类药物提取、净化方法及特点。

3.氟喹诺酮类药物残留检测常用方法及使用范围。

4.高效液相色谱法检测多种氟喹诺酮类药物残留量的原理、方法步骤。

5.完成自测训练。

【学习条件】

1. 场所:校内农产品质量检测实训中心(多媒体教室、样品前处理室、仪器分析室)、农产品质量安全检测校外实训基地(检验室)。

2. 仪器设备:多媒体设备、高效液相色谱仪(带荧光检测器)、组织匀浆机、振荡器、离心机、固相萃取装置、离心管、滤膜等。

3. 试剂和材料:恩诺沙星、盐酸环丙沙星、达氟沙星、盐酸沙拉沙星标准物质,乙腈、甲醇、磷酸、三乙胺、固相萃取柱等。

4. 其他:教材、相关 PPT、视频、影像资料、相关图书、网上资源等。

【相关知识】

氟喹诺酮类药物(Fluoroquinolones,FQs)是 20 世纪 70 年代崛起的新药,属于第三代喹诺酮类抗菌药。与第一和第二代喹诺酮相比,抗菌谱进一步扩大,抗菌活性更强。对常见的致病革兰氏阴性菌和革兰氏阳性菌均有明显的抑制作用,特别是对绿脓杆菌抗菌效果好,有些还具有抗厌氧菌及支原体的作用。副作用较小,与其他抗菌药物无交叉耐药性。该类药物长期使用会造成动物性食品中喹诺酮类药物残留,从而对人体造成危害。欧盟(EM)、联合国粮农组织(FAO)、世界卫生组织(WHO)、食品添加剂与污染物联合专家委员会(JEC-FA)1990 年就规定了几种喹诺酮的最大残留量。

一、氟喹诺酮类药物的类型和性质

氟喹诺酮类药物用于人与动物的有诺氟沙星、氧氟沙星、环丙沙星、依诺沙星、培氟沙星、洛美沙星等。动物专用的有恩诺沙星、沙拉沙星、达氟沙星、二氟沙星、倍诺沙星等。该类药物为淡黄色或白色结晶粉末,对热、光、酸、碱都较稳定。该类药物既有弱酸性又有弱碱性,能溶于稀酸和稀碱溶液中。在甲醇、乙醇、氯仿、乙醚等一般有机溶剂中溶解度差,有的几乎不溶。其盐能溶于水,碱性盐溶解度比酸性盐大。

二、氟喹诺酮类药物的提取与净化

组织样品(如肌肉、肝脏、肾脏)提取前,需要粉碎或均质,加入无水硫酸钠有利于样品的充分提取。液体样品(如奶、尿、血浆)需要时用缓冲液稀释。

氟喹诺酮类药物,在 pH<3 的介质中呈中性分子,此时与生物组织结合率低,易被有机溶剂提取。可用中等极性或强极性的有机溶剂如乙酸乙酯、丙酮、乙腈、乙醇、甲醇等浸提;在 pH>9 的介质中呈离子状态,易被水、磷酸盐缓冲液、三氟醋酸溶液等水性溶液提取。可用酸性、碱性或中性溶液提取。提取氟喹诺酮最常用的酸性溶剂是由水相和有机相(主要为乙腈或甲醇)组成的 pH3.6~4.0 混合液。水相则主要含有盐酸、三氯乙酸、磷酸、高氯酸-磷酸混合物。乙腈常用乙酸酸化,而甲醇可用乙酸、草酸或盐酸酸化。碱性或中性溶液提取氟喹诺酮,多数用含乙腈和氢氧化钠的混合液提取。

净化方法主要有液液分配和固相萃取。用纯的有机溶剂提取氟喹诺酮类药物后,最好的净化方法是液-液分配。通过控制水相的 pH 使被分析的氟喹诺酮类药物从一相转移到另外一相。氯仿、二氯甲烷及乙酸乙酯是液-液分配中常用试剂。为了提高药物的提取效率,可在有机溶剂中加入氯化钠。当药物分配到有机溶剂后,可用正己烷或乙醚除脂肪。

当氟喹诺酮类药物用极性有机溶剂浸提时,则常用固相萃取柱净化。有时过固相萃取柱前用正己烷除去脂肪。常用的固相萃取柱都是反向柱。固相萃取柱的填料可以是 C_{18}、C_8、C_2 或苯乙烯-二乙烯苯共聚物。样品加入固相萃取柱后,常用水、酸性水溶液或者有机溶剂含量低的乙腈-水混合液、甲醇-水混合液进行淋洗;氟喹诺酮类药物从固相萃取小柱洗脱则常用 100% 的甲醇或甲醇(含量大于 75%)-水混合液。

三、氟喹诺酮类药物残留检测方法

检测畜禽产品中氟喹诺酮类药物残留主要有高效液相色谱法和酶联免疫吸附法。农业部 781 号公告-6-2006《鸡蛋中氟喹诺酮类药物残留量的测定》,农业部 783-2-2006《水产品中诺氟沙星、盐酸环丙沙星、恩诺沙星残留量的测定》,农业部 1025 号公告-14-2008《动物性食品中氟喹诺酮类药物残留检测》用的都是高效液相色谱法;农业部 1025 号公告-8-2008《动物性食品中氟喹诺酮类药物残留检测》用的是酶联免疫吸附法。此外,毛细管电泳法也被用于氟喹诺酮类药物残留检测。液相色谱-质谱联用法已成为氟喹诺酮类药物残留确证的主要方法。

氟喹诺酮类药物残留检测多数采用 RP-HPLC,使用 C_{18} 柱,以甲醇(或乙腈)-缓冲液(pH2.0~3.5)系统为流动相。因氟喹诺酮类药物的结构中游离羧基及碱性氮原子的解离,可造成色谱峰拖尾严重,保留值不稳定等问题,故大多采用离子抑制色谱或离子对色谱,并同时加入扫尾剂三乙胺。常用的离子抑制剂是 0.025~0.1 mol/L 的磷酸或柠檬酸,离子对试剂有 5 mmol/L 四丁基铵和 10 mmol/L 十二烷基磺酸钠。氟喹诺酮类药物在 254~295 nm 有特征性吸收,并具有较强而稳定的荧光特性,可供检测,故大多采用选择性与灵敏度均较高的荧光检测。

目前,各国对于氟喹诺酮类药物残留的检出限要求越来越低。HPLC 虽然检测结果稳定,具有较好的灵敏度和回收率,由于方法和仪器自身的限制,检出限难以进一步降低,而且 HPLC 对于氟喹诺酮类的多残留检测效果不好。

【检测技术】

案例一　猪肝脏中恩诺沙星、环丙沙星、达氟沙星、沙拉沙星
等 4 种药物残留量的检测——高效液相色谱法

1　适用范围

本方法适用于猪的肌肉、脂肪、肝脏和肾脏,鸡的肝脏和肾脏组织中恩诺沙星、环丙沙星、达氟沙星、沙拉沙星等 4 种药物残留量的测定。

2　检测原理

用磷酸盐缓冲溶液提取试样中的药物,C_{18} 柱净化,流动相洗脱。以磷酸-乙腈为流动相,用高效液相色谱-荧光检测法测定,外标法定量。

3　试剂

以下所用试剂,除特别注明外均为分析纯;水为符合 GB/T 6682 规定的一级水。

3.1　恩诺沙星:含恩诺沙星($C_{19}H_{22}FN_3O_3$)不得少于 99.0%。

3.2　环丙沙星:含环丙沙星($C_{17}H_{18}FN_3O_3$)不得少于 99.0%。

3.3 达氟沙星:含达氟沙星($C_{19}H_{20}FN_3O_3$)不得少于99.0%。

3.4 沙拉沙星:含沙拉沙星($C_{20}H_{17}FN_2O_3$)不得少于99.0%。

3.5 磷酸

3.6 氢氧化钠

3.7 乙腈:色谱纯。

3.8 甲醇

3.9 三乙胺

3.10 磷酸二氢钾

3.11 5.0 mol/L氢氧化钠溶液:取氢氧化钠饱和溶液28 mL,用水溶解并稀释至100 mL。

3.12 0.03 mol/L氢氧化钠溶液:取5.0 mol/L氢氧化钠溶液0.6 mL,用水溶解并稀释至100 mL。

3.13 0.05 mol/L磷酸三乙胺溶液:取磷酸3.4 mL,用水溶解并稀释至1 000 mL。用三乙胺调pH至2.4。

3.14 磷酸盐溶液:取磷酸二氢钾6.8 g,加水溶解并稀释至500 mL,pH 4.0~5.0。

3.15 达氟沙星、恩诺沙星、环丙沙星和沙拉沙星标准贮备液:精密称取达氟沙星对照品10 mg,恩诺沙星、环丙沙星、沙拉沙星对照品各50 mg,用0.03 mol/L氢氧化钠溶液溶解并稀释成浓度为0.2 mg/mL(达氟沙星)和1 mg/mL(环丙沙星、恩诺沙星、沙拉沙星)的标准贮备液。置于2~8℃冰箱中保存,有效期3个月。

3.16 达氟沙星、恩诺沙星、环丙沙星和沙拉沙星标准工作液:精密量取适量标准储备液用乙腈稀释成适宜浓度的达氟沙星、环丙沙星、恩诺沙星、沙拉沙星标准工作液。置于2~8℃冰箱中保存,有效期1周。

4 仪器设备

4.1 高效液相色谱仪:配荧光检测器。

4.2 分析天平:感量0.000 01 g。

4.3 天平:感量0.01 g。

4.4 振荡器

4.5 离心机

4.6 组织匀浆机

4.7 匀浆杯:30 mL。

4.8 离心管:50 mL。

4.9 固相萃取柱:Varian BondElμt C_{18}柱(100 mg/mL)。

4.10 微孔滤膜:0.45 μm。

5 试样制备

取绞碎后的供试样品,作为供试试料;取绞碎后的空白样品,作为空白试料;取绞碎后的空白样品,添加适宜浓度的对照溶液,作为空白添加试料。

6 检测步骤

6.1 提取

称取试料(2±0.05) g,于30 mL匀浆杯中,加磷酸盐溶液10.0 mL,10 000 r/min匀浆

1 min。匀浆液转入离心管中,中速振荡 5 min,离心(15 000 r/min,10 min),取上清液,待用。用磷酸盐溶液 10.0 mL 清洗刀头及匀浆杯,转入离心管,洗残渣,混匀,中速振荡 5 min,离心(15 000 r/min 10 min)。合并两次上清液,混匀,备用。

6.2 净化

固相萃取柱先依次用甲醇、磷酸盐溶液各 2 mL 预洗。取上清液 5.0 mL 过柱,用水 1 mL 淋洗,挤干。用流动相 1.0 mL 洗脱,挤干,收集洗脱液。经滤膜过滤后作为试样溶液,供高效液相色谱仪测定。

6.3 标准曲线制备

准确量取适量达氟沙星、恩诺沙星、环丙沙星和沙拉沙星标准工作液,用流动相稀释成浓度分别为 0.005 μg/mL、0.01 μg/mL、0.05 μg/mL、0.2 μg/mL、0.3 μg/mL 和 0.5 μg/mL 的对照溶液,供高效液相色谱分析。以测得峰面积为纵坐标,对应的标准溶液浓度为横坐标,绘制标准曲线。求回归方程和相关系数。

6.4 测定

6.4.1 色谱条件

色谱柱:C_{18}(250 mm×0.6 mm,粒径 5 μm),或相当者。

流动相:0.05 mol/L 磷酸溶液-三乙胺+乙腈(90+10,V/V),使用前经微孔滤膜过滤。

流速:0.8 mL/min。

检测波长:激发波长 280 nm;发射波长 450 nm。

柱温:室温。

进样量:20 μL。

6.4.2 测定方法

取试样溶液和相应的对照溶液,作单点或多点校准,按外标法以峰面积计算。对照溶液及试样溶液中环丙沙星、达氟沙星、恩诺沙星、沙拉沙星响应值应在仪器检测的线性范围之内。在上述色谱条件下,对照溶液的高效液相色谱图见图 3-6。

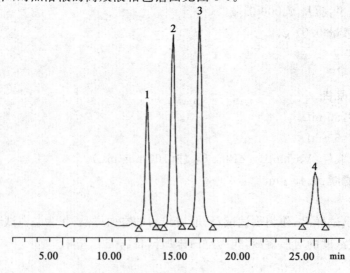

图 3-6 氟喹诺酮类药物对照溶液色谱图

色谱峰:1.环丙沙星 2.达氟沙星 3.恩诺沙星 4.沙拉沙星

6.5 空白试验

除不加试料外,采用完全相同的测定步骤进行平行操作。

7 结果计算

试样中达氟沙星、恩诺沙星、环丙沙星和沙拉沙星的残留量,按式(3-5)计算:

$$X = \frac{A \times c_s \times V_1 \times V_3}{A_s \times V_2 \times m} \tag{3-5}$$

式中:X——试样中达氟沙星、恩诺沙星、环丙沙星或沙拉沙星的残留量,单位为纳克每克(ng/g);

A——试样溶液中相应药物的峰面积;

c_s——对照溶液中相应药物的浓度,单位为纳克每毫升(ng/mL);

V_1——提取用磷酸盐溶液的总体积,单位为毫升(mL);

V_3——洗脱用磷酸盐溶液的总体积,单位为毫升(mL);

A_s——对照溶液中相应药物的峰面积;

V_2——过 C_{18} 固相萃取柱所用备用液体积,单位为毫升(mL);

m——供试试样的质量,单位为克(g)。

注:计算结果需扣除空白值,测定结果用平行测定的算术平均值表示,保留三位有效数字。

8 检测方法灵敏度、准确度与精密度

8.1 灵敏度

达氟沙星、环丙沙星、恩诺沙星、沙拉沙星检测限为 20 μg/kg。

8.2 准确度

本方法在 20~500 μg/kg 添加浓度水平上的回收率为 60%~100%。

8.3 精密度

本方法的批内变异系数≤15%,批间变异系数≤20%。

9 注意事项

实验步骤中的色谱条件仅作参考,在实际的实验中,应根据仪器类型和实验条件进行调整。

【任务考核标准】

序号	考核项目	考核内容	考核标准	参考分值
1	基本素质	学习与工作态度	态度端正,学习认真,积极主动,学习方法多样,服从安排,出满勤。	5
		团队协作	顾全大局,积极与小组成员合作,共同制定工作计划,共同完成工作任务。	5
2	基础知识	氟喹诺酮类药物的性质	能说出或写出氟喹诺酮类药物的理化性质。	5
		提取净化方法	能说出或写出氟喹诺酮类药物提取的特点、提取条件、净化的主要方法。	5
		检测方法	能说出或写出氟喹诺酮类药物残留检测的主要方法。	5

续表

序号	考核项目	考核内容	考核标准	参考分值
3	制定检测方案	制定高效液相色谱法测定猪肝脏中恩诺沙星、环丙沙星、达氟沙星、沙拉沙星等4种药物残留量的方案	能根据工作任务，积极思考，广泛查阅资料，制定出切实可行的高效液相色谱法测定猪肝脏中恩诺沙星、环丙沙星、达氟沙星、沙拉沙星等4种药物残留量的方案。	10
4	制备样品	试剂的选择与配制	能根据检测内容，合理选择试剂并准确配制试剂。	5
		样品预处理	能根据检测需要，对样品进行粉碎、研磨等。	5
		样品称量	能根据检测需要，精确称取样品。	5
		样品提取、净化	能从样品中正确提取目标物质并进行净化。	10
5	检测	分析条件选择	能正确选择检测器、色谱分析条件（色谱柱、检测波长、流动相、柱温等）。	5
		数据读取	能准确读取色谱图数据，如保留时间、峰面积等。	5
		标准曲线绘制	能正确进行单点或多点校准，按外标法进行定性。	5
		结果计算	能使用软件或计算公式对测定结果进行计算。	5
6	检测报告	编写检测报告	数据记录完整，能按要求编写检测报告并上报。	10
7	职业素质	方法能力	能通过各种途径快速获取所需信息，问题提出明确，表达清晰，有独立分析问题和解决问题的能力。	5
		工作能力	学习工作次序井然、操作规范、结果准确。主动完成自测训练，有完整的读书笔记和工作记录，字迹工整。	5
			合　　计	100

【自测训练】

一、知识训练

（一）选择题

1.当介质的 pH＜3 时，氟喹诺酮类药物残留易被（　　）提取。

A.酸化的乙腈　　　　B.水　　　　　　　　C.磷酸盐缓冲液　　　D.三氟醋酸溶液

2.当介质的 pH＞9 时，氟喹诺酮类药物残留易被（　　）提取。

A.碱化的乙腈　　　　B.乙腈　　　　　　　C.乙醇溶液　　　　　D.甲醇溶液

3.为了充分提取组织样品中氟喹诺酮类药物残留，样品粉碎或均质中可以加入（　　）。

A.无水碳酸钠　　　　B.无水硫酸钠　　　　C.无水硫酸钙　　　　D.无水氯化钠

4.氟喹诺酮类药物残留提取液净化的方式为（　　）。

A.液液萃取　　　　　B.固相萃取　　　　　C.基质固相分离　　　D.超临界流体萃取

5.高效液相色谱法测定猪组织中氟喹诺酮类药物残留量时使用（　　）检测器。

A.紫外检测器　　　　B.示差检测器　　　　C.二级阵列管检测器　D.荧光检测器

(二)简答题

1.简述高效液相法检测猪肝脏中环丙沙星、恩诺沙星、达氟沙星和沙拉沙星残留量的原理。

2.如何正确配制达氟沙星、恩诺沙星、环丙沙星和沙拉沙星标准贮备液?

3.标准贮备液保存时应注意哪些问题?

二、技能训练

高效液相色谱法检测猪组织中环丙沙星、恩诺沙星、达氟沙星和沙拉沙星残留量。

 # 任务 3-6　硝基呋喃类药物残留检测

【任务内容】

1.硝基呋喃类药物的性质。

2.硝基呋喃类药物提取、净化方法及特点。

3.硝基呋喃类药物残留检测常用方法及适用范围。

4.高效液相法测定呋喃唑酮残留量的原理、方法步骤。

5.高效液相色谱法测定硝基呋喃类代谢物残留量的原理、方法步骤。

6.完成自测训练。

【学习条件】

1.场所:校内农产品质量检测实训中心(多媒体教室、样品前处理室、仪器分析室)、农产品质量安全检测校外实训基地(检验室)。

2.仪器设备:多媒体设备、高效液相色谱仪(附紫外检测器)、匀浆机、超声波清洗器、漩涡混匀器、旋转蒸发仪、氮吹仪、离心机、固相萃取仪等。

3.试剂和材料:呋喃唑酮、氨基脲(SEM)、3-氨基-2-唑烷基酮(AOZ)、5-甲基吗啉-3-氨基-2-唑烷基酮(AMOZ)、1-氨基-2-内酰脲标准品、酸性氧化铝、硅胶 C_{18} 键合材料、吸附性离子交换树脂(AHD)、C_{18}-CN 混合柱、邻氯苯甲醛等。

4.其他:教材、相关 PPT、视频、影像资料、相关图书、网上资源等。

【相关知识】

硝基呋喃类药物(Nitrofurans)是一类人工合成的广谱菌药,对大多数革兰氏阳性菌和革兰氏阴性菌、真菌和原虫等病原体均有杀灭作用,被广泛应用于畜禽及水产养殖业,以治疗由大肠杆菌或沙门氏菌所引起的肠炎、疥疮、赤鳍病、溃疡病等。 由于硝基呋喃类药物及其代谢物对人体有致癌、致畸等副作用,1995 年起欧盟禁止硝基呋喃类药物在畜禽及水产动物中使用;2002 年我国颁布了禁止使用硝基呋喃类药物的禁令;2004 年美国食品和药物管理局(FDA)公布的禁止在进口动物源性食品中使用的 11 种药物名单中包括呋喃西林和呋喃唑酮。

一、硝基呋喃类药物的类型和性质

硝基呋喃类药物主要包括呋喃唑酮(Furazolidone)、呋喃它酮(Furaltadone)、呋喃西林(Nitrofurazone)、呋喃妥因(Nitrofurantoin)、硝呋索尔(Nifursol)、呋喃苯烯酸钠(Nifurstyrenate sodiμm)、硝呋酚酰肼(Nifuroxazide)等。此类药物多为黄色结晶性粉末,无臭,味苦,溶于碱性溶液,极微溶于水。

二、硝基呋喃类药物的提取与净化

液体样品如牛奶和蜂蜜在提取前先用氯化钠溶液稀释均质,鸡蛋样品可用水稀释均质,组织样品如肌肉、肾脏、肝脏等需先粉碎,再用水、氯化钠溶液或盐酸溶液均质。

样品提取与去蛋白一般采用有机溶剂,如乙腈、乙酸乙酯、二氯甲烷等,此外,三氯乙酸、甲醇-乙醇-乙醚、McIlvaine缓冲液-甲醇、偏磷酸-甲醇、柠檬酸-磷酸氢二钠、氯仿-乙酸乙酯-二甲亚砜等溶液也常用于沉淀蛋白质及样品提取。

对于硝基呋喃代谢物的检测,鉴于其残留物主要以蛋白结合物形态存在,只有在适当的酸性条件下经水解后,才能释放出游离代谢产物,而且因残留物的浓度一般非常低,需要采用衍生化手段提高灵敏度。因此样品处理需要经过水解和衍生化。水解通常选用稀盐酸,浓度为$0.1 \ mol/L$。衍生化试剂的选择,2-硝基苯甲醛(2-NBA)、吡啶-3-羰基甲醛、2,4-二硝基苯甲醛、2-羰基-5-硝基苯甲醛和2-氯苯甲醛均能与硝基呋喃游离代谢产物的自由基团反应,形成具有较好特性的芳香亚胺类衍生物,其中2-硝基苯甲醛是用得最多的衍生化试剂。

净化方法包括液-液分配、固相萃取、基质固相分散等。

液-液分配一般是在酸性条件下,乙酸乙酯、二氯甲烷对溶液中的硝基呋喃残留物萃取效果好。加入氯化钠溶液,可以进一步提高二氯甲烷的萃取效率。二氯甲烷萃取液中加入正己烷可以除去脂肪。但二氯甲烷萃取振摇时易产生乳化现象。

固相萃取法应用广泛,尤其以非极性吸附剂如C_{18}、XAD-2应用最广。C_{18}固相萃取柱对食品中硝基呋喃类残留物的提取具有较高的回收率,但对某些共萃取物不能完全去除。极性吸附剂如硅胶、氧化铝、氨丙基的固相萃取柱也经常应用,作为C_{18}小柱净化的补充。

基质固相分散是将硅藻土或非极性的C_{18}衍生硅胶等作为吸附剂,加入到样品中,混合搅拌均匀,或者样品与吸附剂一同研磨,然后把搅拌均匀的物质填充到层析柱中,用溶剂淋洗,达到净化的目的,该技术可以克服液-液分配过程中产生乳化的问题。

三、硝基呋喃类药物残留检测方法

硝基呋喃类药物残留检测方法主要有高效液相色谱法、液相色谱-串联质谱法和酶联免疫吸附法。

硝基呋喃类药物的液相色谱分离一般采用非极性反相柱,以C_{18}柱最常用,用含乙腈的酸性流动相分离效果好。硝基呋喃类在365 nm处有最大吸收,可直接紫外检测。因本类药物中含有活泼氢及硝基,具有强的电还原活性,可采用电化学检测器。由于液相色谱-紫外检测法灵敏度较低,液相色谱-质谱法已成为此类药物残留确证分析的主要方法。

酶联免疫吸附法已有商品化的呋喃唑酮检测试剂盒,用于测定肉类(鸡、猪、牛)、鱼虾和牛奶中的呋喃唑酮药物残留。

【检测技术】

案例一　动物组织中呋喃唑酮残留量检测——高效液相色谱法

1　适用范围

本方法适用于畜禽肉和水产品中呋喃唑酮残留量的检测。方法检出限为 $0.01\ \mu g/mL$,当取样量为 10 g 时,最低检出量为 $1.0\ \mu g/kg$。

2　检测原理

样品中呋喃唑酮用二氯甲烷提取,经无水硫酸钠柱净化,用正己烷去脂肪后,0.45 μm 微孔滤膜过滤,滤液进行 HPLC 分析。

3　试剂与试液

以下试剂,除特殊说明外,均为分析纯,水为重蒸馏水。

3.1　乙腈:优级纯,做流动相用。

3.2　乙腈:色谱纯。

3.3　乙腈水溶液:乙腈+水(80+20,V/V)。

3.4　正己烷

3.5　甲醇:色谱纯。

3.6　无水硫酸钠:经 650℃灼烧 4 h 后,贮于密闭容器中备用。

3.7　无水硫酸钠柱:6 cm×1.8 cm,内装 5 cm 高的无水硫酸钠(如果无合适的玻璃柱,可以用 10 mL 注射器代替)。

3.8　二氯甲烷

3.9　磷酸

3.10　呋喃唑酮标准品:纯度≥99.7%。

3.11　呋喃唑酮标准储备液:称取 10.0 mg 呋喃唑酮,用乙腈水溶液(3.3)溶解并稀释定容至 50 mL 棕色容量瓶中,保存于冰箱中。该液 1.0 mL 相当于 200 μg 呋喃唑酮。

3.12　呋喃唑酮标准工作液系列:准确吸取呋喃唑酮标准储备液 2.0 mL 于 50 mL 棕色容量瓶中,加水至刻度,摇匀,即得 8.0 $\mu g/mL$ 的溶液,然后准确吸取此液 0.05 mL,0.1 mL,0.20 mL,0.50 mL,1.0 mL,2.0 mL,分别放在 10.0 mL 棕色容量瓶中,分别加水至刻度,摇匀,即得每毫升含呋喃唑酮 0.04 μg,0.08 μg,0.16 μg,0.40 μg,0.80 μg,1.60 μg 的标准系列溶液。

4　仪器和设备

4.1　高效液相色谱仪:附紫外检测器。

4.2　超声波清洗器

4.3　漩涡混匀器

4.4　离心机

4.5　旋转蒸发仪

4.6　微量进样器:25 μL。

5 测定步骤

5.1 提取与净化

取 200 g 试样绞碎,称取混匀绞碎试样 10 g(精确至 0.01 g)于 100 mL 具塞锥形瓶中,加 25 mL 二氯甲烷,超声提取 5 min,提取液通过无水硫酸钠柱滤入 100 mL 蒸发瓶中,再用 25 mL 二氯甲烷重复提取一次,均通过无水硫酸钠柱滤入同一蒸发瓶中,用二氯甲烷 15 mL 淋洗无水硫酸钠柱。淋洗液合并于同一蒸发瓶,滤液于旋转蒸发仪上蒸发至干(水浴温度为 30～35℃)。然后准确加入 1.0 mL 乙腈水溶液和 1.0 mL 正己烷于漩涡混匀器上混匀 2 min,转入 5 mL 离心管中,3 000 r/min 离心 2 min 后,用吸管移去上层正己烷层,再向离心管中加入 1 mL 正己烷,混匀,离心 2 min,用吸管移去上层正己烷层,下层清液通过 0.45 μm 微孔滤膜过滤,滤液供 HPLC 分析用。

5.2 色谱测定

5.2.1 液相色谱参考条件

色谱柱:Hypersil ODS2 C_{18},250 mm×4.6 mm,粒径 5 μm。

流动相:乙腈+水(40+60),每 1 000 mL 加 1.0 mL 磷酸。

流速:1.0 mL/min。

检测波长:365 nm。

柱温:室温。

进样量:20 μL。

5.2.2 呋喃唑酮标准曲线的制备

依照上述色谱条件,分别进标准工作液各个点。每个标准液进 20 μL,测定其峰面积,然后以标准液浓度对峰面积做校准曲线,求出回归方程及相关系数。

5.2.3 样品测定

在上述色谱条件下,准确吸取 20 μL 试样溶液,进行 HPLC 分析。

6 结果计算

将标准曲线各点的浓度与对应的峰面积进行回归分析,然后按式(3-6)计算供试样品中呋喃唑酮的含量。

$$X=\frac{c\times V\times 1\ 000}{m\times 1\ 000}\tag{3-6}$$

式中:X—样品中呋喃唑酮的含量,单位为毫克每千克(mg/kg);

c—被测液中相当于标准曲线的呋喃唑酮,单位为微克每毫升(μg/mL);

V—被测液的体积,单位为毫升(mL);

m—样品质量,单位为克(g)。

7 允许差

同一分析者同时或相继两次测定结果之差不得超过均值的 15%。

案例二 水产品中硝基呋喃类代谢物残留量检测——高效液相色谱法

1 适用范围

本方法适用于水产品中呋喃唑酮代谢物 3-氨基-2-唑烷基酮(AOZ)、呋喃它酮代谢物 5-甲基吗啉-3-氨基-2-唑烷基酮(AMOZ)、呋喃西林代谢物氨基脲(SEM)和呋喃妥因代谢物 1-氨基-2-内酰脲(AHD)残留量的测定。

2 测定原理

试样中残留的硝基呋喃类代谢物用三氯乙酸-甲醇溶液提取,经衍生、乙酸乙酯萃取、固相萃取柱净化后,用紫外检测器进行检测,外标法定量。

3 试剂和材料

本方法所用试剂应无干扰峰。除另有说明外,所用试剂均为分析纯。试验用水应符合GB/T 6682 规定的一级水的要求。

3.1 乙腈:色谱纯。

3.2 乙腈溶液:30 mL 乙腈与 70 mL 水混合溶解。

3.3 甲醇:色谱纯。

3.4 5%甲醇溶液:5 mL 甲醇与 95 mL 水混合溶解。

3.5 乙酸乙酯:色谱纯。

3.6 异丙醇:色谱纯。

3.7 庚烷磺酸钠:色谱级。

3.8 异辛烷:色谱纯。

3.9 冰乙酸:色谱纯。

3.10 酸性氧化铝:100～200 目。

3.11 硅胶 C_{18} 键合材料:100～200 目。

3.12 吸附型离子交换树脂:100～200 目。

3.13 提取剂1:酸性氧化铝、硅胶 C_{18} 键合材料和吸附型离子交换树脂按 30：40：30 比例混合。

3.14 三氯乙酸:优级纯。

3.15 提取剂2:三氯乙酸-甲醇溶液,称取 55.4 g 三氯乙酸溶于 500 mL 水中,加入500 mL 甲醇混合。

3.16 邻氯苯甲醛:色谱纯。

3.17 衍生化试剂:吸取 100 μL 邻氯苯甲醛,溶解于 5 mL 冰乙酸和 20 mL 甲醇混合液中。

3.18 氢氧化钠

3.19 10 mol/L 氢氧化钠:称取固体氢氧化钠 40 g,加水溶解冷却后,定容到 100 mL。

3.20 1 mol/L 氢氧化钠:称取固体氢氧化钠 4 g,加水溶解冷却后,定容到 100 mL。

3.21 净化柱:C_{18}-CN 混合柱,200 mg,3 mL;或性能相当者。

3.22 0.05%庚烷磺酸钠溶液:称取 0.500 g 庚烷磺酸钠,加 1 000 mL 水溶解。

3.23 标准品:氨基脲(SEM)、3-氨基-2-唑烷基酮(AOZ)、5-甲基吗啉-3-氨基-2-唑烷基酮(AMOZ)、1-氨基-2-内酰脲(AHD),纯度≥99%。

3.24 标准储备溶液:准确称量 AMOZ、AHD、AOZ、SEM 各 10 mg,用甲醇分别定溶于100 mL 容量瓶中,配制成 100 μg/mL 的标准储备液。一18℃冰箱中保存,有效期 6 个月。

3.25 混合标准工作溶液:使用前取 3.24 标准储备溶液,用甲醇稀释成所需浓度。

4 仪器

4.1 高效液相色谱仪:配紫外检测器。

4.2 天平:感量 0.01 g。

4.3　分析天平:感量 0.000 01 g。

4.4　离心机:6 000 r/min。

4.5　旋转蒸发仪

4.6　超声波清洗机或恒温水浴摇床

4.7　氮吹仪

4.8　漩涡混合器

4.9　固相萃取仪

4.10　匀浆机

5　色谱条件

5.1　色谱柱:SB-CN 柱,250 mm×4.6 mm(i. d.),粒度 5 μm;或性能相当者。

5.2　流动相:乙腈＋异丙醇＋乙酸乙酯＋冰乙酸＋0.05％庚烷磺酸钠溶液(5＋10＋5＋0.1＋80)。

5.3　流速:1.0 mL/min。

5.4　柱温:30℃。

5.5　检测波长:280 nm。

5.6　进样量:50 μL。

6　测定步骤

6.1　样品处理

6.1.1　试样预处理

样品清洗后,取可食部分绞碎混合均匀后备用;试样量为 400 g,分为两份,其中一份用于检验,另一份作为留样。

6.1.2　提取

准确称取已捣碎的样品(10±0.05) g,置于 50 mL 离心管中,加入 7 g 提取剂 1(3.13)及 10 mL 提取剂 2(3.15),漩涡混合后于 40℃摇床振摇或超声 30 min,于 6 000 r/min 离心 10 min,取出上清液于另一 50 mL 离心管中;再加入 10 mL 提取剂 2(3.15),重复提取一遍,合并提取液。

6.1.3　衍生化

于 6.1.2 提取液中,加入衍生化试剂(3.17)0.5 mL 混匀后,于 40℃摇床振摇或超声 60 min,取出冷至温室。

6.1.4　萃取

将冷却后的上清液用 10 mol/L 和 1 mol/L 的氢氧化钠调 pH 到 7.0±0.1,加入 15 mL 乙酸乙酯萃取,4 000 r/min 离心 10 min 后,取出乙酸乙酯层于梨形瓶中,再加入 10 mL 乙酸乙酯,重复上述操作两次,合并乙酸乙酯层,于 35℃水浴中减压旋转蒸发至干,加入 5％的甲醇溶液(3.4)5 mL 溶解残渣。

6.1.5　净化

将净化柱(3.21)依次用 5 mL 甲醇、5 mL 水活化后,加入最终溶解液(即萃取液)以 1～2 mL/min 速度过柱,待样液全部过完后加 5 mL 水淋洗,抽干,弃去流出液,用 2 mL 甲醇以 1～2 mL/min 速度洗脱,接收全部洗脱液,40℃氮气吹干。残留物用 1.0 mL 乙腈(3.2)及 2 mL 异辛烷溶解,振荡混匀,6 000 r/min 离心 10 min,取下层乙腈水层过 0.22 μm 有机相微孔滤膜,供高效液相仪器测定。

6.2 工作曲线

移取适量 AMOZ、AHD、AOZ、SEM 混合标准溶液,添加到 10 mL 提取剂 2(3.15)中,使其浓度分别为 0.5 ng/mL、1.0 ng/mL、5.0 ng/mL、10.0 ng/mL 和 50.0 ng/mL,按 6.1.3~6.1.5 测定步骤处理,用高效液相色谱仪测定,绘制标准工作曲线。或采用与待测物相近浓度的标样进行单点测定。

6.3 色谱测定

标准工作溶液和样液中 AMOZ、AHD、AOZ、SEM 响应值均应在线性范围之内。在上述条件下标准溶液的色谱图参照图 3-7。

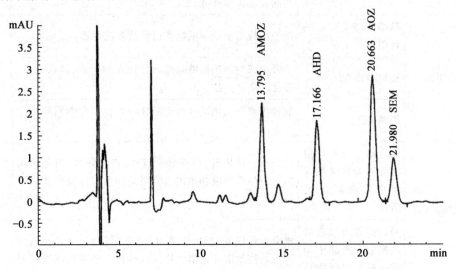

图 3-7 100 ng/mL 硝基呋喃类代谢物混合标准溶液色谱图

7 计算

样品中 AMOZ、AHD、AOZ、SEM 的含量按式(3-7)计算。计算结果需扣除空白值,结果保留三位有效数字。

$$c=\frac{A\times c_{s}\times V}{A_{s}\times m} \tag{3-7}$$

式中:c——样品中被测物含量,单位为微克每千克($\mu g/kg$);

c_{s}——上机测定时的标准溶液中被测物的含量,单位为纳克每毫升(ng/mL);

A——被测样品的峰面积;

A_{s}——标准的峰面积;

V——样品最终定容体积,单位为毫升(mL);

m——样品质量,单位为克(g)。

8 方法灵敏度、准确度和精密度

8.1 灵敏度

本方法 AMOZ、AHD、AOZ、SEM 的检出限为 0.5 $\mu g/kg$,最低定量限均为 1.0 $\mu g/kg$。

8.2 准确度

本方法在 0.5～50 ng/mL 范围内,AMOZ、AHD、AOZ、SEM 的回收率均为 70%～110%。

8.3 精密度

本方法批内和批间相对标准偏差≤15%。

【任务考核标准】

序号	考核项目	考核内容	考核标准	参考分值
1	基本素质	学习与工作态度	态度端正,学习认真,积极主动,学习方法多样,服从安排,出满勤。	5
		团队协作	顾全大局,积极与小组成员合作,共同制定工作计划,共同完成工作任务。	5
2	基础知识	硝基呋喃类药物的性质	能说出或写出硝基呋喃类药物的理化性质。	5
		提取净化方法	能说出或写出硝基呋喃类药物提取的特点、提取条件、净化的主要方法。	5
		检测方法	能说出或写出硝基呋喃类药物残留物及代谢物检测主要方法。	5
3	制定检测方案	制定高效液相色谱法检测动物组织样品中呋喃唑酮的方案	能根据工作任务,积极思考,广泛查阅资料,制定出切实可行的高效液相色谱法检测动物组织样品中呋喃唑酮的方案。	5
		制定高效液相色谱法检测水产品中硝基呋喃类代谢物残留量的方案	根据工作任务,积极思考,广泛查阅资料,制定出切实可行的高效液相色谱法检测水产品中硝基呋喃类代谢物残留量的方案。	5
4	样品处理	试剂的选择与配制	能根据检测内容,合理选择试剂并准确配制试剂。	5
		样品称量	能根据检测需要,精确称取样品。	5
		样品预处理	能根据检测需要,对样品进行绞碎、均质等。	5
		样品提取、净化	能从样品中正确提取目标物质并进行净化。	10
5	仪器分析	分析条件选择	能正确选择检测器、色谱分析条件(色谱柱、检测波长、流动相、柱温等)。	5
		数据读取	能准确读取色谱图数据,如保留时间、峰面积等。	5
		标准曲线绘制	能正确进行单点或多点校准,按外标法进行定性。	5
		结果计算	能使用软件或计算公式对测定结果进行计算。	5
6	检测报告	编写检测报告	能按要求编写检测报告并上报。	10
7	职业素质	方法能力	能通过各种途径快速获取所需信息,问题提出明确,表达清晰,有独立分析问题和解决问题的能力。	5
		工作能力	学习工作次序井然、操作规范、结果准确。主动完成自测训练,有完整的读书笔记和工作记录,字迹工整。	5
		合　　计			100

【自测训练】

一、知识训练

（一）填空题

1.检测硝基呋喃类代谢物,样品处理需要经过_____和_____。用得最多的衍生化试剂为_____。

2.检测水产品中硝基呋喃类代谢物残留量用_____提取试样中残留的硝基呋喃类代谢物。

3.用固相萃取法净化硝基呋喃类药物提取液应用最广泛的非极性吸附剂为_____、_____。

4.硝基呋喃类药物的液相色谱分离一般采用_____柱,以_____柱最常用。硝基呋喃类在_____ nm处有最大吸收,可直接_____检测。因本类药物中含有_____及_____,具有强的电还原活性,可采用_____检测器。

（二）选择题

1.液相色谱法测定硝基呋喃类药物残留使用的检测器为（　　　）。

A.紫外检测器　　　　B.荧光检测器　　　　C.二极阵列管　　　　D.电化学检测器

2.为提高检测硝基呋喃代谢物的灵敏度,样品处理需要经过水解和衍生化。水解通常选用（　　　）。

A.稀盐酸　　　　B.氢氧化钠溶液　　　　C.稀硫酸　　　　D.稀硝酸

3.硝基呋喃类药物的液相色谱分离一般采用（　　　）。

A.极性反相柱　　　　B.非极性反相柱　　　　C.极性正相柱　　　　D.非极性正相柱

（三）简答题

1.简述高效液相色谱法测定动物组织中呋喃唑酮残留量的基本原理。

2.如何正确配置 AMOZ、AHD、AOZ、SEM 混合标准溶液?

3.硝基呋喃类药物残留检测方法有哪些?

4.简述高效液相色谱法测定水产品中硝基呋喃类代谢物残留量的基本原理。

二、技能训练

高效液相色谱法测定水产品中硝基呋喃类代谢物残留量。

 任务 3-7　同化激素类药物残留检测

【任务内容】

1.同化激素类药物的性质。

2.同化激素类药物提取、净化方法及特点。

3.同化激素类药物残留量检测常用方法及适用范围。

4.高效液相色谱法测定己烯雌酚残留物的原理、方法步骤。

5.完成自测训练。

【学习条件】

1.场所:校内农产品质量检测实训中心(多媒体教室、样品前处理室、仪器分析室)、农产品质量安全检测校外实训基地(检验室)。

2.仪器设备:多媒体设备、高效液相色谱仪(配电化学检测器)、均质器、旋转蒸发仪、氮吹仪、固相萃取装置等。

3.试剂和材料:己烯雌酚标准品、叔丁基甲基醚、甲醇、C_{18}柱等。

4.其他:教材、相关PPT、视频、影像资料、相关图书、网上资源等。

【相关知识】

激素是生物体内产生的一类调节机体代谢生理功能的微量物质,又称化学信息物。同化激素(anabolic hormones)是残留毒理学意义最重要的药物之一。同化激素有强的蛋白质同化作用,主要通过增强同化代谢、抑制异化或氧化代谢,提高蛋白质沉积,降低脂肪比率,从而提高饲料转化率,达到大幅度提高动物养殖经济效益的目的。畜牧业中使用同化激素(非治疗用途)已有50年的历史,与体育运动中使用违禁药物或兴奋剂的时间同样悠久,它们可以看作药物滥用问题的两个侧面。就残留的危害和引起的争议而言,同化激素与抗生素并列为最重要的兽药残留。

一、同化激素类药物的类型和性质

同化激素可以分为:甾类同化激素(anabolic steroids,ASs),非甾类雌性激素以及β_2-受体激动剂。

甾类同化激素包括性激素和肾上腺皮质激素,其中残留意义较重要的种类有雄激素(androgens,如睾酮)、雌激素(estrogens,如雌二醇)、孕激素(progestins,如孕酮)和糖皮质激素(glucocorticoids)。

ASs的理化性质:ASs是白色或乳白色结晶粉末。熔点较高(可达200～300℃),属脂溶性化合物,弱极性或中等极性,难溶于水,溶于极性有机溶剂和植物油,在氯仿、乙醚、二氯甲烷和乙酸乙酯等有机溶剂中有较高的溶解度,在200～400 nm有较强的MV(紫外)吸收。

非甾类雌性激素是指一类与甾类雌激素有着不同化学结构但却同样具有雌激素效应的物质,主要有1,2-二苯乙烯类(stilbenes,如己烯雌酚、己烷雌酚和双烯雌酚等)和雷索酸内酯类(resorcylic acid lactones,如玉米赤霉醇)化合物。作为家畜促生长剂,效果良好,但对生殖系统形成和血浆中的甲状腺素水平有影响,并有致癌性。目前我国和欧盟等许多国家都已禁止使用。

非甾类雌性激素的极性和溶解性与ASs相似,不溶于水,易溶于氯仿、乙醚等中等极性溶剂,溶于稀碱溶液,在240～300 nm有较强的MV(紫外)吸收,个别化合物具有荧光性质。

β_2-受体激动剂(phenethylamines,PEAs)简称"β-兴奋剂",为苯乙醇胺类化合物。目前研究较多的β-兴奋剂化合物主要有克伦特罗(Clenbuterol)、沙丁胺醇(Salbutamol)、马布特罗(Mabuterol)、特布他林(Terbutaline)、西马特罗(Cimaterol)、莱克多巴胺(Ractopamine)等,

国内报道的中毒事件均由克伦特罗引起,克伦特罗俗称"瘦肉精"。

二、同化激素类药物的提取与净化

液体样品(如尿、血浆、胆汁、牛奶)在提取前,可用水或磷酸盐缓冲液稀释;半固体样品(如肌肉、肝、肾)在提取前需要均质;脂肪含量较高的样品可在 40~60℃加热,使脂肪融化成液体。

生物样品中游离的类固醇激素可用有机溶剂直接进行提取,常用的有机溶剂有丙酮、乙醚、乙腈、碱性乙腈、四氢呋喃、叔丁基甲醚和氯仿-甲醇等。

激素结合物的水溶性较大,不易被有机溶剂提取,可先将样品水解后再提取游离激素。常用的水解方法有酶水解和碱水解两种。

酶水解通常使用葡糖苷酸酶和芳基硫酸酯酶,前者可专一地水解葡糖苷酸结合物,后者可水解硫酸酯结合物。由于尿样和组织中通常同时存在上述两种结合物,常使用葡萄糖苷酸和芳基硫酸酯混合酶,控制 pH4.5~7.0,于 37℃过夜。碱水解通常使用氢氧化钠溶液,由于合成类固醇常以酯制剂注入动物,水解后可使酯类释放出游离的类固醇。

常用的净化方法包括液-液分配和固相萃取,免疫亲和色谱、柱切换技术也被应用于激素的生物样品制备。

液-液分配:在 β-兴奋剂残留分析中,液-液分配是一种常用的初步净化方法。样品经初步提取后,一般先调节样品的 pH,使其高于 β-兴奋剂的 pK_a,即 pH>9,然后用极性疏水溶剂进行萃取净化,使用混合溶剂萃取能获得更高的选择性。常用萃取溶剂有乙酸乙酯-异丙醇、异辛烷-二氯甲烷、乙醚-二丁醇、正己烷-正丁基甲酯等。

固相萃取:固相萃取法是同化激素类药物残留分析中应用最广泛的技术。在分析过程中采用不同的固相萃取柱来实现净化目的。在 β-兴奋剂残留分析中常采用 C_{18}柱、强阳离子固相萃取柱(SCX-SPE)、弱阳离子固相萃取柱(WCX-SPE)、中性氧化铝柱等。其中 C_{18}羧酸键合的弱阳离子固相萃取柱兼有 C_{18}固相萃取柱和弱阳离子交换柱的特性,已经成为欧盟残留监控方法的重要净化手段。在分析甾类同化激素和非甾类雌性激素残留时通常采用不同类型的固相萃取柱联合使用,先使用反相的固相萃取柱 C_{18}、C_8、HLB 等进行样品的浓缩,再利用正相的固相萃取柱如硅胶柱、氧化铝柱、氰基柱和氨基柱等进行净化。

三、同化激素类药物残留检测方法

同化激素残留分析的定性定量方法主要是免疫分析法和色谱分析法。免疫分析法主要是酶联免疫吸附法(ELESA),色谱分析法主要有高效液相色谱法(HPLC)、气质联用法(GC-MS)和液质联用法(LC-MS;LC-MS/MS)。长期以来,GC-MS 和 ELISA 一直是同化激素残留分析的主要方法,近年来 HPLC 特别是 LC-MS/MS 在同化激素残留分析中的应用进展很快。

同化激素及其代谢产物的结构中含有多个羟基或酮基等极性基团,为高极性、难挥发、热稳定性差的化合物,GC 法难以直接分析,因此需要衍生化使其形成易挥发、热稳定性好的衍生物,以提高其色谱性能。常用的衍生方法包括硅烷化、酰化和肟化。

在同化激素的硅烷化中,可用 Hydrox-Sil AQ 作为衍生化试剂(含 21％的三甲基硅基咪唑的吡啶溶液,所用溶剂为二甲基甲酰胺),可以得到较为稳定的衍生化产物。

酰化采用七氟乙酰酐、乙酰酐、甲基硼酸等都可对样品中的克伦特罗进行衍生,从而提高克伦特罗在测定过程中的稳定性。比如同化激素酰化中普遍采用全氟代酸酐作衍生剂,生成的全氟代衍生物含有强电负性基团,在 GC-ECD 检测中可获得很高的灵敏度。

肟化常见的是肟-硅醚化及甲基肟-三甲基硅醚衍生化,通常选用的试剂为苯基肟或丁基肟,五氟苯甲氧基肟-三甲基硅烷化是一种理想的方法,虽然所用的试剂种类较多,操作较繁琐,但是这种方法可对睾酮的异构体进行分离,获得高灵敏度。

HPLC 法比 GC 更常用于激素的分析。分析极性较大的雌激素结合物常采用阴离子交换色谱法或反相离子对色谱法,采用紫外检测、荧光检测或电化学检测。可食动物组织中雌激素的浓度较低,采用电化学检测可获得较高的灵敏度。RP-HPLC 和 NP-HPLC 均被用于雄激素的分析,体液中目标物含量较高时,可采用紫外检测,否则,衍生化后再用紫外检测,或采用荧光检测。

LC-MS/MS 法对于测定高极性、热稳定性差的 ASs 代谢产物优点较多,可直接检测轭合物或结合物,能方便地获取待测物的结构信息,具有很强的检测和确证能力,特别适用于生物样品中痕量 ASs 的检测、确证及代谢产物的结构分析。

【检测技术】

案例一　鸡组织中己烯雌酚残留量测定——高效液相色谱法

1　适用范围

本方法适用于鸡组织中(鸡肌肉和鸡肝脏)中己烯雌酚残留量的测定。

2　基本原理

鸡组织中的己烯雌酚经叔丁基甲醚提取,C$_{18}$柱净化,甲醇和水的混合液洗脱。以甲醇-磷酸盐缓冲液(pH3.5)为流动相,用高效液相色谱-电化学检测器测定,外标法定量。电化学检测器对可氧化还原的化合物具有很高的灵敏度,利用这一特点,可测出痕量的己烯雌酚。

3　试剂

所有试剂除特别注明外均为分析纯,试验用水为去离子水。

3.1　叔丁基甲基醚:色谱纯。

3.2　甲醇:色谱纯。

3.3　氢氧化钠溶液:1 mol/L 水溶液。

3.4　乙酸

3.5　乙酸溶液:体积分数为 20％水溶液。

3.6　磷酸盐缓冲液:0.05 mol/L 磷酸二氢钾水溶液,pH 3.5。

3.7　己烯雌酚标准品:纯度≥99％。

3.8　己烯雌酚标准储备液:准确称取一定量的己烯雌酚标准品于棕色容量瓶中,用甲醇溶解后定容至刻度,得 100 μg/mL 的标准储备液。储存于 4℃ 冰箱中,使用前恢复至室温。

3.9　己烯雌酚标准工作液:用前将储备液用甲醇稀释为 50～2 000 ng/mL 的浓度系列。

4 仪器和设备

4.1 高效液相色谱仪,配电化学检测器。

4.2 均质器

4.3 固相萃取装置

4.4 固相萃取小柱:C_{18}柱,容积为 6 mL。

4.5 旋转蒸发仪

4.6 心形瓶:100 mL。

4.7 分液漏斗:100 mL。

4.8 酸度计

4.9 真空泵

4.10 氮吹仪

5 样品处理

样品采集后于 10 000 r/min 下匀浆(或者将样品尽量粉碎),于—20℃以下冷冻保存,分析用时将其解冻后使用。

6 分析步骤

6.1 提取

称取试样 10 g(精确至 0.01 g)于 50 mL 带盖离心管中,加入 15 mL 叔丁基甲基醚,用均质器以 10 000 r/min 的速度均质 15 s 后以 3 000 r/min 的速度离心 10 min,收集上清液,再用 15 mL 叔丁基甲基醚提取一次,合并有机相至 100 mL 分液漏斗中,加入 1 moL/L 的氢氧化钠溶液 10 mL,剧烈振摇 1 min,静置分层 30 min,收集水相并用体积分数为 20% 的乙酸调 pH 至 4.5,备用。

6.2 净化

依次分别用 5 mL 甲醇、5 mL 水和 5 mL 的甲醇:水=45:55(V/V)预洗 C_{18} 小柱,然后将 6.1 中备用液过柱,弃去流出液;再用 4 mL 的甲醇:水=80:20(V/V)洗脱,洗脱液用旋转蒸发仪浓缩至约 1 mL 后用甲醇转移至 2.0 mL 的小瓶中,用氮气吹干,最后用 300 μL 流动相溶解供高效液相色谱-电化学检测器测定用。

6.3 测定

6.3.1 高效液相色谱条件

色谱柱:C_{18},3.9 mm×150 mm。

流动相:甲醇-0.05 mol/L 磷酸盐缓冲液(pH 3.5=60:40(V/V)。

流速:1.0 mL/min。

电化学检测器的灵敏度:1 nA,工作电势:900 mV。

进样量:40 μL。

6.3.2 高效液相色谱测定

根据样液中己烯雌酚残留量情况,选定峰面积相近的标准工作溶液。标准工作溶液和样液中己烯雌酚响应值均应在仪器检测线性范围内。标准工作溶液和样液等体积参插进行测定。

6.3.3 空白试验

除不加试样外,采用 6.1~6.3.2 的测定步骤进行平行操作。

6.4 结果计算和表述

用色谱数据处理系统或按式(3-8)计算试样中己烯雌酚残留量:

$$X = \frac{A \times c \times V \times 1\,000}{A_s \times m \times 1\,000} \tag{3-8}$$

式中:X—试样中己烯雌酚残留量,单位为微克每千克(μg/kg);

A—样液中己烯雌酚峰面积;

A_s—标准工作液中己烯雌酚峰面积;

c—标准工作液中己烯雌酚的质量浓度,单位为微克每升(μg/L);

V—样液最终定容体积,单位为毫升(mL);

m—最终样液所相当的试样质量,单位为克(g)。

7 检出限、回收率

7.1 检出限

本方法在鸡组织(鸡肉和鸡肝)中的检测限为 1 μg/kg。

7.2 回收率

本方法在 1~100 μg/kg 添加浓度的回收率为 60%~110%。

【任务考核标准】

序号	考核项目	考核内容	考核标准	参考分值
1	基本素质	学习与工作态度	态度端正,学习认真,积极主动,学习方法多样,服从安排,出满勤。	5
		团队协作	顾全大局,积极与小组成员合作,共同制定工作计划,共同完成工作任务。	5
2	基础知识	同化激素类药物的性质	能说出或写出同化激素类药物的理化性质。	5
		提取净化方法	能说出或写出同化激素类药物提取的特点、提取条件、净化的主要方法。	5
		检测方法	能说出或写出同化激素类药物残留检测主要方法。	5
3	制定检测方案	制定高效液相色谱法检测样品中己烯雌酚残留量的方案	根据工作任务,积极思考,广泛查阅资料,制定出切实可行的高效液相色谱法检测样品中己烯雌酚残留量的方案。	10
4	制备样品	试剂的选择与配制	能根据检测内容,合理选择试剂并准确配制试剂。	5
		样品称量	能根据检测需要,精确称取样品。	5
		样品预处理	能根据检测需要,对样品进行绞碎、均质等。	5
		样品提取、净化	能从样品中正确提取目标物质并进行净化。	5

续表

序号	考核项目	考核内容	考核标准	参考分值
5	检测	分析条件选择	能正确选择检测器、色谱分析条件(色谱柱、检测波长、流动相、柱温等)。	5
		数据读取	能准确读取吸光度、色谱图数据(如保留时间、峰面积)等。	5
		标准曲线绘制	能正确进行单点或多点校准,按外标法进行定性。	5
		结果计算	能使用软件或计算公式对测定结果进行计算。	10
6	检测报告	编写检测报告	能按要求编写检测报告并上报。	10
7	职业素质	方法能力	能通过各种途径快速获取所需信息,问题提出明确,表达清晰,有独立分析问题和解决问题的能力。	5
		工作能力	学习工作次序井然、操作规范、结果准确。主动完成自测训练,有完整的读书笔记和工作记录,字迹工整。	5
		合　计		100

【自测训练】

一、知识训练

(一)填空题

1.同化激素有强的蛋白质同化作用,主要通过增强同化代谢、抑制异化或氧化代谢,提高_____沉积,降低_____比率,从而提高饲料转化率,达到大幅度提高动物养殖经济效益的目的。

2.同化激素可分为_____、_____和_____。

3.高效液相色谱法测定鸡组织中己烯雌酚含量时,用_____做检测器。

4.克伦特罗俗称"_____"。

(二)简答题

1.简述高效液相色谱法测定鸡组织中己烯雌酚残留量的基本原理。

2.β-兴奋剂残留检测的方法有哪些?

二、技能训练

用高效液相色谱法测定鸡组织中己烯雌酚残留量。

项目4

真菌毒素检测

◆ 知识目标

1. 熟悉污染农产品的几种主要真菌毒素及其危害。

2. 熟悉污染农产品的几种主要真菌毒素的理化特性。

3. 熟知提取农产品样品中真菌毒素的方法、常用试剂及净化方法。

4. 理解高效液相色谱法、酶联免疫吸附法、荧光光度法等几种方法检测农产品中真菌毒素的基本原理。

5. 熟悉高效液相色谱法、荧光光度法检测农产品中几种主要真菌毒素的程序。

6. 掌握高效液相色谱法、荧光光度法检测农产品中几种主要真菌毒素的方法。

◆ 能力目标

1. 能够根据检测目的和任务查阅相关资料,制定检测方案。

2. 能够正确提取农产品样品中的真菌毒素并进行净化。

3. 能够用高效液相色谱仪、荧光光度计测定样液中真菌毒素的含量。

4. 会正确绘制标准曲线、计算线性回归方程并能准确查出测定结果。

5. 会用计算机软件或计算公式计算结果。

6. 会对结果进行判定,完成检测报告。

◆◆◆ 任务 4-1 黄曲霉毒素检测 ◆◆◆

【任务内容】

1. 黄曲霉毒素的主要类型与性质。

2. 黄曲霉毒素提取、净化方法。

3. 黄曲霉毒素检测方法。

4. 高效液相色谱法检测样品中黄曲霉毒素 B_1、B_2、G_1、G_2 的原理、方法步骤。

5.免疫亲和柱净化荧光光度法检测乳及乳粉中黄曲霉素 M_1 的原理、方法步骤。

6.完成自测训练。

【学习条件】

1.场所：校内农产品质量检测实训中心（多媒体教室、样品前处理室、仪器分析室）、农产品质量安全检测校外实训基地（检验室）。

2.仪器设备：多媒体设备、荧光光度计、液相色谱仪（带荧光检测器）、小型粉碎机、电动振荡器、漩涡混合器、离心机、恒温水浴锅、烘干箱、玻璃纤维滤纸、玻璃注射器、电子天平、空气压力泵等。

3.试剂和材料：黄曲霉毒素 B_1、B_2、G_1、G_2 标准品、黄曲霉毒素 M_1 免疫亲和柱、多功能柱、乙腈、三氟乙酸、正己烷、甲醇、二水硫酸喹啉、溴、硫酸等。

4.其他：教材、相关 PPT、视频、影像资料、相关图书、相关标准、网上资源等。

【相关知识】

1960 年英国发生了 10 多万只火鸡突然中毒死亡事件,研究发现,火鸡饲料中的花生粉中含有的一种荧光物质是导致火鸡死亡的原因,这种荧光物质被证实为黄曲霉的代谢产物,故命名为黄曲霉毒素（AFT）。随后引发推动了科技界对黄曲霉毒素广泛、系统的研究。从 20 世纪 70 年代中期到现在,科学家们利用分子生物学、生物工程、分子毒理学、免疫化学、仪器分析等现代化手段对黄曲霉毒素的产生、毒理毒性、作用机理、超微量分析、在各种食品中的存在状况等进行了深入的研究。

一、黄曲霉毒素的类型与性质

黄曲霉毒素（Aflatoxins,AFT）是由黄曲霉、寄生曲霉、集峰曲霉和伪溜曲霉产生,其中主要由黄曲霉和寄生曲霉产生的一类化学结构和理化性质相似的二呋喃香豆素的衍生化合物。目前已分离鉴定出 12 种黄曲霉毒素,包括 B_1、B_2、G_1、G_2、M_1、M_2、P_1、Q、H_1、GM、B2a 和毒醇。4 种主要的黄曲霉毒素 B_1、B_2、G_1、G_2 和两种代谢产物 M_1 和 M_2 可以直接污染食品和饲料,其中 B_1、B_2、G_1 及 G_2 易污染花生、玉米、棉籽、麦类、大米等农产品及饲料。黄曲霉毒 B_1 是毒性和危害最大的一种。B_2 和 G_2 分别是 B_1 和 G_1 的双羟基衍生物。黄曲霉毒素 M_1 是动物摄入黄曲霉毒 B_1 后在体内经过羟基化而衍生成的代谢产物,一部分从尿液和乳汁排出,一部分存在于动物的可食部分,如乳、肝、蛋、肾、血和肌肉中,以乳中最为常见。其毒性仅次于黄曲霉毒素 B_1（ATB_1）,致癌性也相似。

黄曲霉毒素是一种杂环分子,具有二呋喃环和氧杂萘邻酮（香豆素）的基本结构。其中二呋喃环是产生毒性的重要结构,而香豆素可能与致癌作用有关。在紫外线 365 nm 波长下,黄曲霉毒素 B_1、B_2 发蓝紫色荧光,黄曲霉毒素 G_1、G_2 发黄绿色荧光。黄曲霉毒素的相对分子量为 312～346,难溶于水,易溶于油、甲醇、丙酮和氯仿等有机溶剂,但不溶于石油醚、己烷和乙醚。一般在中性溶液中比较稳定,在强酸性溶液中稍有分解,在 pH 9～10 的强碱溶液中分解迅速。其纯品为无色结晶,耐高温,黄曲霉毒素 B_1 的分解温度为 268℃,分子结合力稳定,紫外线对低浓度黄曲霉毒素有一定的破坏性。

黄曲霉毒素是自然界中已经发现的理化性质最稳定、毒性最强的一类真菌毒素,其毒性相当于氰化钾的 10 倍,砒霜的 68 倍。四种主要的黄曲霉毒素毒性按大小顺序排列依次为 $B_1 >$ $G_1 > B_2 > G_2$。黄曲霉毒素的危害性在于对人及动物肝脏组织有破坏作用,严重时,可导致肝癌甚至死亡。它诱发肝癌的能力比二甲基亚硝胺大 75 倍,是目前公认的致癌性最强的物质之一。1993 年世界卫生组织(WHO)的癌症研究机构(IARC)将黄曲霉毒素划定为 I 类致癌物。

鉴于黄曲霉毒素的毒性,世界各国先后制订了黄曲霉毒素的限量标准。1995 年,世界卫生组织(WHO)制定的食品中黄曲霉毒素最高允许浓度为 15 μg/kg,牛奶和奶制品中的黄曲霉毒素 M_1 含量不能超过 0.5 μg/kg,黄曲霉毒素只针对 B_1,而没有总量限制的要求。美国联邦政府有关法律规定人类消费食品和奶牛饲料中的黄曲霉毒素含量(指 $B_1 + B_2 + G_1 + G_2$ 的总量)不能超过 20 μg/kg,牛奶中的含量不能超过 0.5 μg/kg,其他动物饲料中的含量不能超过 300 μg/kg。欧盟国家规定人类消费品中的黄曲霉毒素 B_1 的含量不能超过 2 μg/kg,总量不能超过 4 μg/kg,牛奶和奶制品中的黄曲霉毒素 M_1 含量不能超过 0.05 μg/kg。我国 GB 2761—2011《食品安全国家标准　食品中真菌毒素限量》规定,乳及乳制品(乳粉按生乳折算)中黄曲霉毒素 M_1 含量不能超过 0.5 μg/kg,对食品中黄曲霉毒素 B_1 的限量也提出了明确指标。

二、黄曲霉毒素的提取与净化

提取食品中黄曲霉毒素的方法有高速均质、高速振荡或超声波提取。常用的提取试剂为有机溶剂与水的混合液,如甲醇-水、乙腈-水、三氯甲烷-水、丙酮-水等。在这些混合溶液中,水的比例不尽相同,有的低至不足 10%,有的高至 50%,但最常用的比例一般是 20% 左右,要根据样品特性进行调整。实验证明,将提取剂与样品充分混匀并高速均质 1～2 min 与振荡 30～60 min 均具有较高的提取效率,当样品个数不多时,常常选择高速均质,均质速度快,效果好。由于振荡器能同时容纳多个样品进行提取,因此,在大量样品处理时,选择振荡提取效果好。多个样品能同时进行均质,有可比性。提取结束后,快速过滤或离心,备用。

黄曲霉毒素分析中常用的净化方法有液-液分配、固相萃取(SPE)、免疫亲和柱净化等。根据所分析的样品以及不同的检测方法,选择相应的净化方法,有时两种甚至更多种方法结合使用才能达到更好的分析效果。

用于黄曲霉毒素提取液净化的固相萃取柱通常有硅胶柱、键合相 C_{18} 柱、Florisil 硅土柱、硅酸镁柱和碱性氧化铝柱等。以上各种净化柱都是在样品提取液通过柱子时将黄曲霉毒素保留住,而干扰物质随洗涤液流出,之后再用洗脱液将黄曲霉毒素洗脱下来。20 世纪 90 年代初,美国 Romer 公司推出了一种多功能净化柱(MFC)专用于生物毒素分析。它含有极性、非极性及离子交换等几类基团,可选择性吸附样液中的脂类、蛋白质、糖类等各类杂质,待测组分黄曲霉毒素却不被吸附而直接通过,从而一步完成净化过程,且净化效果理想。

免疫亲和柱净化是新型的净化方法,广泛用于真菌毒素的检测,它是将特异性抗体结合到活化的固相载体上填充而成。当样品提取液通过柱子时,特定抗原与抗体结合,其他杂质则通过水或其他水溶液而洗掉,再通过有机溶剂甲醇或乙腈使抗原与抗体解离而将抗原即毒素洗脱下来。这种净化方法简单、快速、特异性高,它将提取、净化、浓缩一次完成,大大简化了前处理过程,提高了工作效率,提高了方法的准确度、精密度和灵敏度。几乎是当前应用最广最有发展前景的净化方法。

三、黄曲霉毒素检测方法

黄曲霉毒素检测方法分为快速筛选方法和确证方法。快速筛选方法有荧光光度计法、酶联免疫吸附法和微柱层析法。确证方法有高效液相色谱法(HPLC)、薄层色谱法(TLC)和液相色谱-串联质谱法(LC-MS)。

在黄曲霉毒素检测中,高效液相色谱法应用最为广泛,为定量分析的首选方法。包括正相液相色谱法(NP-HPLC)和反相液相色谱法(RP-HPLC),可以使用紫外检测器或荧光检测器,由于荧光检测器的灵敏度高于紫外检测器(高 $30\sim40$ 倍),所以目前多使用荧光检测器。然而,荧光检测器对 4 种 AFT 分子具有选择性,即对 AFB_2、AFG_2 的灵敏度高,而对 AFB_1、AFG_1 的灵敏度很低。因此,通常用两种方法来提高 AFB_1 和 AFG_1 的荧光性,一是通过改变流动相或改进检测器来降低物质荧光性的损失,二是对荧光性弱的物质进行柱前或柱后衍生以增强其荧光性。

正相高效液相色谱法(NP-HPLC)一般使用硅胶柱,流动相含有三氯甲烷或二氯甲烷,在这种条件下,AFB_1 和 AFB_2 的荧光显著猝灭,为了解决这个问题,有时同时使用紫外检测器(检测 AFB_1 和 AFB_2)和荧光检测器(检测 AFG_1 和 AFG_2)。尽管使用 NP-HPLC 方法 4 种主要黄曲霉毒素(B_1、B_2、G_1、G_2)能很容易分开,由于反相高效液相色谱(RP-HPLC)系统更容易操作以及所用水性流动相的低毒性使其比 NP-HPLC 更常用。

黄曲霉毒素的 RP-HPLC 方法通常用甲醇-水、乙腈-水或者甲醇-乙腈-水做流动相,但在这些水溶液中,黄曲霉毒素 B_1 和 G_1 的荧光释放相当弱,要通过一定的方法使其转变为其他的物质进行检测。因此,在进行荧光检测前需对黄曲霉毒素进行柱前或柱后衍生以增强其荧光性以提高检测灵敏度。常用的衍生化试剂有溴、碘以及环式糊精。

薄层色谱法(TLC)是黄曲霉毒素检测中的经典方法。由于操作烦琐,熟练的技巧不好掌握,很难得到满意的的重现性和灵敏度,需要的有机溶剂较多,对人和环境污染系数较大。因此,随着高效液相色谱法和酶联免疫吸附分析法及荧光技术的迅猛发展,有逐渐被取代的趋势。

目前已开发出黄曲霉毒素 ELISA 快速检测试剂盒,检测限为 $0.01\ \mu g/kg$。ELISA 法尤其适合于对黄曲霉毒素 B_1 污染监测控制中大量样品的筛查,也是我国黄曲霉毒素 B_1 的标准检测方法。

微柱筛选法可用于大量样品的筛选,亦可进行半定量测定各种食品中黄曲霉毒素 B_1、B_2、G_1、G_2 的总量。该法是将样品提取液通过由氧化铝与硅镁吸附剂组成的微柱层析管,杂质被氧化铝吸附,AFT 被硅镁吸附剂吸附,在 365 nm 波长紫外光灯下呈蓝紫色荧光,其荧光强度在一定范围内与 AFT 的含量成正比,再与系列定量标准液的微柱管比较进行半定量。由于微柱不能分离 B_1、B_2、G_1、G_2,故检测结果为 AFT 的总量。微柱筛选法主要是用来检验 AFT 的存在与否以及快速筛选出超标样品。特别适用于大批量样品的快速筛选测定,能迅速可靠地筛去大量阴性样品,以便只对极少数超标样品进行测定。

荧光光度计是一种利用黄曲霉毒素被紫外光照射后能发出特征性荧光这一原理而研制的超微量分析仪器。采用免疫亲和柱净化或者特制固相萃取柱净化结合荧光光度计检测黄曲霉毒素,很好地解决了样品净化问题,取得良好的试验效果。同时,荧光光度计采用校准试剂盒作为校准,避免了实验人员对黄曲霉毒素标准品的接触,十分有利于操作人员的健康与安全。

【检测技术】

案例一 大米中黄曲霉毒素 B_1、B_2、G_1、G_2 的测定——高效液相色谱法

1 适用范围

本方法适用于大米、玉米、花生、杏仁、核桃等食品中黄曲霉毒素 B_1、B_2、G_1、G_2 的测定。方法检出限:B_1、G_1 为 0.50 $\mu g/L$,B_2、G_2 为 0.125 $\mu g/L$,相当于样品中的浓度:B_1、G_1 为 0.20 $\mu g/kg$,B_2、G_2 为 0.05 $\mu g/kg$。黄曲霉毒素线性范围:B_1、G_1 为 0.50~100.0 $\mu g/L$,B_2、G_2 为 0.125~25.0 $\mu g/L$。

2 检测原理

试样经乙腈-水提取,提取液经过滤、稀释后,经装有反相离子交换吸附剂的多功能净化柱去除脂肪、蛋白质、色素及碳水化合物等干扰物质。净化液中的黄曲霉毒素以三氟乙酸衍生,用带有荧光检测器的色谱系统分析,外标法定量。

3 试剂和材料

除另有规定外,所用试剂均为分析纯,水为重蒸馏水。

3.1 黄曲霉毒素 B_1、B_2、G_1、G_2 标准品:纯度>99%。

3.2 乙腈:色谱纯、分析纯。

3.3 三氟乙酸:分析纯。

3.4 正己烷:分析纯。

3.5 水:电导率(25℃)≤0.01 mS/m。

3.6 乙腈-水(84+16)提取液:量取乙腈(分析纯)840 mL,加水 160 mL,混匀。

3.7 水-乙腈(85+15)溶液:量取乙腈(色谱纯)150 mL,加三蒸水 850 mL,混匀。

3.8 黄曲霉毒素 B_1、B_2、G_1、G_2 标准储备液:分别准确称取黄曲霉毒素 B_1、B_2、G_1、G_2 0.200 0 g、0.050 0 g、0.200 0 g、0.050 0 g(精确至 0.001 g),置 10 mL 容量瓶中,加乙腈(分析纯)溶解,并稀释至刻度。此溶液密封后避光-30℃保存,两年有效。

3.9 黄曲霉毒素 B_1、B_2、G_1、G_2 标准工作液:准确移取标准储备液 1.00~10 mL 容量瓶中,加乙腈(分析纯)稀释至刻度。此溶液密封后避光 4℃保存,3 个月有效。

3.10 标准系列溶液:准确移取标准工作液适量,至 10 mL 容量瓶中,加乙腈(分析纯)稀释至刻度(含黄曲霉毒素 B_1、G_1 的浓度为 0.00 $\mu g/L$、0.500 0 $\mu g/L$、1.000 $\mu g/L$、2.000 $\mu g/L$、5.000 $\mu g/L$、10.00 $\mu g/L$、25.00 $\mu g/L$、50.00 $\mu g/L$、100.0 $\mu g/L$;黄曲霉毒素 B_2、G_2 的浓度为 0.00 $\mu g/L$、0.125 0 $\mu g/L$、0.250 0 $\mu g/L$、0.500 0 $\mu g/L$、1.250 $\mu g/L$、2.500 $\mu g/L$、6.250 $\mu g/L$、12.50 $\mu g/L$、25.00 $\mu g/L$ 的系列标准溶液),注意避光。

4 仪器和设备

4.1 高效液相色谱仪、附荧光检测器

4.2 色谱柱:反相 C_{18} 柱,要求四种毒素的峰能够达到基线分离。

4.3 含有反相离子交换吸附剂的多功能净化柱:Mycosep™ 226 MFC 柱或 Mycosep™

228 MFC 柱。

　　4.4　电动振荡器

　　4.5　漩涡混合器

　　4.6　烘干箱

　　4.7　离心机

　　4.8　真空吹干机,或氮气及水浴锅。

　　4.9　天平:感量为万分之一。

　5　分析步骤

　5.1　试样提取

　　称取 20 g(精确至 0.1 g)经充分粉碎过的试样至 250 mL 三角瓶中,加入 80 mL 乙腈-水 (84＋16)提取液,在电动振荡器上振荡 30 min 后,定性滤纸过滤,收集滤液。

　5.2　试样净化

　　移取约 8 mL 提取液至多功能净化柱的玻璃管内,将多功能净化柱的填料管插入玻璃管中并缓慢推动填料管,净化液就被收集到多功能净化柱的收集池中。

　5.3　试样衍生化

　　从多功能净化柱的收集池内转移 2 mL 净化液到棕色具塞小瓶中,在真空吹干机下 60℃ ±1℃吹干(或在 60℃ 水浴下氮气吹干,注意不要使液体鼓泡、飞溅)。加入 200 µL 正己烷和 100 µL 三氟乙酸,密闭混匀 30 s 后,在(40±1)℃烘干箱中衍生 15 min。室温真空吹干机吹干 (或室温水浴下氮气吹干),以 200 µL 水-乙腈(85＋15)溶解,混匀 30 s,1 000 r/min 离心 15 min,取上清液至液相色谱仪的样品瓶中,供测定用。

　5.4　标准系列溶液的制备

　　吸取标准系列溶液各 200 µL,在真空吹干机下 60℃ 吹干(或在 60℃ 水浴下氮气吹干,注意不要使液体鼓泡、飞溅),衍生方法同 5.3。

　5.5　测定

　5.5.1　色谱条件

　　色谱柱:12.5 cm×2.1 mm(内径),5 µm,C_{18}。

　　柱温:30℃。

　　流动相:乙腈(色谱纯),水,梯度洗脱的变化参考表 4-1。调整洗脱梯度,使 4 种黄曲霉毒素的保留时间在 4～25 min。

表 4-1　流动相的梯度变化

时间/min	乙腈/%	水/%
0.00	15.0	85.0
6.00	17.0	83.0
8.00	25.0	75.0
14.00	15.0	85.0

　　流速:0.5 mL/min。

进样量:25 μL。

荧光检测器:激发波长 360 nm,发射波长 440 nm。

5.5.2 测定

黄曲霉毒素按照 G_1、B_1、G_2、B_2 的顺序出峰,以标准系列的峰面积对浓度分别绘制每种黄曲霉毒素的标准曲线。试样通过与标准色谱图保留时间的比较确定每一种黄曲霉毒素的峰,根据每种黄曲霉毒素的标准曲线及试样中的峰面积计算试样中各种黄曲霉毒素含量。

6 结果计算

按式(4-1)计算样品中每种黄曲霉毒素的浓度。

$$c = \frac{A \times V}{m \times f} \tag{4-1}$$

式中:c—试样中每种黄曲霉毒素的浓度,单位为微克每千克($\mu g/kg$);

A—试样按外标法在标准曲线中对应的浓度,单位为微克每升($\mu g/L$);

V—试样提取过程中提取液的体积,单位为毫升(mL);

m—试样的取样量,单位为克(g);

f—试样溶液衍生后较衍生前的浓缩倍数。

计算结果保留三位有效数字。

7 精密度

在重复性条件下获得的两次独立测定结果的相对偏差不得超过算术平均值的 15%。

8 黄曲霉毒素的色谱图

当黄曲霉毒素 B_1、B_2、G_1、G_2 含量分别为 25.0 $\mu g/L$、6.25 $\mu g/L$、25.0 $\mu g/L$、6.25 $\mu g/L$ 时,产生的色谱图见图 4-1,出峰顺序为 G_1、B_1、G_2、B_2。

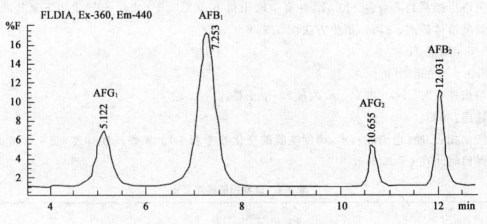

图 4-1 黄曲霉毒素色谱图

案例二 乳或乳粉中黄曲霉毒素 M_1 的测定——免疫层析净化荧光光度法

1 适用范围

本方法适用于乳及乳粉中黄曲霉毒素 M_1 的测定。

2　检测原理

试样经过离心、脱脂、过滤,滤液经含有黄曲霉毒素 M_1 特异性单克隆抗体的免疫亲和柱层析净化,黄曲霉毒素 M_1 交联在层析介质中的抗体上。此抗体对黄曲霉毒素 M_1 具有专一性,当样品通过亲和柱时,抗体选择性的与所有存在的黄曲霉毒素 M_1(抗原)键合。用甲醇-水(1+9)将免疫亲和柱上杂质除去,以甲醇-水(8+2)通过免疫亲和柱洗脱,将溴溶液衍生后的洗脱液置于荧光光度计中测定黄曲霉毒素 M_1 含量。

3　试剂和材料

除非另有规定,本方法所用试剂均为分析纯,水为 GB/T 6682 规定的一级水。

3.1　甲醇(CH_3OH):色谱纯。

3.2　氯化钠(NaCl)

3.3　甲醇-水(1+9):取 10 mL 甲醇加入 90 mL 水。

3.4　甲醇-水(8+2):取 80 mL 甲醇加入 20 mL 水。

3.5　溴溶液储备液(0.01%):称取适量溴,溶于水后,配成 0.01% 的储备液,避光保存。

3.6　溴溶液工作液(0.002%):取 10 mL 0.01% 的溴溶液储备液加入 40 mL 水混匀,于棕色瓶中保存备用。现用现配。

3.7　二水硫酸奎宁[$(C_{20}H_{24}N_2O_2)_2 \cdot H_2SO_4 \cdot 2H_2O$]

3.8　硫酸溶液(0.05 mol/L):取 2.8 mL 浓硫酸,缓慢加入适量水中,冷却后定容至 1 000 mL。

3.9　荧光光度计校准溶液:称取 0.340 g 二水硫酸奎宁,用 0.05 mol/L 硫酸溶液溶解并定容至 100 mL,此溶液荧光光度计读数相当于 2.0 μg/L 黄曲霉毒素 M_1 标准溶液。0.05 mol/L 硫酸溶液荧光光度计读数相当于 0.0 μg/L 黄曲霉毒素 M_1。

4　仪器和设备

4.1　荧光光度计

4.2　离心机:转速≥7 000 r/min。

4.3　玻璃纤维滤纸:直径 11 cm,孔径 1.5 μm。

4.4　黄曲霉毒素 M_1 免疫亲和柱

4.5　空气压力泵

4.6　玻璃试管:直径 12 mm,长 75 mm,无荧光特性。

4.7　玻璃注射器:10 mL。

5　分析步骤

5.1　试样提取

乳:取 50.0 mL 试样,加入 1.0 g 氯化钠,7 000 r/min 下离心 10 min,小心移取用于分析的乳底脱脂层,不要碰触顶部脂肪层,将脱脂的乳以玻璃纤维滤纸过滤,滤液备用。

乳粉:称取 5 g 试样(精确至 0.01 g),用 30～60℃ 水将其慢慢溶解,定容至 50 mL,加入 1.0 g 氯化钠,7 000 r/min 下离心 10 min,小心移取用于分析的乳底脱脂层,不要碰触顶部脂肪层,将脱脂的乳以玻璃纤维滤纸过滤,滤液备用。

5.2　净化

将免疫亲和柱连接于 10 mL 玻璃注射器下。准确移取 10.0 mL 上述滤液注入玻璃注射器中,将空气压力泵与注射器连接,调节压力使溶液以约 6 mL/min 流速缓慢通过免疫亲和柱,直至 2～3 mL 空气通过柱体。以 10 mL 甲醇-水(1＋9)清洗柱子两次,弃去全部流出液,并使 2～3 mL 空气通过柱体。准确加入 1.0 mL(V_1)甲醇-水(8＋2)洗脱液洗脱,流速为 1～2 mL/min,收集全部甲醇-水洗脱液于玻璃试管中,备用。

5.3 测定

5.3.1 荧光光度计校准

在激发波长 360 nm,发射波长 450 nm 条件下,以 0.05 mol/L 的硫酸溶液为空白,调节荧光光度计的读数值为 0.0 μg/L;以荧光光度计校准溶液调节荧光光度计的读数值 2.0 μg/L。

5.3.2 样液测定

取上述洗脱液加入 1.0 mL (V) 0.002%溴溶液,1 min 后立即于荧光光度计测定样液中黄曲霉毒素 M_1 含量 c_1。

5.3.3 空白试验

用水代替试样,按 5.1～5.3 步骤做空白试验。

6 分析结果的表述

乳检测结果按式(4-2)计算:

$$X_1 = \frac{(c_1 - c_0) \times V_1 \times 10}{V} \tag{4-2}$$

式中:X_1—试样中黄曲霉毒素 M_1 含量,单位为微克每升(μg/L);

c_1—荧光光度计中读取的样液中黄曲霉毒素 M_1 的浓度,单位为微克每升(μg/L);

c_1—荧光光度计中读取的空白试验中黄曲霉毒素 M_1 的浓度,单位为微克每升(μg/L);

V_1—最终净化甲醇-水(8＋2)洗脱液体积,单位为毫升(mL);

V—通过亲和柱试样体积,单位为毫升(mL);

10—仪器的读数系数。

以重复性条件下获得的两次独立测定结果的算术平均值表示,结果保留到小数点后一位。

乳粉检测结果按式(4-3)计算:

$$X_2 = \frac{(c_2 - c_0) \times V_1 \times 10}{mV} \tag{4-3}$$

式中:X_2—试样中黄曲霉毒素 M_1 含量,单位为微克每千克(μg/kg);

c_2—荧光光度计中读取的样液中黄曲霉毒素 M_1 的浓度,单位为微克每升(μg/L);

c_0—荧光光度计中读取的空白试验中黄曲霉毒素 M_1 的浓度,单位为微克每升(μg/L);

V_1—最终净化甲醇-水(8＋2)洗脱液体积,单位为毫升(mL);

V—通过亲和柱试样体积,单位为毫升(mL);

m—50 mL 试样中所含乳粉的质量,单位为克每毫升(g/mL);

10—仪器的读数系数。

以重复性条件下获得的两次独立测定结果的算术平均值表示,结果保留到小数点后一位。

【任务考核标准】

序号	考核项目	考核内容	考核标准	参考分值
1	基本素质	学习与工作态度	态度端正,学习认真,积极主动,学习方法多样,服从安排,出满勤。	5
		团队协作	顾全大局,积极与小组成员合作,共同制定工作计划,共同完成工作任务。	5
2	基础知识	黄曲霉毒素主要类型与性质	能说出或写出黄曲霉毒素主要类型及理化性质。	5
		黄曲霉毒素提取、净化方法	能说出或写出黄曲霉毒素提取方法,提取试剂,主要净化方法。	5
		黄曲霉毒素检测方法	能说出或写出检测黄曲霉毒素主要方法。	5
3	制定检测方案	制定高效液相色谱法测定黄曲霉毒素总量的方案	能根据工作任务,积极思考,广泛查阅资料,制定出切实可行的高效液相色谱法检测黄曲霉毒素总量的方案。	5
		制定荧光光度法测定黄曲霉毒素 M_1 的方案	能根据工作任务,积极思考,广泛查阅资料,制定出切实可行的荧光光度法检测黄曲霉毒素 M_1 的方案。	5
4	样品处理	试剂的选择与配制	能根据检测内容,正确选择并准确配制试剂。	4
		样品预处理	能根据检测需要,对样品进行粉碎、过筛、混匀等。	3
		样品称量	能根据检测需要,精确称量样品。	3
		样品提取、净化	能根据样品特性从样品中正确提取黄曲霉毒素并进行净化。	10
5	仪器分析	分析仪器选择	能根据检测方法,合理选择分析仪器,并能正确使用分析仪器。	3
		分析条件选择	能正确选择色谱柱、检测器、检测波长、正确设计色谱条件等。	3
		数据及图谱读取	能准确读取检测数据,如保留时间、峰面积、曲线方程等。	4
		标准曲线绘制	能正确绘制标准曲线,并能准确查出测定结果。	5
		结果计算与评定	能使用软件或计算公式对测定结果进行计算并评定。	10
6	检测报告	编写检测报告	数据记录完整,能按要求编写检测报告并上报。	10
7	职业素质	方法能力	能通过各种途径快速查阅获取所需信息,问题提出明确,表达清晰,有独立分析问题和解决问题的能力。	5
		工作能力	学习工作次序井然、操作规范、结果准确。主动完成自测训练,有完整的读书笔记和工作记录,字迹工整。	5
			合　　计	100

【自测训练】

一、知识训练

(一)填空题

1.黄曲霉毒素是一种杂环分子,具有＿＿＿＿和＿＿＿＿的基本结构。其中＿＿＿＿是产生毒性的重要结构,而＿＿＿＿可能与致癌作用有关。

2.目前已分离鉴定出12种黄曲霉毒,其中4种主要的黄曲霉毒素是＿＿＿＿和两种代谢产物是＿＿＿＿。毒性和危害最大的一种黄曲霉毒是＿＿＿＿。

3.黄曲霉毒素在紫外线365 nm波长下会发出荧光,其中发蓝紫色荧光的是＿＿＿＿,发黄绿色荧光的是＿＿＿＿。

4.黄曲霉毒素的相对分子量为＿＿＿＿,一般在中性溶液中＿＿＿＿,在强酸性溶液中＿＿＿＿,在强碱溶液中＿＿＿＿。

5.黄曲霉毒素难溶于＿＿＿＿,易溶于＿＿＿＿等有机溶剂,但不溶＿＿＿＿。

6.黄曲霉毒素耐高温,黄曲霉毒素 B_1 的分解温度为＿＿＿＿℃,分子结合力稳定。

7.四种主要的黄曲霉毒素(B_1、B_2、G_1、G_2)毒性按大小顺序排列依次为＿＿＿＿。

8.黄曲霉毒素检测方法有多种,筛选方法主要有＿＿＿＿、＿＿＿＿,确证方法有＿＿＿＿、＿＿＿＿等。

9.黄曲霉毒素常用的提取溶剂是水和另一种有机溶剂的混合物,如＿＿＿＿,＿＿＿＿、＿＿＿＿、＿＿＿＿等。

10.黄曲霉毒素分析中的净化方法有＿＿＿＿、＿＿＿＿、＿＿＿＿等。根据样品特性及检测方法,选择相应的净化方法。

11.用于黄曲霉毒素净化的固相萃取柱通常有＿＿＿＿柱、＿＿＿＿柱、＿＿＿＿柱、＿＿＿＿柱和＿＿＿＿柱等。

(二)简答题

1.简述高效液相色谱法测定农产品中黄曲霉毒素的基本原理。

2.多功能柱与黄曲霉毒素免疫亲和柱的净化原理有何不同?

3.请用简洁方式表示多功能柱净化-高效液相色法测定大米中黄曲霉毒素含量的检测流程。

二、技能训练

1.玉米中黄曲霉毒素 B_1、B_2、G_1、G_2 的测定—高效液相色谱法。

2.牛奶中黄曲霉毒素 M_1 的测定—荧光光度法。

◆◆◆ 任务 4-2　赭曲霉毒素 A、脱氧雪腐镰刀菌烯醇、玉米赤霉烯酮的检测 ◆◆◆

【任务内容】

1.赭曲霉毒素 A、脱氧雪腐镰刀菌烯醇、玉米赤霉烯酮的理化性质。

2.提取、净化赭曲霉毒素 A、脱氧雪腐镰刀菌烯醇、玉米赤霉烯酮的方法、技术特点。

3. 赭曲霉毒素 A、脱氧雪腐镰刀菌烯醇、玉米赤霉烯酮检测的方法、适用条件。

4. 免疫亲和层析净化高效液相色谱法测定食品中赭曲霉毒素 A、脱氧雪腐镰刀菌烯醇、玉米赤霉烯酮的原理、操作方法、结果计算与判定。

5. 完成自测训练。

【学习条件】

1. 场所：校内农产品质量检测实训中心（多媒体教室、样品前处理室、仪器分析室）、农产品质量安全检测校外实训基地（检验室）。

2. 仪器设备：多媒体设备、高效液相色谱仪（带荧光检测器）、均质机、高速万能粉碎机、空气压力泵、超声波发生器、试验筛、玻璃注射器、氮吹仪、天平等。

3. 试剂和材料：赭曲霉毒素 A 标准品、脱氧雪腐镰刀菌烯醇标准品、玉米赤霉烯酮标准品、赭曲霉毒素 A 免疫亲和柱、脱氧雪腐镰刀菌烯醇免疫亲和柱、玉米赤霉烯酮免疫亲和柱、玻璃纤维滤纸、甲醇、乙腈、聚乙二醇、冰乙等。

4. 其他：教材、相关 PPT、视频、影像资料、相关图书、相关标准、网上资源等。

【相关知识】

一、赭曲霉毒素 A、脱氧雪腐镰刀菌烯醇、玉米赤霉烯酮的性质

(一)赭曲霉毒素 A 的性质

赭曲霉毒素(Ochraceors)是曲霉属和青霉属等产毒菌株产生的一种毒素，包括 A、B、C 等 7 种结构相似的化合物，其中以赭曲霉毒素 A 的毒性最大，在自然界分布最广，对人类和动植物影响最大。

赭曲霉毒素 A(OTA)是稳定的无色结晶化合物，分子式为 $C_{20}H_{18}ClNO_6$，相对分子质量为 403，熔点为 169℃。溶于极性溶剂和稀碳酸氢钠溶液，微溶于水。将赭曲霉毒素 A 的乙醇溶液储于冰箱一年以上也无损失，但应避光保存，如接触到紫外线，几天就会分解。赭曲霉毒素 A 在紫外光下呈绿色荧光，在苯-冰醋酸(99：1,V/V)混合溶剂中的最大吸收峰波长是 333 nm。

赭曲霉毒素 A 广泛存在于各种食品、饲料及其他农副产品中。可损害动物的肾脏与肝脏，破坏免疫系统，可能导致神经中毒，还有致畸和致癌作用，被国际癌症研究机构(IARC)定为 2B 类致癌物。

(二)脱氧雪腐镰刀菌烯醇的性质

脱氧雪腐镰刀菌烯醇(Deoxynivalenol,DON)，又称为呕吐毒素(Vomintoxin)，主要由禾谷镰刀菌和黄色镰刀菌产生。分子式为 $C_{15}H_{20}O_6$，相对分子质量为 296.3，熔点为 151~153℃。

脱氧雪腐镰刀菌烯醇为无色针状结晶，可溶于水和极性溶剂，如含水甲醇、含水乙醇或乙酸乙酯等。具有较强的热抵抗力和耐酸性，在 120℃时稳定，在酸性条件下不被破坏，在乙酸乙酯中可长期保存。

脱氧雪腐镰刀菌烯醇主要污染大麦、小麦、玉米等，具有很强的细胞毒性，人畜摄入被 DON 污染的食物后，会导致厌食、呕吐、腹泻、发烧、站立不稳、反应迟钝、内脏出血等急性中毒

症状,严重时损害造血系统造成死亡。

(三)玉米赤霉烯酮的性质

玉米赤霉烯酮(Zearalenone,ZEN)又称 F-2 毒素,是由镰刀菌属真菌产生的一种雌激素样真菌毒素。分子式为 $C_{18}H_{22}O_5$,相对分子质量为 318,熔点 164~165℃。

玉米赤霉烯酮是白色晶体,不溶于水和四氯化碳,溶于碱性溶液、乙醚、苯、氯仿、二氯甲烷、乙酸乙酯、甲醇及乙醇等,微溶于石油醚(沸点 30~60℃)。其甲醇溶液在紫外光下呈明亮的绿蓝色荧光。紫外线光谱最大吸收为 236 nm、274 nm 和 316 nm;红外线光谱最大吸收为 970 nm。ZEN 在储存、研磨、烹饪过程中均能稳定存在,110℃处理 1 h 才能被完全破坏,耐热较强。玉米赤霉烯酮具有雌激素活性,也是唯一由霉菌产生的植物雌激素。

玉米赤霉烯酮主要污染玉米、麦类、谷物等,具有较强的生殖毒性和致畸作用,可引起动物发生雌激素亢进症,导致动物不孕或流产,对家畜特别是猪、牛和羊的影响较大,给畜牧业带来经济损失。这种真菌毒素对人类健康的影响来自于植物源和动物源被污染的食物。

由于上述三种真菌毒素的毒性作用,我国 GB 2761—2011《食品安全国家标准　食品中真菌毒素限量》对谷物及其制品、豆类及其制品中赭曲霉毒素 A、脱氧雪腐镰刀菌烯醇、玉米赤霉烯酮规定了限量指标。

二、赭曲霉毒素 A、脱氧雪腐镰刀菌烯醇、玉米赤霉烯酮的提取与净化

提取试样中赭曲霉毒素 A、脱氧雪腐镰刀菌烯醇、玉米赤霉烯酮常用的方法有振荡提取、高速均质提取和超声波提取。常用的提取试剂:赭曲霉毒素 A 为三氯甲烷-磷酸、乙腈-水、甲醇-水、石油醚-甲醇-水、碳酸氢钠等;脱氧雪腐镰刀菌烯醇为聚乙二醇(高效液相色谱法)、三氯甲烷-无水乙醇(薄层色谱法)和乙腈饱和正己烷溶液(液相色谱-质谱法);玉米赤霉烯酮为乙腈-水、乙酸乙酯和三氯甲烷等。

上述三种真菌毒素提取液净化常用方法有固相萃取(C_{18}柱)、柱层析(免疫亲和柱、多功能净化柱等)、液-液分配等。赭曲霉毒素 A 用 C_{18}柱净化时,用乙酸乙酯-甲醇-乙酸洗脱。

三、赭曲霉毒素 A、脱氧雪腐镰刀菌烯醇、玉米赤霉烯酮检测方法

食品中赭曲霉毒素 A、脱氧雪腐镰刀菌烯醇、玉米赤霉烯酮的检测方法有薄层色谱法(TLC)、高效液相色谱法(HPLC)、酶联免疫吸附法(ELISA)、荧光比色法和液相色谱-质谱法等。

薄层色谱法是检测赭曲霉毒素 A 的最经典的筛选定性方法,GB/T 5009.96—2003《谷物和大豆中赭曲霉毒素 A 的测定》的标准方法即为薄层色谱法。HPLC 法具有更高的灵敏度,可精确地对样品中的赭曲霉毒素 A 进行定性、定量分析。

GB/T 23503—2009《食品中脱氧雪腐镰刀菌烯醇的测定》的标准方法为免疫亲和层析净化高效液相色谱法;GB/T 5009.209—2008《谷物中玉米赤霉烯酮的测定》的标准方法也为免疫亲和柱净化高效液相色谱法。

酶联免疫分析法应用于快速筛选分析,并有商业化的试剂盒。

【检测技术】

案例一　小麦中赭曲霉毒素 A 的检测——高效液相色谱法

1　适应范围

本方法适用于粮食和粮食制品、酒类、酱油、醋、酱及酱制品中赭曲霉毒素 A 含量的测定。方法检出限:粮食和粮食制品的检出限为 1.0 $\mu g/kg$,酒类的检出限为 0.1 $\mu g/kg$,酱油、醋、酱及酱制品的检出限为 0.5 $\mu g/kg$。

2　检测原理

试样经过甲醇＋水溶液或碳酸氢钠溶液提取,提取液经过滤、稀释后,滤液经过含有赭曲霉毒素 A 特异抗体的免疫亲和柱层析净化,以甲醇洗脱,洗脱液供带有荧光检测器的高效液相色谱仪测定,外标法定量。

3　试剂和材料

除另有说明外,所有的试剂均为分析纯,水为符合 GB/T 6682 规定的一级水。

3.1　甲醇:色谱纯。

3.2　乙腈:色谱纯。

3.3　冰乙酸:色谱纯。

3.4　提取液 1:甲醇＋水(80＋20)。

3.5　提取液 2:称取 150 g 氯化钠、20 g 碳酸氢钠溶于约 90 mL 水中,加水定容至 1 L。

3.6　真菌毒素清洗缓冲液:称取 25.0 g 氯化钠、5.0 g 碳酸氢钠溶于水中,加入 0.1 mL 吐温-20,用水稀释至 1 L。

3.7　赭曲霉毒素 A 标准品:纯度≥98％。

3.8　赭曲霉毒素 A 标准储备液:准确称取一定量的赭曲霉毒素 A 标准品,用甲醇＋乙腈(1＋1)溶解,配成 0.1 mg/mL 的标准储备液,在－20℃保存,可使用 3 个月。

3.9　赭曲霉毒素 A 标准工作液:根据使用需要,准确吸取一定量的赭曲霉毒素 A 的储备液,用流动相稀释,分别配成相当于 1 ng/mL、5 ng/mL、10 ng/mL、20 ng/mL、50 ng/mL 的标准工作液,4℃保存,可使用 7 d。

3.10　赭曲霉毒素 A 免疫亲和柱。

3.11　玻璃纤维滤纸:直径 11 cm,孔径 1.5 μm,无荧光特性。

4　仪器

4.1　天平:感量 0.000 1 g。

4.2　高效液相色谱仪:配有荧光检测器。

4.3　均质机:10 000 r/min。

4.4　高速万能粉碎机:转速 10 000 r/min。

4.5　玻璃注射器:10 mL。

4.6　试验筛:1 mm孔径。

4.7　空气压力泵

4.8　超声波发生器:功率大于 180 W。

5 分析步骤

5.1 试样的制备与提取

将小麦样品用高速万能粉碎机磨细并通过 1 mm 孔径的实验筛,不要研磨成粉末。称取 20 g(精确到 0.01 g)磨碎的试样于 100 mL 容量瓶中,加入 5 g 氯化钠,用甲醇+水(80+20)提取液定容至刻度,混匀,转移至均质杯中,高速搅拌提取 2 min。定量滤纸过滤,移取 10.0 mL 滤液于 50 mL 容量瓶中,加水定容至刻度,混匀,用玻璃纤维滤纸过滤至滤液澄清,收集滤液于干净的容器中。

5.2 净化

将免疫亲和柱连接于 10.0 mL 玻璃注射器下,准确移取 4.1 中滤液 10.0 mL,注入玻璃注射器中。将空气压力泵与玻璃注射器相连接,调节压力,使溶液以约 1 滴/s 的流速通过免疫亲和柱,直至空气进入亲和柱中,依次用 10 mL 真菌毒素清洗缓冲液、10 mL 水淋洗免疫亲和柱,流速约 1~2 滴/s,弃去全部流出液,抽干小柱。

5.3 洗脱

准确加入 1.0 mL 甲醇洗脱,流速约为 1 滴/s,收集全部洗脱液于干净的玻璃试管中,用甲醇定容至 1 mL,供 HPLC 测定。

5.4 测定

5.4.1 高效液相色谱参考条件

色谱柱:C_{18}柱,5 μm,150 mm×4.6 mm 或相当者。

流动相:乙腈+水+冰乙酸(99+99+2)。

流速:0.9 mL/min。

进样量:10~100 μL。

检测波长:激发波长 333 nm,发射波长 477 nm。

5.4.2 定量测定

以赭曲霉毒素 A 标准工作溶液浓度为横坐标,以峰面积分值为纵坐标,绘制标准工作曲线,用标准工作曲线对试样进行定量,标准工作溶液和试样溶液中赭曲霉毒素 A 的响应值均应在仪器检测线性范围内。

5.5 空白试验

除不加试样外,空白试验应于测定平行进行,并采用相同的分析步骤。

5.6 平行试验

按以上步骤,对同一试样进行平行试验测定。

6 结果计算

试样中赭曲霉毒素 A 的含量按式(4-4)计算。

$$X = \frac{(c_1 - c_0) \times V \times 1\,000 \times f}{m \times 1\,000} \tag{4-4}$$

式中:X—试样中赭曲霉毒素 A 的含量,单位为微克每千克(μg/kg);

c_1—试样溶液中赭曲霉毒素 A 的浓度,单位为纳克每毫升(ng/mL);

c_0—空白试样溶液中赭曲霉毒素 A 的浓度,单位为纳克每毫升(ng/mL);

V—甲醇洗脱液体积,单位为毫升(mL);

m——试样的质量,单位为克(g);

f——稀释倍数。

检测结果以两次测定值的算术平均值表示。计算结果表示到小数点后 1 位。

7　回收率

添加浓度在 1.0~10.0 μg/kg 时,回收率在 70%~100%。

8　重复性

在重复性条件下,获得的赭曲霉毒素 A 的两次独立测试结果的绝对差值不大于其算术平均值的 10%。

案例二　玉米中脱氧雪腐镰刀菌烯醇的测定——高效液相色谱法

1　适用范围

本方法适用于粮食和粮食制品、酒类、酱油、醋、酱及酱制品中脱氧雪腐镰刀菌烯醇含量的测定。粮食和粮食制品的检出限为 0.5 mg/kg。

2　检测原理

用提取液提取试样中的脱氧雪腐镰刀菌烯醇,经免疫亲和柱净化后,用高效液相色谱紫外检测器测定,外标法定量。

3　试剂和材料

除另有说明外,所有的试剂均为分析纯,水为符合 GB/T 6682 规定的一级水。

3.1　甲醇:色谱纯。

3.2　乙腈:色谱纯。

3.3　聚乙二醇(相对分子质量 8 000)

3.4　PBS 清洗缓冲液:称取 8.0 g 氯化钠、1.2 g 磷酸氢二钠、0.2 g 磷酸二氢钾、0.2 g 氯化钾,用 990 mL 水将上述试剂溶解,然后用浓盐酸调节 pH 至 7.0,再用水稀释至 1 L。

3.5　脱氧雪腐镰刀菌烯醇标准品:纯度≥98%。

3.6　脱氧雪腐镰刀菌烯醇标准储备液:准确称取一定量的脱氧雪腐镰刀菌烯醇标准品,用甲醇溶解,配成 0.1 mg/mL 的标准储备液,在 -20℃ 保存,可使用 3 个月。

3.7　脱氧雪腐镰刀菌烯醇标准工作液:根据使用需要,准确吸取一定量的脱氧雪腐镰刀菌烯醇储备液,用流动相稀释,分别配成相当于 0.1 μg/mL、0.2 μg/mL、0.5 μg/mL、1.0 μg/mL、2.0 μg/mL、5.0 μg/mL 的标准工作液,4℃ 保存,可使用 7 d。

3.8　脱氧雪腐镰刀菌烯醇免疫亲和柱

3.9　玻璃纤维滤纸:直径 11 cm,孔径 1.5 μm。

4　仪器和设备

4.1　天平:感量 0.000 1 g。

4.2　高效液相色谱仪:配有荧光检测器或二极管阵列检测器。

4.3　均质机:转速大于 10 000 r/min。

4.4　高速万能粉碎机:转速 10 000 r/min。

4.5　玻璃注射器:10 mL。

4.6　试验筛:1 mm 孔径。

4.7　空气压力泵

5 分析步骤

5.1 试样预处理与提取

取玉米样品用高速万能粉碎机磨细并通过 1 mm 孔径的实验筛,不要研磨成粉末。称取 25 g(精确到 0.01 g)磨碎的试样于 100 mL 容量瓶中,加入 5 g 聚乙二醇,用水定容至刻度,混匀,转移至均质杯中,高速搅拌提取 2 min。定量滤纸过滤后以玻璃纤维滤纸过滤至滤液澄清,收集滤液于干净的容器中。

5.2 净化

将免疫亲和柱连接于 10.0 mL 玻璃注射器下,准确移取 2.0 mL 的提取滤液,注入玻璃注射器中。将空气压力泵与玻璃注射器相连接,调节压力,使溶液以约 1 滴/s 的流速通过免疫亲和柱,直至空气进入亲和柱中,用 5 mLPBS 清洗缓冲液和 5 mL 水淋洗免疫亲和柱,流速约为 1~2 滴/s,直至空气进入亲和柱中,弃去全部流出液,抽干小柱。

5.3 洗脱

准确加入 1.0 mL 甲醇洗脱,流速约为 1 滴/s,收集全部洗脱液于干净的玻璃试管中,HPLC 测定。

5.4 测定

5.4.1 高效液相色谱参考条件

色谱柱:C_{18}柱,5 μm,150 mm×4.6 mm 或相当者。

流动相:甲醇+水(20+80)。

流速:0.8 mL/min。

进样量:50 μL。

检测波长:218 nm。

柱温:35℃。

5.4.2 定量测定

以脱氧雪腐镰刀菌烯醇标准工作溶液浓度为横坐标,以峰面积分值为纵坐标,绘制标准工作曲线,用标准工作曲线对试样进行定量,标准工作溶液和试样溶液中脱氧雪腐镰刀菌烯醇的响应值均应在仪器检测线性范围内。

5.5 空白试验

除不加试样外,空白试验应于测定平行进行,并采用相同的分析步骤。

5.6 平行试验

按以上步骤,对同一试样进行平行试验测定。

6 结果计算

试样中脱氧雪腐镰刀菌烯醇的含量按式(4-5)计算。

$$X=\frac{(c_1-c_0)\times V\times 1\,000}{m\times 1\,000}\times f \tag{4-5}$$

式中:X—试样中脱氧雪腐镰刀菌烯醇的含量,单位为毫克每千克(mg/kg);

c_1—试样溶液中脱氧雪腐镰刀菌烯醇的浓度,单位为微克每毫升(μg/mL);

c_0—空白试样中溶液中脱氧雪腐镰刀菌烯醇的浓度,单位为微克每毫升(μg/mL);

V—甲醇洗脱液体积,单位为毫升(mL);

m—试样的质量,单位为克(g);

f—稀释倍数。

检测结果以两次测定值的算术平均值表示。计算结果表示到小数点后1位。

7　回收率

添加浓度在 0.5～2.0 mg/kg 时,回收率在 70%～100%。

8　重复性

在重复性条件下,获得的脱氧雪腐镰刀菌烯醇的两次独立测试结果的绝对差值不大于其算术平均值的 10%。

案例三　谷物中玉米赤霉烯酮的检测——高效液相色谱法

1　适用范围

本方法适用于谷物(玉米、小麦)中玉米赤霉烯酮的测定。本方法检出限为 5 μg/kg。

2　检测原理

试样中的玉米赤霉烯酮用乙腈-水提取后,提取液经免疫亲和柱净化、浓缩后,用配有荧光检测器的液相色谱仪进行测定,外标法定量。

3　试剂和材料

除另有说明外,所有的试剂均为分析纯,水为符合 GB/T 6682 规定的一级水。

3.1　甲醇:色谱纯。

3.2　乙腈:色谱纯。

3.3　乙腈-水(9+1):取 90 mL 乙腈加 10 mL 水。

3.4　氯化钠

3.5　玉米赤霉烯酮免疫亲和柱

3.6　玻璃纤维滤纸

3.7　玉米赤霉烯酮标准品:纯度≥98%。

3.8　玉米赤霉烯酮标准储备液:准确称取一定量的玉米赤霉烯酮标准品,用乙腈溶解,配成 0.1 mg/mL 的标准储备液,在 −20℃ 冰箱中避光保存。使用前用流动相稀释成适当浓度的标准工作液。

4　仪器和设备

4.1　天平:感量 0.000 1 g。

4.2　高效液相色谱仪:配荧光检测器。

4.3　均质机:转速大于 10 000 r/min。

4.4　高速万能粉碎机:转速 10 000 r/min。

4.5　玻璃注射器:20 mL。

4.6　氮吹仪

4.7　空气压力泵

5 分析步骤

5.1 试样预处理与提取

试样在粉碎机中粉碎并通过 2 mm 筛,备用。

称取 40 g 粉碎试样(精确到 0.01 g)置于 250 mL 具塞锥形瓶中,加入 4 g 氯化钠和 100 mL 乙腈-水(90+10),以均质机高速搅拌提取 2 min,通过折叠快速定性滤纸过滤,移取 10.0 mL 滤液并加入 40.0 mL 水稀释混匀,经玻璃纤维滤纸过滤 1~2 次,至滤液澄清后经免疫亲和柱净化。

5.2 净化

将免疫亲和柱连接于 20.0 mL 玻璃注射器下,准确移取 10.0 mL 提取滤液,注入玻璃注射器中。将空气压力泵与玻璃注射器相连接,调节压力,使溶液以 1~2 滴/s 的流速通过免疫亲和柱,直至有部分空气通过柱体,用 5 mL 水淋洗免疫亲和柱 1 次,弃去全部流出液,并使部分空气通过柱体。准确加入 1.5 mL 甲醇洗脱,流速 1 mL/min,收集洗脱液于玻璃试管中,于 55℃以下氮气吹干后,用 1.0 mL 流动相溶解残渣,供液相色谱测定。

5.3 测定

5.3.1 高效液相色谱参考条件

色谱柱:C_{18}柱,150 mm×4.6 mm,粒度 4 μm,或相当者。

流动相:甲醇+水+甲醇(46+46+8)。

流速:1.0 mL/min。

进样量:100 μL。

检测波长:激发波长 274 nm,发射波长 440 nm。

柱温:室温。

5.3.2 色谱测定

分别取样液和标准溶液各 100 μL 注入高效液相色谱仪进行测定,以保留时间定性,峰面积定量。在上述色谱条件下,玉米赤霉烯酮的保留时间约为 3.4 min。

5.4 空白试验

除不加试样外,空白试验应于测定平行进行,并采用相同的分析步骤。

6 结果计算

按外标法计算试样中玉米赤霉烯酮的含量,计算结果将空白值扣除。试样中玉米赤霉烯酮的含量按式(4-6)计算。

$$X = \frac{1\,000 \times (A - A_0) \times c \times V}{1\,000 \times A_s \times m} \tag{4-6}$$

式中:X—试样中玉米赤霉烯酮的含量,单位为微克每千克(μg/kg);

A—试样溶液中玉米赤霉烯酮的峰面积;

A_0—空白样液中玉米赤霉烯酮的峰面积;

c—标准工作溶液中玉米赤霉烯酮的浓度,单位为微克每千克(μg/kg);

V—样液最终定容体积,单位为毫升(mL);

m—最终样液所代表的试样量,单位为克(g);

A_s—标准工作溶液中玉米赤霉烯酮的峰面积。

7 精密度

在重复性条件下,获得的玉米赤霉烯酮的两次独立测定结果的绝对差值不得超过算术平均值的15%。

【任务考核标准】

序号	考核项目	考核内容	考核标准	参考分值
1	基本素质	学习与工作态度	态度端正,学习认真,积极主动,学习方法多样,服从安排,全部满勤。	5
		团队协作	顾全大局,积极与小组成员合作,共同制定工作计划,共同完成工作任务。	5
2	基本知识	赭曲霉毒素 A、脱氧雪腐镰刀菌烯醇、玉米赤霉烯酮的性质	能说出或写出赭曲霉毒素 A、脱氧雪腐镰刀菌烯醇、玉米赤霉烯酮的主要理化性质。	5
		提取、净化方法	能说出或写出赭曲霉毒素 A、脱氧雪腐镰刀菌烯醇、玉米赤霉烯酮提取、净化常用方法,提取试剂。	5
		检测方法	能说出或写出赭曲霉毒素 A、脱氧雪腐镰刀菌烯醇、玉米赤霉烯酮检测常用方法及特点。	5
3	制定检测方案	制定免疫亲和层析净化高效液相色谱法测定食品中赭曲霉毒素 A、脱氧雪腐镰刀菌烯醇、玉米赤霉烯酮的方案	能根据工作任务,积极思考,广泛查阅资料,制定免疫亲和层析净化高效液相色谱法测定食品中赭曲霉毒素 A、脱氧雪腐镰刀菌烯醇、玉米赤霉烯酮的方案。	10
4	样品制备	试剂的选择与配制	能根据检测内容,合理选择试剂并准确配制试剂。	5
		样品预处理	能根据检测需要,对样品进行粉碎、过筛、混匀等。	5
		样品称量	能根据检测需要,精确称取样品。	5
		样品提取、净化	能按照检测程序,正确的从样品中提取检测物并进行净化。	10
5	仪器分析	分析条件选择	能根据检测实际,正确设置色谱条件。	5
		色谱分析	能根据检测实际,正确进样,按色谱条件进行色谱分析。记录峰面积,确定保留时间等。	5
		绘制标准曲线	能根据标准溶液浓度与峰面积值绘制标准曲线。	5
		结果计算	能使用软件或计算公式对测定结果进行计算。	5
6	检测报告	编写检测报告	能按要求编写检测报告并上报。	10
7	职业素质	方法能力	能通过各种途径快速查阅获取所需信息,问题提出明确,表达清晰,有独立分析问题和解决问题的能力。	5
		工作能力	学习工作程序规范、次序井然、结果准确。主动完成自测训练,有完整的读书笔记和工作记录,字迹工整。	5
合　　计				100

【自测训练】

一、知识训练

(一)填空题

1. 赭曲霉毒素是_____和_____等产毒菌株产生的一种毒素,包括 A、B、C 等 7 种结构相似的化合物,其中以_____的毒性最大,在自然界分布最广,对人类和动植物影响最大。

2. 赭曲霉毒素 A 是稳定的_____,相对分子质量为 403,熔点为 169℃。溶于_____和_____溶液,微溶于水。

3. 赭曲霉毒素 A 的乙醇溶液储于冰箱一年以上也无损失,但应_____保存,如接触到紫外线,几天就会分解。赭曲霉毒素 A 在紫外光下呈_____,在苯-冰醋酸(99∶1,体积比)混合溶剂中的最大吸收峰波长是_____。

4. 脱氧雪腐镰刀菌烯醇主要由_____和_____产生,可溶于_____和_____,具有较强的热抵抗力和耐酸性,在 120℃时稳定,在酸性条件下不被破坏,在_____中可长期保存。

5. 玉米赤霉烯酮是由_____属真菌产生的一种_____真菌毒素,主要污染玉米、麦类、谷物等。

6. 玉米赤霉烯酮具有较强的_____和_____作用,可引起动物发生雌激素亢进症,导致动物不孕或流产。

7. 玉米赤霉烯酮是_____晶体,其甲醇溶液在紫外光下呈明亮的_____。紫外线光谱最大吸收为_____ nm、_____ nm 和_____ nm;红外线光谱最大吸收为_____ nm。

(二)简答题

1. 简述免疫亲和层析净化高效液相色谱法测定赭曲霉毒素 A、玉米赤霉烯酮、脱氧雪腐镰刀菌烯醇的基本原理。

2. 请用简式说明免疫亲和层析高效液相色谱法测定赭曲霉毒素 A、玉米赤霉烯酮、脱氧雪腐镰刀菌烯醇的检测流程。

二、技能训练(根据条件任选一种)

1. 免疫亲和层析净化高效液相色谱法测定食品中赭曲霉毒素 A 的含量。

2. 免疫亲和层析净化高效液相色谱法测定食品中玉米赤霉烯酮的含量。

3. 免疫亲和层析净化高效液相色谱法测定食品中脱氧雪腐镰刀菌烯醇的含量。

项目5

重金属检测

知识目标

1.熟悉各种重金属的特性。

2.熟知重金属检测样品处理的几种常用方法(湿式消解法、干灰化法、微波消解法)。

3.理解原子吸收光谱法、原子荧光光谱法、氢化物原子荧光光谱法、比色法测定重金属的基本原理。

4.熟悉重金属检测的一般程序。

5.掌握原子吸收光谱法、原子荧光光谱法、氢化物原子荧光光谱法、比色法测定重金属含量的方法。

能力目标

1.能够根据检测目的和任务查阅相关资料,制定检测方案。

2.会对样品进行正确处理、消解,制备可检测样液。

3.会使用原子吸收光谱仪(石墨炉、火焰)、原子荧光光度计、分光光度计等正确测定试样溶液。

4.会正确绘制标准曲线、计算线性回归方程并能准确查出测定结果。

5.会对测定结果进行正确计算,判定结果,并提供正确检测结论,完成检测报告。

◆◆◆ 任务 5-1 重金属检测基础知识 ◆◆◆

【任务内容】

1.重金属的概念。

2.重金属污染的概念、来源、特点及危害。

3.重金属检测样品前处理方法、特点。

4.重金属检测常用的方法(原子吸收光谱法、原子荧光光谱法、分光光度法、示波极谱法)。

5.完成自测训练。

【学习条件】

1.场所:校内农产品质量检测实训中心(样品前处理室、仪器分析室)、多媒体教室。

2.仪器设备:多媒体设备、瓷坩埚、马弗炉、微波消解仪、压力罐、小型粉碎机、电动振荡器、高速均质器、恒温干燥箱、可调式电热板或可调式电炉、电子天平(0.000 1 g)、电子天平(0.01 g)。

3.其他:教材、相关 PPT、视频、影像资料、相关图书、网上资源等。

【相关知识】

一、重金属的概念

比重大于 5.0 的金属称为重金属,约有 45 种,如铅、镉、汞、铬、铜、锌、铁、钴、锡、镍、钡、锑、铊、锰、钨、钼、金、银等。这些元素有的是对人体有益的,是人体生理代谢所必需的,缺乏将导致病理学的症状特征,如铁、锌、铜、锰等;有些在一定低浓度范围内对人体有利,而过量就会产生重金属中毒;还有一些即使少量进入人体也会对人体产生毒害作用。所有重金属超过一定浓度都对人体有毒。在环境污染方面所说的重金属主要包括汞(水银)、镉、铅、铬和类金属砷等生物毒性显著的重金属元素以及有一定毒性的一般重金属,如锌、铜、镍、钴、锡等。

二、重金属污染

(一)重金属污染的概念

由于人们的生产和生活活动造成的重金属对大气、水体、土壤、生物圈等的环境污染就是重金属污染。重金属广泛分布于大气圈、岩石圈、生物圈和水圈中。正常情况下,重金属自然本底浓度不会达到有害的程度。但随着大规模工业生产和排污以及大范围施用农药,有毒有害金属如铅、镉、汞、砷、铬、锑等进入大气、水体和土壤,引起环境的重金属污染。重金属环境污染通过食物链形成食源性重金属污染。

自从 20 世纪 50 年代在日本出现水俣病和骨痛病,并查明是由于食品遭到汞污染和镉污染所引起的"公害病"后,重金属的环境污染通过食物链造成食源性危害的问题随即引起人们极大的关注。研究表明,人们关注最多的"重金属"是汞、砷、铅、镉、铬等。

(二)重金属污染的来源

农产品受到重金属污染主要有三种途径:

(1)自然禀赋 某些地区自然地质条件特殊,环境中本底重金属含量高,如矿区、海底火山活动地区,因地层有毒金属含量高而使动植物体内有毒金属含量显著高于一般地区。

(2)环境污染 工业生产中排放的含重金属的废气、废水和废渣,含重金属的农药和化肥的使用,造成大气、水体及土壤的重金属污染,进而污染食物链。

(3)过程污染 食品加工、存储、运输和销售过程中接触的机械、管道、容器以及因工艺需要加入的添加剂中含有重金属元素导致食品污染。

污染的程度与农产品的种类、地域、环境等密切相关。通过对我国 18 个城市蔬菜中重金属含量的对比研究发现,在全国范围内各地区蔬菜中重金属含量大多数低于或达到无公害农产品质量标准,有少数地区接近或超过这一标准;按地理位置划分,南方地区蔬菜重金属污染较北方严重,其中又以镉的污染形势最为严峻;按蔬菜种类划分,污染程度为叶菜类>豆类>瓜果类。另有研究表明,不同的农产品对重金属的富集能力不同,按富集能力的大小顺序是苋菜、莴笋、大米、大葱、甘蓝为镉>汞>砷>铅;四季豆、辣椒为镉>汞>铅>砷;而柑橘果肉对汞的富集能力最强,其次是镉。

(三)重金属污染的特点

重金属污染表现出以下特点:

(1)形态多变。重金属大多为过渡元素,有变价,高活性,易参与各种反应,形态变化毒性增加。如 As 有 $HAsO_4$、H_3AsO_3、As、$(CH_3)_2As$ 等形态,分别为+5、+3、0、-3 价,一般为+5、+3 价。

(2)有机态毒性大于无机态。重金属的有机化合物毒性通常大于无机化合物的毒性。如甲基氯化汞>氯化汞,二甲基镉>氯化镉。

(3)价态不同毒性不同。如 $Cr^{6+}>Cr^{3+}$,$Hg^{2+}>Hg^+$,$As^{+3}>As^{+5}$,$Cu^{2+}>Cu^+$;价态相同但化合物不同,毒性也不同。如 $PbCl_2>PbCO_3$。

(4)羰基化合物有剧毒。多数重金属可以与 CO 直接化合成羰基化合物,因而毒性增加。如五合羰基铁 $Fe(CO)_5$、$Ni(CO)_4$ 都是剧毒化合物。

(5)迁移转化形式多。物理过程有扩散、稀释、吸附、解吸、沉积、悬浮;化学过程有离子交换、表面络合、吸收聚合、氧化还原;生物过程有生物摄取、生物富集、生物甲基化。如汞的甲基化作用就是其中典型例子。

(6)物理化学行为可逆。均属于缓冲型污染物,在环境变化时发生相应变化。如吸附—解吸,氧化—还原,沉积—悬浮等。

(7)水体中以悬浮物和沉积物为载体。水体中重金属大部分结合到悬浮物和沉积物的表面,并随之迁移和沉降。

(8)产生毒性效应的浓度低。在天然水体中只要有微量重金属即可产生毒性效应。对生物而言,一般重金属产生毒性的浓度范围在 1~10 mg/L,毒性较强的金属如汞、镉等产生毒性的质量浓度范围在 0.01~0.001 mg/L。Hg、Cd、Pb、Cr、As 被称为重金属"五毒"。不同生物对不同重金属的耐受性不同。重金属对水生生物的毒性一般有 Hg>As>Cu>Cd>Zn>Pb>Cr>Ni>Co。

(9)生物摄取累积性。各种生物,尤其是海洋生物对重金属有较大的富集能力。富集系数可达几十至几十万。如海水中含 Hg 0.000 1 mg/kg 左右,经浮游生物富集为 0.01~0.02 mg/kg,小鱼食浮游生物富集到 0.2~0.5 mg/kg,鱼吃鱼富集到 0.8~1.5 mg/kg,大鱼吃小鱼富集到 1~5 mg/kg,最终 Hg 的浓度提高了 1 万~5 万倍。因此,生物从环境中摄取重金属可以经过食物链的生物放大作用,在较高级生物体内成千万倍地富集起来,然后通过食物进入人体,在人体的某些器官中积蓄起来造成慢性中毒,危害人体健康。

(10)对人体毒害的累积性。人体摄入重金属后一般不发生器质性损伤,而是通过物理、化学、生物的各种反应,影响代谢过程和酶系统,所有毒性潜伏期长,要通过几年或几十年才显出健康问题。

(四)重金属污染的危害

1. 重金属污染对人体的危害

重金属不能在自然界自然降解,也不能被微生物降解,但可以在环境中不断积累,也可以为生物所富集并通过食物链最终进入人体,在人体内积累,危害人类健康。重金属在人体内能和蛋白质及酶等发生强烈的相互作用,使它们失去活性,也可能在人体的某些器官中累积,造成慢性中毒。

(1)汞　食入后直接沉入肝脏,对大脑、神经、视力破坏极大。天然水中 0.01 mg/L,就会导致人中毒。世界上著名的甲基汞污染事故就是汞的化合物中毒事件,是 1953 年在日本九州水俣镇,又叫水俣事件。

(2)铬　主要毒性在于最稳定价态六价铬,造成四肢麻木,精神异常。

(3)镉　导致高血压,引起心脑血管疾病;破坏骨骼和肝肾,并能引起肾功能衰竭。20 世纪 50 年代,震惊世界的日本"痛痛痛"病就是镉污染导致人体中毒引起的,患者超过 280 人,死亡 34 人。

(4)铅　是重金属污染中毒性较大的一种,一旦进入人体很难排除。能直接伤害人的脑细胞,特别是胎儿的神经系统,可造成先天智力低下;对老年人会造成痴呆等。还有致癌、致突变作用。

(5)砷　是砒霜的组分之一,有剧毒,会导致人迅速死亡。长期少量接触,会导致慢性中毒,还有致癌作用。

此外,铜、镍、钴、钒、锑、铊、锰、锡、锌、铁等污染都会对人体造成伤害。

2. 重金属污染对植物的危害

(1)影响植物对营养元素的吸收。重金属影响植物根系对土壤中营养元素的吸收,原因有二:一是污染物能改变土壤微生物的活性,也影响土壤酶活性,从而影响土壤中某些元素的释放和可给态量;二是重金属能抑制植物根系的呼吸作用,影响根系的吸收能力。研究证明:Cd 能明显影响玉米对 N、P、K、Ca、Mg、Mn、Cu、Zn 的吸收;Cd 还抑制小白菜根系对 Mn、Zn 的吸收;As 的存在使植物对 K 的吸收受到抑制;Cu、Mn 过剩会降低植物对 K 的吸收。

(2)影响植物的生长发育。植物对土壤重金属有一定的耐性,重金属浓度较低时,植物能正常生长,当浓度超过其忍耐性时,生长发育受到影响,通常表现出生长迟缓,病变症状,最终影响产量和品质。研究发现,Cd、Pb、Cu、Zn、As 复合污染下,低剂量处理可增加水稻的产量 2%～10%,高剂量处理前两年会减产 5%～7%,后两年增产。高剂量时可使小麦、大豆减产 10%,在酸性土壤上减产达 50% 以上,对苜蓿及树木也同样引起减产。

(3)影响植物的生理生化指标。重金属对植物生理生化的影响是多方面的,减少根系对水分和营养物质的吸收;影响植物叶绿素含量、光合作用和蒸腾作用;重金属对植物生理生化方面的影响可能呈现完全相反的两个方面,小剂量时可提高或加速某些生理生化反应,大剂量时则对植物产生抑制和毒害。研究表明,叶绿素的含量随植物体内 Cd 等重金属浓度增加而显著下降。

(4)影响植物化学成分。如镉在蚕豆种子体内的积累,影响种子中氨基酸、蛋白质、糖、淀粉和脂肪等营养成分的含量。

(五)重金属污染现状

土壤重金属污染是目前世界上污染面积最广,危害程度最大的环境问题之一。污染土壤的重金属主要为 As、Cd、Co、Cr、Cu、Hg、Mn、Ni、Pb、Zn 等,一般为几种重金属的复合污染。重金属本身在环境中具有不可降解性和相对稳定性,很难通过自然过程从环境中减少或消除,因此,重金属污染土壤的修复相当困难。

据调查,目前我国受镉、砷、铬、铅等重金属污染的耕地面积近 2 000 万 hm²,约占耕地总面积的 1/5,每年因重金属污染导致的粮食减产达 1 000 万 t,直接经济损失达 100 亿元,被重金属污染的粮食达 1 200 万 t,合计经济损失至少 200 亿元。农业部组织的全国污灌区调查表明:我国目前污水灌区面积约 140 万 hm²,遭受重金属污染的土地面积占污灌区总面积的 64.8%,其中轻度污染占 46.7%,中度污染占 9.7%,严重污染面积占 8.4%,以 Hg 和 Cd 的污染面积最大。我国 Cd 污染土壤 1 万多 hm²,每年产镉米 5 000 万 kg 以上,还有铅米、砷米等。

三、重金属检测

(一)重金属检测样品前处理方法

样品中的元素常与蛋白质、维生素等有机物结合成难溶解或难于离解的有机矿物化合物而失去原有的特性。同时,农产品样品中所含有害物质一般都在痕量和超痕量级范围。因此,在对元素进行测定之前,必须对样品进行预处理,破坏样品中的有机物,对欲测组分进行富集和分离,或对干扰组分进行掩蔽,将各种价态的欲测元素氧化成单一的高价态等。采用的方法是利用高温或高温结合强氧化剂,使有机物分解,其中的碳、氢、氧等元素生成二氧化碳和水,被测的金属或非金属微量元素以氧化物或无机盐的形式残留下来。目前常用的预处理技术有湿法消解法、干法灰化法、高压消解法、微波消解法、紫外分解法、超声波提取法等。

1. 湿法消解法

湿法消解法也称湿法消化法。主要原理是在强酸、强氧化剂或强碱并加热的条件下,样品中的有机物被分解,有机物中的碳、氢、氧等元素转化为二氧化碳和水逸出,无机化合物则留在消化液中。由于整个消解过程都在溶液状态下加热进行,所以称为湿法消化或湿式消解。常用的强氧化剂有硝酸、硫酸、高氯酸、过氧化氢、高锰酸钾等。只用一种试剂进行消解有时消化不彻底,并且易产生危险,因此常使用两种或两种以上的试剂结合使用。最常用的反应体系有 $HNO_3-H_2SO_4$、HNO_3-HClO_4、$H_2SO_4-H_2O_2$、$H_2SO_4-KMnO_4$ 等。

(1)硝酸-硫酸法消解($HNO_3-H_2SO_4$)　两种酸都有较强的氧化能力。其中 HNO_3 沸点低,而 H_2SO_4 沸点高,两者结合使用可提高消解温度和效果。硝酸和硫酸混合后与样品共热,释放出初生态氧,将有机物分解,金属元素则形成相应的盐类,溶于溶液中。由于硫酸沸点高,并且具有强烈的氧化性和脱水能力,加入硫酸后可缩短样品的消化时间,减少挥发性金属的损失以及吸附的损失,但由于一些金属的硫酸盐的溶解度比相应的硝酸盐和氯化物小,在测定这些元素时应尽量避免使用硫酸。对于含有大量有机物的样品,特别是纤维素含量高的样品,如面粉、稻米、秸秆等,加热消解时易产生大量泡沫,易造成被测组分的损失。若先加 HNO_3,在常温下放置 24 h 后再消解,可大大减少泡沫的产生。HNO_3-H_2SO_4 消解能分解各种有机物,但对吡啶及其衍生物(如烟碱)、毒杀芬分解不完全,Hg、As 也会有一定程度的损失。HNO_3-H_2SO_4 消解是破坏有机物比较有效的方法,但要防止发生爆炸。

(2)硝酸-高氯酸法消解(HNO_3-$HClO_4$) 两种酸都是强氧化性酸,联合使用可消解含难氧化有机物的样品。

(3)硫酸-高锰酸钾法消解(H_2SO_4-$KMnO_4$) 该方法常用于消解测定含 Hg 的样品。$KMnO_4$ 是强氧化剂,在中性、碱性、酸性条件下都可以氧化有机物,其氧化产物多为草酸根,但在酸性介质中还可继续氧化。

湿法消解有机物分解速度快,所需时间短;由于加热温度低,可减少金属挥发逸散的损失。但在进行湿法消解时需注意以下几点:①消化过程中易于产生大量的有害气体,因此操作应在通风橱或通风条件较好的地方进行;②消化反应时有机物分解易出现大量泡沫外溢造成样品损失,需要操作人员随时小心照管;③操作过程中添加了大量的酸,容易引入较多的杂质,空白值偏高,所以在消化的同时,应做空白试验,以消除试剂等引入的杂质造成的误差。

湿法消解根据消解时是否加压分为常压下的湿消解法和高压下的湿消解法(压力消解法)。

压力消解法是利用压力提高酸的沸点加速样品的消解,需在压力罐中进行。与常规的湿法消解相比,省时,设备简单,便于处理大批量样品,不爆沸,不需要通风设备,并可以减少易挥发元素的损失,已日益受到人们的重视。

2.干法灰化法

干灰化法又称高温分解法。是在高温灼烧下,使有机物氧化分解,剩余无机物供测定。

基本原理:将一定量的样品置于坩埚中加热,使其中的有机物干燥、炭化、分解,再置高温电炉中(一般 500～550℃)灼烧灰化,直至残灰为白色或浅灰色为止,所得的残渣即为无机成分,可供测定用。

除汞外,大多数金属元素和部分非金属元素的测定均可采用干灰化法处理样品。

干灰化法可以不使用或少使用化学试剂,并可处理较大称量的样品,故有利于提高测定元素的准确性;同时有机物分解彻底,操作简单。但是灰化温度一般为 450～550℃,不宜处理测定易挥发组分的样品。此外,灰化所用的时间也比较长,坩埚对被测组分有吸留作用,易导致测定结果不准确并降低回收率。

为了抑制某些元素的挥发,可加适量助灰化剂。利用助灰化剂与样品共热使有机物分解,促使灰化完全。常用的助灰化剂有硝酸、硫酸、磷酸二氢钠、氧化镁、硝酸镁、硝酸铵、硝酸铝、过氧化氢等。应用助灰化剂可提高无机物的熔点,使样品呈疏松状态,有利于氧化并促使灰化迅速进行。助灰化剂也可使样品中某些易挥发待测组分生成难挥发的物质。比如,当样品中含有的待测组分为易挥发的砷,加入硝酸镁后,可生成难挥发的焦砷酸镁(Mg_2AsO_7),可防止 As 的挥发,避免了灰化时砷的损失。在样品中加入氧化钙、氧化镁还可以使被测物质与坩埚壁隔绝,减少被测物质的损失,同时也有利于灰化。对样品进行干灰化处理时,在敞开体系中进行。

3.微波消解法

微波加热的原理是在 2 450 Hz 微波电磁场作用下,产生每秒 24.5 亿次的超高频率振荡,使样品与溶剂分子间相互碰撞、摩擦、挤压,重新排列组合,因而产生高热,使样品在数分钟内分解完全。微波热量传输方式与传统的传导加热方式也有很大的不同,微波是对物质内部直接加热,微波热量是通过体系内的物体吸收转化为热能量,然后再带动整个体系温度升高。热量在容器内的试剂和样品混合物中传递并最终通过导体消散到周围环境。不同的微波消解装置通过压力或温度反馈控制装置控制微波源的开关,合理有效地利用微波能量。

微波消解中所用的试剂主要是硝酸、盐酸、磷酸、氢氟酸及氧化剂过氧化氢,应避免使用高氯酸和硫酸。因高氯酸与有机物在一起有爆炸的危险,而硫酸易产生难于被破坏的炭化残渣,且易与碱土金属及铅等形成不溶解的化合物。在实际应用中,常常采用两种或两种以上试剂混合使用,消解效果更好。常使用的混合试剂有硝酸-盐酸、硝酸-氢氟酸、硝酸-过氧化氢等。

微波消解法由于样品的消解在密封条件下进行,所用的试样量小,试剂量少,因而空白值低,挥发性元素的损失也较小,同时消解的时间也大大缩短。因此,近年来,微波消解法备受欢迎,微波消解技术得到了较快发展。微波消解在相当程度上实现了样品处理的现代化、简捷、快速。与其他方法相比,根据消解的物质不同能缩短 10～100 倍的时间,而且能实现样品的完全消解。但并非所有的样品都适合微波消解,对具有突发性反应和含有爆炸组分的样品不能放入密闭系统中消解。在消解过程中还应注意不同样品加酸后的反应。如果反应很激烈需要先放置一段时间,待激烈反应过后再放入微波炉升温。对于有的样品,可将酸加入试样浸泡过夜,待到次日再放入微波炉中消解,效果会更好,对于必须用硫酸、磷酸等高沸点酸消解的反应在低浓度以及严格温控的条件下使用。

(二)重金属检测方法

重金属元素检测方法有比色法、斑点比较法、色谱法、光谱法、电化学分析法等。

1.光谱法

光谱法是根据待测物质的光学特性(如对光的吸收和发射等特性),并借助相应的检测仪器来实现分析的方法。常用的光谱分析法包括紫外可见分光光度法、原子吸收光谱法(AAS)、原子荧光光谱法(AFS)等。

(1)紫外可见分光光度法　是根据待测物质对紫外和可见光(200～800 nm 光谱区)的吸收特征和吸收强度的不同,来进行定性和定量分析的方法。其基本原理是重金属元素与一些络合剂反应生成有颜色的络合物或胶体,可用分光光度计于特定波长处测定其吸光度,吸光度与该种重金属元素的浓度有线性关系,与标准溶液比较即可定量。包括双硫腙分光光度法(测 Pb、Cd、Hg、Zn),二乙氨基二硫代甲酸钠萃取分光光度法(测 Cu),二苯碳酰二肼分光光度法(测 Cr),二乙氨基二硫代甲酸银分光光度法(测 As)等。

紫外可见分光光度法是最常用的光谱法之一,具有仪器设备相对简单便宜、易于普及推广等优点,但它需要复杂的样品预处理步骤及萃取分离操作,干扰离子较多,双硫腙分光光度法还要用到有毒的萃取剂氰化钾,对分析人员的健康危害较大。

对于我国大多数中小型食品生产经营企业,一般没有条件使用大型昂贵的高级仪器,较为经济的分光光度计成为重金属污染物测定的主要仪器。

(2)原子吸收光谱法(AAS)　原子吸收光谱法是 1958 年澳大利亚物理学家 Walsh 提出的,是基于待测元素的基态原子对其共振辐射的吸收强度来测定试样中该元素含量的一种仪器分析方法。原子吸收光谱法是食品中重金属的主要检测技术之一,它具有灵敏度高、选择性好、干扰少、操作简便快速等优点。它可以采用电热原子化(石墨炉),火焰原子化或氢化物发生等方式,这些方法均具有较低的检测限。

石墨炉原子吸收光谱法是痕量分析最有效的方法之一。灵敏度高,但设备昂贵,对基体复杂试样的测定产生干扰,常给分析结果的准确性带来影响。为消除干扰可在被测溶液中加入基体改进剂,通过化学反应使被测元素温度特性发生变化,与干扰元素分离,消除基体干扰。

火焰原子吸收光谱法(FAAS)采用单缝石英管,干扰小,操作快速,又无须增加很多设备,避免了石墨炉原子吸收光谱法的缺点。但对重金属含量较低的样品难以满足痕量分析的要求,须对样品进行预分离富集。目前分离富集金属元素的方法有螯合物吸着活性炭富集法、巯基棉或黄原脂棉分离富集法、共沉淀分离富集法等。这些方法大大提高了检测的灵敏度。

(3)原子荧光光谱法(AFS) 原子荧光光谱法是 20 世纪 60 年代发展起来的一种新的痕量元素分析方法,是以原子在辐射能激发下发射的荧光强度进行定量分析的发射光谱分析法。其基本原理是气态自由原子吸收光源的特征辐射后,原子的外层电子跃迁到较高能级,然后返回基态或较低能级,同时发射出与原激发辐射波长相同或不同的辐射即为原子荧光。荧光强度正比于基态原子对某一频率激发光的吸收强度。

该法具有灵敏度高,选择性强,干扰少,分析校准曲线线性范围宽(可达 3~5 个数量级),可以多元素同时测定,结果准确可靠,操作简便快速等优点。它的检测下限通常比紫外可见分光光度法低 2~4 个数量级,比原子吸收光谱法低 1~2 个数量级(霍家明等,2000)。

有人将氢化物发生和原子荧光光谱分析技术联用,并在元素测定中进行深入的研究,解决了用其他分析方法难以满意地测定砷、汞、硒等元素含量的难题。由于这些元素的主要荧光谱线介于 200~290 nm,是光电倍增管灵敏度最好的阶段,同时这些元素又可以形成气态的氢化物,不仅可以与基体相分离,从而降低基体的干扰,而且因为采用气体进样的方式,极大地提高了进样的速度。此外,氢化物原子荧光光谱法还可以利用元素不同价态形成氢化物的条件不同进行元素的价态分析。目前氢化物原子荧光光谱法已用于砷、汞、铅、硒、镉等几十种元素的分析。

随着新技术及仪器设备的研发,出现了电感耦合等离子体原子发射光谱法(ICP-AES)、电感耦合等离子体原子吸收光谱法(ICP-AAS)、电感耦合等离子体原子荧光光谱法(ICP-AFS)、流动注射火焰原子吸收光谱法(FI-AAS)等两种技术联用的高灵敏度检测方法,可满足痕量检测需要。

2.电化学法

电化学法是近年来发展较快的一种方法,它以经典极谱法为依托,在此基础上又衍生出示波极谱、阳极溶出伏安等方法。电化学法的检测限较低,测试灵敏度较高,值得推广应用。

示波极谱法又称单扫描极谱分析法,是一种快速加入电解电压的极谱法。常在滴汞电极每一汞滴成长后期,在电解池的两极上,迅速加入一锯齿形脉冲电压,在几秒钟内得出一次极谱图,为了快速记录极谱图,通常用示波管的荧光屏作显示工具,因此称为示波极谱法。最后将谱图与标准谱图进行比较从而得出金属元素的含量。GB 5009.12—2010《食品中铅的测定》的第五法和 GB/T 5009.123—2003《食品中铬的测定》第二法均为示波极谱法。

此外,还有化学传感器法、离子色谱法、电感耦合等离子体质谱法、免疫分析法、酶抑制法等。

【样品前处理技术】

案例一　蔬菜中铅检测样品前处理——压力消解法

1　原理

将样品与酸共加入压力罐中,在强酸、加压并加热的条件下,样品中的有机物被分解,有机物中的碳、氢、氧等元素转化为二氧化碳和水逸出,无机化合物则留在消化液中。压力消解法利用压力提高酸的沸点加速样品的消解。

2　试剂

水为 GB/T 6682 规定的一级水。

2.1　硝酸:优级纯。

2.2　过氧化氢(30%)

3　主要仪器设备

3.1　食品加工机或匀浆机

3.2　压力消解器、压力消解罐或压力溶弹

3.3　恒温干燥箱

4　试样制备

4.1　试样预处理

蔬菜(水果、鱼类、肉类及蛋类等水分含量高的鲜样)样品用食品加工机或匀浆机打成匀浆,储于塑料瓶中,保存备用。

4.2　试样消解

称取 1～2 g 试样(精确到 0.001 g,干样、含脂肪高的试样<1 g,鲜样<2 g 或按压力消解罐使用说明书称取试样)于聚四氟乙烯内罐,加硝酸(优级纯)2～4 mL 浸泡过夜。再加过氧化氢(30%)2～3 mL(总量不能超过罐容积的 1/3)。盖好内盖,旋紧不锈钢外套,放入恒温干燥箱,120～140℃保持 3～4 h,在箱内自然冷却至室温,用滴管将消化液洗入或过滤入(视消化后试样的盐分而定)10～25 mL 容量瓶中,用水少量多次洗涤罐,洗液合并于容量瓶中并定容至刻度,混匀备用。

案例二　粮食中镉检测样品前处理——干灰化法

1　原理

将一定量的样品置于坩埚中加热,使其中的有机物干燥、炭化、分解,再置高温电炉中灼烧灰化,直至残灰为白色或浅灰色为止,所得的残渣即为无机成分,可供测定用。

2　试剂

分析所用水为去离子水或相当纯度的水。

2.1　硝酸:优级纯。

2.2　高氯酸:优级纯。

2.3　硝酸(0.5 mol/L):取 3.2 mL 硝酸加入 50 mL 水中,稀释至 100 mL。

2.4　混合酸:硝酸+高氯酸(4+1)。取 4 份硝酸与 1 份高氯酸混合。

3　主要仪器设备

3.1　小型粉碎机

3.2　瓷坩埚

3.3 马弗炉

3.4 可调式电热板或可调式电炉

4 试样制备

4.1 试样预处理

粮食(豆类等含水量低的样品)样品去杂质后,粉碎,过 20 目筛,储于塑料瓶中,保存备用。

4.2 试样消解

称取 1.00～5.00 g(根据镉含量而定)试样于瓷坩埚中,先小火在可调式电炉上炭化至无烟,移入马弗炉 500℃ 灰化 6～8 h 时,冷却。若个别试样灰化不彻底,则加 1 mL 混合酸在可调式电炉上小火加热,反复多次直到消化完全,放冷,用硝酸(0.5 mol/L)将灰分溶解,用滴管将试样消化液洗入或过滤入(视消化液有无沉淀而定)10～25 mL 容量瓶中,用水少量多次洗涤瓷坩埚,洗液合并于容量瓶中并定容至刻度,混匀备用。

案例三　茶叶中汞检测样品前处理——微波消解法

1 原理

将样品与消解试剂共加入密封消解罐中,将消解罐放入微波炉消解系统,利用微波加热使样品在数分钟内分解完全。

2 试剂

2.1 硝酸:优级纯。

2.2 30%过氧化氢

3 主要仪器设备

3.1 食品加工机

3.2 微波消解炉

4 试样制备

4.1 试样预处理

见案例二。

4.2 试样消解

称取 0.30～0.50 g 试样(不要超过 0.50 g)于微波消解罐中,加入 5 mL 硝酸,1 mL 过氧化氢,拧紧消解罐盖子,放置 30～60 min,再置于微波消解仪中,分三步完成消解。第一步让温度升至 100℃,保持 10 min;第二步让温度升至 150℃,保持 10 min;第三步让温度升至 180℃,保持 5 min。完成消解后,取出冷却,用 0.02%的重铬酸钾溶液转移至 25 mL 比色管中,并用其定容。摇匀后上机测定。(其中汞保存液为 0.02%的重铬酸钾和 5%的硝酸混合溶液,用 5%的硝酸作载流,0.5%的硼氢化钾作还原剂,进行测定。)

案例四　大米中砷检测样品前处理——湿式消解法

1 原理

硝酸和硫酸混合后与样品共热,释放出初生态氧,将有机物分解,金属元素则形成相应的盐类,溶于溶液中。

2 试剂

2.1 硝酸:分析纯。

2.2 硫酸:分析纯。

2.3 高氯酸:分析纯。

2.4 硫脲溶液(5%):称取 5 g 硫脲加水溶解并定容至 100 mL。

3 主要仪器设备

3.1 小型粉碎机

3.2 可调式电热板

4 试样制备

4.1 试样预处理

见案例二。

4.2 试样消解

称取 0.5 g 左右混匀试样(精确至 0.01)置入 50 mL 小烧杯或小三角瓶中,加硝酸 10 mL、高氯酸 0.5 mL,硫酸 1.25 mL,摇匀后,盖上小漏斗,放置过夜。次日置于电热板上加热,低温消解 1~2 h 后,提高温度消解,直至高氯酸烟冒尽时取下。冷却后用水将消化液转移至 25 mL 容量瓶或比色管中,用水少量多次冲洗小烧杯或小三角瓶,合并洗液至容量瓶或比色管中,加入 2.5 mL 5%的硫脲,补水至刻度并混匀,待测。(用 5%的盐酸作载流,1.5%的硼氢化钾作还原剂,进行测定。)

【任务考核标准】

序号	考核项目	考核内容	考核标准	参考分值
1	基本素质	学习与工作态度	态度端正,学习认真,积极主动,学习方法多样,服从安排,出满勤。	5
		团队协作	顾全大局,积极与小组成员合作,共同制定工作计划,共同完成工作任务。	5
2	重金属检测基础知识	重金属的概念	能说出或写出重金属的概念。	5
		重金属污染	能说出或写出重金属污染的概念与特点。	5
		重金属检测样品前处理方法	能说出或写出重金属检测样品前处理几种常用的方法及操作要领。	15
		重金属检测方法	能说出或写出重金属检测几种常用方法(紫外可见分光光度法、原子吸收光谱法、原子荧光光度法)的基本原理、方法步骤。	15
3	样品前处理技术	湿式消解法	能用湿式消解法对样品进行正确消解。	10
		干灰化法	能用干灰化法对样品进行正确消解。	10
		压力消解法	能用压力消解法对样品进行正确消解。	10
		微波消解法	能用微波消解法对样品进行正确消解。	10
4	职业素质	方法能力	能通过各种途径快速查阅获取所需信息,问题提出明确,表达清晰,有独立分析问题和解决问题的能力。	5
		工作能力	学习工作程序规范、次序井然。主动完成自测训练,有完整的读书笔记和工作记录,字迹工整。	5
		合 计		100

【自测训练】

一、知识训练

(一)填空题

1.在环境污染方面所说的重金属主要包括_____、_____、_____、_____和类金属_____ 等生物毒性显著的重金属元素以及有一定毒性的一般重金属如_____、_____、_____ 等。

2.重金属检测样品前处理方法主要有_____、_____ 和_____ 三大类。

3.湿法消解最常用的反应体系有_____、_____、_____、_____ 等几种。

4.常用的助灰化剂有_____、_____、_____、_____、_____、_____、_____ 等。

5.微波消解所用的试剂主要有_____、_____、_____、_____ 及_____，应避免使用_____ 和_____ 。

6.微波消解时常使用的混合试剂有_____、_____、_____ 等。

7.重金属检测常用的光谱分析方法有_____、_____、_____ 等。

(二)简答题

1.什么是重金属?

2.什么是重金属污染?重金属污染的主要来源是什么?

3.重金属污染有何特点?

4.湿法消化的原理是什么?

5.用干灰化法消解样品有时需加适量助灰化剂,为什么?

6.微波消解的原理是什么?

7.微波消解样品时为什么不能用高氯酸和硫酸作试剂?

8.分光光度法检测重金属的基本原理是什么?

9.试比较原子吸收光谱法与原子荧光光谱法的优缺点。

二、技能训练

1.用湿式消解法处理蔬菜样品。

2.用干灰化法处理粮食样品。

◆◆◆ **任务 5-2　汞的检测** ◆◆◆

【任务内容】

1.汞的特性。

2.汞测定样品前处理方法(高压消解法、微波消解法、甲基汞的萃取)及特点。

3.总汞及甲基汞的测定方法。

4.用原子荧光光谱法测定农产品中总汞样品前处理、仪器参考条件、测定方法及结果计算。

5.用气相色谱法测定水产品中甲基汞,甲基汞的萃取、测定及结果计算。

6.完成自测定训练。

【学习条件】

1.场所:校内农产品质量检测实训中心(样品前处理室、仪器分析室)、多媒体教学室、农产品质量安全检测校外实训基地(检验室)。

2.仪器设备:多媒体设备、双道原子荧光光度计、气相色谱仪(附^{63}Ni电子捕获检测器或氚源电子捕获检测器)、高压消解罐、小型粉碎机、匀浆机、离心机、酸度计、电子天平(0.000 1、0.01)等。

3.试剂与材料:二氯化汞、乙醇、乙酸酐、苯、氯化甲基汞、甲基橙、硫代乙醇酸等。

4.其他:教材、相关PPT、视频、影像资料、相关图书、相关标准、网络资源等。

【相关知识】

一、汞的特性

汞(Hydrargyros),元素符号Hg。汞俗称水银,是常温下唯一呈液态的金属元素。银白色,易流动,密度13.6 g/cm³,熔点−39.3℃,沸点357℃,蒸气密度6.9 g/cm³。汞在常温下具有可蒸发、吸附性强、容易被生物体吸收等特性,其蒸气无色无味,比空气重7倍,有毒。汞的导热性能差,而导电性能良好。汞可以溶解一些金属(如金、银、锡、镉、铅、钾、钠、锌等)形成合金,称为汞齐。如金汞齐、钠汞齐。

汞及其化合物具有较大挥发性,汞在室温下就有挥发性,遇热更易挥发。如汞落在地上与油、尘相混,会成为很多小珠,表面积增大而加快挥发,使周围环境状况恶化,造成污染及对人体的危害。汞化合物具有较强共价性,由于其较强的挥发性和流动性,使它在自然环境或生物间具有较大的迁移和分配。

汞的化学性质较稳定,不易与氧作用,但易与硫作用生成硫化物,与氯作用生成氯化汞和氯化亚汞,与烷基化合物作用形成甲基汞、乙基汞、丙基汞等。汞不溶于水及有机溶剂,易溶于硝酸,也溶于热浓硫酸,但与稀硫酸、盐酸、碱等都不起作用。

汞在自然界中有金属单质汞(水银)、无机汞和有机汞等几种存在形式,在岩石圈中广泛存在,含量在50~100 μg/kg,主要以各种硫化物的形式存在。一般情况下,食品中的汞含量很少,但随着工业的发展,汞的用途越来越广,生产量急剧增加,从而使大量的汞由于人类活动而进入环境。

汞及其化合物都具有毒性,GB 2762—2012《食品安全国家标准 食品中污染物限量》对食品中汞的限量提出了明确指标。

二、汞检测样品前处理方法

汞易挥发和易吸附的特点使汞的分析测定受到很多限制,特别是样品预处理方法的好坏直接决定着整个分析方法的检出浓度、准确度和精密度。因此寻求一种能克服汞的易挥发、易吸附的难点，使分析方法既准确、稳定，又简便、快速、易行的样品预处理方法是目前研究的重点。

目前农产品样品中汞的预处理方法主要有压力湿法消化、微波消解法、巯基乙醇提取法、萃取法和酸提取巯基棉法等。

微波消解法是近几年来国内外普遍使用的样品预处理方法。能在较短时间使样品消解完全，且密闭的高压消解罐能有效防止元素的挥发损失和减少酸耗量。该方法具有快速、分解完全、空白值低、元素无挥发损失等优点，同时蛋白质被破坏避免了汞的吸附损失，但较为耗时，样品用量大。

三、汞测定方法

食品中总汞的测定方法有原子荧光光谱法，检出限为 $0.15\ \mu g/kg$；冷原子吸收光谱法，检出限为 $0.4\ \mu g/kg$（压力消解法）或 $10\ \mu g/kg$（其他消解法）；二硫腙比色法，检出限为 $25\ \mu g/kg$。甲基汞的分析常先用酸提取巯基棉吸附分离，然后用气相色谱法或冷原子吸收光谱法进行测定。

此外，各种连用技术，如气相色谱-原子吸收联用仪、气相色谱-质谱联用仪等也逐渐应用于汞不同形态的定性定量分析。

四、汞测定注意事项

由于汞元素的特殊性，在检测过程中应注意以下事项：

(1)控制好赶酸的时间和温度，温度不要超过 $120℃$。

(2)在仪器测定时，进高浓度样品时，一定要清洗管路。

(3)汞标准溶液的保存，储备液以高浓度低温保存，工作液加 0.5% 重铬酸钾保存（现配现用的可以不加）。

【检测技术】

案例一　大豆中总汞的测定——原子荧光光谱法

1　适用范围

本方法适用于各类食品中总汞的测定。方法检出限 $0.15\ \mu g/kg$，标准曲线最佳线性范围 $0\sim60\ \mu g/L$。

2　检测原理

试样经酸加热消解后，在酸性介质中，试样中汞被硼氢化钾（KBH_4）或硼氢化钠（$NaBH_4$）还原成原子态汞，由载气（氩气）带入原子化器中，在特制汞空心阴极灯照射下，基态汞原子被激发至高能态，在去活化回到基态时，发射出特征波长的荧光，其荧光强度与汞含量成正比，与标准系列比较定量。

3　试剂

3.1　硝酸（优级纯）

3.2　30%过氧化氢

3.3　硫酸（优级纯）

3.4 硫酸＋硝酸＋水(1+1+8)：量取 10 mL 硝酸和 10 mL 硫酸，缓缓倒入 80 mL 水中，冷却后小心混匀。

3.5 硝酸溶液(1+9)：量取 50 mL 硝酸，缓缓倒入 450 mL 水中，混匀。

3.6 氢氧化钾溶液(5 g/L)：称取 5.0 g 氢氧化钾，溶于水中，稀释至 1 000 mL，混匀。

3.7 硼氢化钾溶液(5 g/L)：称取 5.0 g 硼氢化钾，溶于 5.0 g/L 的氢氧化钾溶液中，并稀释至 1 000 mL，混匀，现用现配。

3.8 汞标准储备液(1.0 mg/mL)：精密称取 0.135 4 g 经干燥器干燥过的二氯化汞，加硫酸＋硝酸＋水(1+1+8)混合酸溶解后移入 100 mL 容量瓶中，并稀释至刻度，混匀。

3.9 汞标准使用液：用移液管吸取汞标准储备液(1.0 mg/mL)1 mL 于 100 mL 容量瓶中，用硝酸溶液(1+9)稀释至刻度，混匀，此溶液浓度为 10 μg/mL。再分别吸取 10 μg/mL 汞标准溶液 1 mL 和 5 mL 于两个 100 mL 容量瓶中，用硝酸溶液(1+9)稀释至刻度，混匀，溶液浓度分别为 100 ng/mL 和 500 ng/mL，分别用于测定低浓度试样和高浓度试样，制作标准曲线。

4 主要仪器设备

4.1 双道原子荧光光度计

4.2 高压消解罐(100 mL 容量)

5 分析步骤

5.1 试样预处理

在采样和制备过程中，应注意不使试样污染。粮食、豆类去杂质后，磨碎，过 20 目筛，储于塑料瓶中，保存备用；蔬菜、水果、鱼类、肉类及蛋类等水分含量高的鲜样用食品加工机或匀浆机打成匀浆，储于塑料瓶中，保存备用。

5.2 试样消解

高压消解法：称取经粉碎混匀过 20 目筛的大豆样品 0.2～1.00 g，置于聚四氟乙烯塑料内罐中(如是蔬菜、水果、瘦肉、鱼类及蛋类等水分含量高的鲜样，称取匀浆 1.00～5.00 g，置于聚四氟乙烯塑料内罐中，加盖留缝放于 65℃ 鼓风干燥烤箱或一般烤箱中烘至近干，取出)，加 5 mL 硝酸，混匀后放置过夜。次日再加 7 mL 过氧化氢(30%)(总量不能超过罐容积的 1/3)，盖上内盖放入不锈钢外套中，旋紧不锈钢外套。然后将消解器放入普通干燥箱(烘箱)中加热，升温至 120℃ 后保持恒温 2～3 h，至消解完全，自然冷却至室温。用滴管将消解液用硝酸溶液(1+9)定量转移并定容至 25 mL，摇匀。同时做试剂空白试验。待测。

5.3 标准系列配制

5.3.1 低浓度标准系列：分别吸取 100 ng/mL 汞标准使用液 0.25、0.50、1.00、2.00、2.50 mL 于 25 mL 容量瓶中，用硝酸溶液(1+9)稀释至刻度，混匀。各自相当于汞浓度 1.00、2.00、4.00、8.00、10.00 ng/mL。此标准系列适用于一般试样测定。如试样含汞量偏高(如鱼)可配制高浓度标准系列。

5.3.2 高浓度标准系列：分别吸取 500 ng/mL 汞标准使用液 0.25、0.50、1.00、1.50、2.00 mL 于 25 mL 容量瓶中，用硝酸溶液(1+9)稀释至刻度，混匀。各自相当于汞浓度 5.00、10.00、20.00、30.00、40.00 ng/mL。此标准系列适用于含汞量偏高的试样测定。

5.4 测定

5.4.1 仪器参考条件

光电倍增管负高压：240 V；汞空心阴极灯电流：30 mA；原子化器：温度 300℃，高度

8.0 mm;氩气流速:载气 500 mL/min,屏蔽气 1 000 mL/min;测量方式:标准曲线法;读数方式:峰面积;读数延迟时间:1.0 s;读数时间:10.0 s;硼氢化钾溶液加液时间:8.0 s;标液或样液加液体积:2 mL。

注:AFS 系列原子荧光仪如 230、230a、2202、2202a、2201 等仪器属于全自动或断序流动的仪器,都附有本仪器的操作软件,仪器分析条件应设置本仪器所提示的分析条件,仪器稳定后,测标准系列,至标准曲线的相关系数 $r>0.999$ 后测试样。试样前处理可适用任何型号的原子荧光仪。

5.4.2 测定方法

根据情况任选以下一种方法。

5.4.2.1 浓度测定方式测量

设定好仪器最佳条件,逐步将炉温升至所需温度,稳定 10~20 min 后开始测量。连续用硝酸溶液(1+9)进样,待读数稳定之后,转入标准系列测量,绘制标准曲线。转入试样测量,先用硝酸溶液(1+9)进样,使读数基本回零,再分别测定试样空白和试样消化液,每测不同的试样前都应清洗进样器。试样测定结果按公式(5-1)计算。

5.4.2.2 仪器自动计算结果方式测量

设定好仪器最佳条件,在试样参数画面输入以下参数:试样质量(g 或 mL),稀释体积(mL),并选择结果的浓度单位,逐步将炉温升至所需温度,稳定后测量。连续用硝酸溶液(1+9)进样,待读数稳定之后,转入标准系列测量,绘制标准曲线。在转入试样测定之前,再进入空白值测量状态,用试样空白消化液进样,让仪器取其均值作为扣底的空白值。随后即可依法测定试样。测定完毕后,选择"打印报告"即可将测定结果自动打印。

6 结果计算

试样中汞的含量按式(5-1)进行计算。

$$X = \frac{(c_1 - c_0) \times V \times 1\ 000}{m \times 1\ 000 \times 1\ 000} \tag{5-1}$$

式中:X—试样中汞的含量,单位为毫克每千克或毫克每升(mg/kg 或 mg/L);

c_1—试样消化液中汞的含量,单位为纳克每毫升(ng/mL);

c_0—试剂空白液中汞的含量,单位为纳克每毫升(ng/mL);

V—试样消化液总体积,单位为毫升(mL);

m—试样质量或体积,单位为克或毫升(g 或 mL)。

计算结果保留三位有效数字。

7 精密度

在重复性条件下获得的两次独立测定结果的绝对差值不得超过算术平均值的 10%。

案例二 鱼中甲基汞的测定——气相色谱法(酸提取巯基棉法)

1 适用范围

本方法适用于水产品中甲基汞的测定。

2 检测原理

样品用氯化钠研磨后加入含有 Cu^{2+} 的盐酸(1+11)(Cu^{2+} 与组织中结合的 CH_3Hg 交

换),试样中的甲基汞被萃取出来,经离心或过滤,将上清液调试至一定的酸度,用巯基棉吸附,再用盐酸(1+5)洗脱,最后以苯萃取甲基汞,用带电子捕获检测器的气相色谱仪分析。

3 试剂

3.1 氯化钠

3.2 乙酸酐

3.3 冰乙酸

3.4 硫代乙醇酸

3.5 硫酸(分析纯)

3.6 苯:色谱上无杂峰,否则应重蒸馏纯化。

3.7 无水硫酸钠:用苯提取,浓缩液在色谱上无杂峰。

3.8 盐酸(1+5):取优级纯盐酸,加等体积水,恒沸蒸馏,蒸出盐酸为(1+1),稀释配制。

3.9 氯化铜溶液(42.5 g/L):称取42.5 g氯化铜用水溶解并稀释至100 mL。

3.10 氢氧化钠溶液(40 g/L):称取20 g氢氧化钠加水稀释至500 mL。

3.11 盐酸(1+11):取83.3 mL盐酸(优级纯)加水稀释至1 000 mL。

3.12 淋洗液(pH 3.0~3.5):用盐酸(1+11)调节水的pH为3.0~3.5。

3.13 巯基棉:在250 mL具塞锥形瓶中依次加入35 mL乙酸酐、16 mL冰乙酸、50 mL硫代乙醇酸、0.15 mL硫酸(分析纯)、5 mL水,混匀,冷却后,加入14 g脱脂棉,不断翻压,使棉花完全浸透,将塞盖好,置于恒温培养箱中,在(37±0.5)℃保温4 d(注意切勿超过40℃),取出后用水洗至近中性,除去水分后平铺于瓷盘中,再在(37±0.5)℃恒温箱中烘干,成品放入棕色瓶中,放置冰箱保存备用。使用前,应先测定巯基棉对甲基汞的吸附效率为95%以上方可使用。

注:所有试剂用苯萃取,萃取液不应在气相色谱上出现甲基汞的峰。

3.14 甲基汞标准溶液(1.0 mg/mL):准确称取0.125 2 g氯化甲基汞,用苯溶解于100 mL容量瓶中,加苯稀释至刻度,此溶液每毫升相当于1.0 mg甲基汞。放置4℃冰箱保存。

3.15 甲基汞标准使用液(0.10 μg/mL):吸取1.0 mL甲基汞标准溶液,置于100 mL容量瓶中,用苯稀释至刻度。此溶液每毫升相当于10 μg甲基汞。取此溶液1.0 mL,置于100 mL容量瓶中,用盐酸(1+5)稀释至刻度,此溶液每毫升相当于0.10 μg甲基汞,临用时新配。

3.16 甲基橙指示液(1 g/L):称取甲基橙0.1 g,用95%乙醇稀释至100 mL。

4 仪器

4.1 气相色谱仪:附[63]Ni电子捕获检测器或氚源电子捕获检测器。

4.2 酸度计

4.3 离心机:带50~80 mL离心管。

4.4 巯基棉管:用内径6 mm、长度20 cm、一端拉细(内径2 mm)的玻璃滴管内装于0.1~0.15 g巯基棉,均匀填塞,临用现装。

4.5 玻璃仪器:均用硝酸(1+20)浸泡一昼夜,用水反复冲洗,最后用去离子水冲洗干净。

5 分析步骤

5.1 气相色谱参考条件

5.1.1 [63]Ni电子捕获检测器:柱温185℃,鉴定器温度为260℃,汽化室温度215℃。

5.1.2 氚源电子捕获检测器:柱温185℃,鉴定器温度为190℃,汽化室温度185℃。

5.1.3　载气:高纯氮,流量为 60 mL/min(选择仪器的最佳条件)。

5.1.4　色谱柱:内径 3 mm,长 1.5 m 的玻璃柱,内装涂有质量分数为 7%的丁二酸乙二醇聚酯(PEGS)或涂质量分数为 1.5%的 OV-17 和 1.95%QF-1 或质量分数为 5%的丁二乙酸二乙二醇酯(DEGS)固定液的 60～80 目 chromosorb WAWDMCS。

5.2　测定

5.2.1　称取 1.00～2.00 g 去皮去刺绞碎混匀的鱼肉,加入等量氯化钠,在乳钵中研成糊状,加入 0.5 mL 氯化铜溶液(42.5 g/L),轻轻研匀,用 30 mL 盐酸(1+11)分次完全转入 100 mL 带塞锥形瓶中,剧烈振摇 5 min,放置 30 min(也可用振荡器振摇 30 min),样液全部转入 50 mL 离心管中,用 5 mL 盐酸(1+11)淋洗锥形瓶,洗液与样液合并,离心 10 min(转速为 2 000 r/min),将上清液全部转入 100 mL 分液漏斗中,于残渣中再加 10 mL 盐酸(1+11),用玻璃棒搅拌均匀后再离心,合并两份离心溶液。

5.2.2　加入与盐酸(1+11)等量的氢氧化钠溶液(40 g/L)中和,加 1～2 滴甲基橙指示液,再调至溶液变黄色,然后滴加盐酸(1+11)至溶液从黄色变橙色,此溶液的 pH 在 3.0～3.5 范围内(可用 pH 计校正)。

5.2.3　将塞有巯基棉的玻璃滴管接在分液漏斗下面,控制流速约为 4～5 mL/min;然后用 pH 3.0～3.5 的淋洗液冲洗漏斗和玻璃管,取下玻璃管,用玻璃棒压紧巯基棉,用洗耳球将水尽量吹尽,然后加入 1 mL 盐酸(1+5)分别洗脱一次,用洗耳球将洗脱液吹尽,收集于 10 mL 具塞比色管中。

5.2.4　另取二支 10 mL 具塞比色管,各加入 2.0 mL 样品提取液和甲基汞标准使用液(0.10 μg/mL)。向含有试样及甲基汞标准使用液的具塞比色管中各加入 1.0 mL 苯,提取振摇 2 min,分层后吸出苯液,加少许无水硫酸钠脱水,摇匀,静置,吸取一定量进行气相色谱测定,记录峰高,与标准峰高比较定量。

6　结果计算

试样中甲基汞的含量按式(5-2)进行计算。

$$X = \frac{1\,000 \times m_1 \times h_1 \times V_1}{1\,000 \times m_2 \times h_2 \times V_2} \tag{5-2}$$

式中:X—试样中甲基汞的含量,单位为毫克每千克(mg/kg);

　　m_1—甲基汞标准量,单位为微克(μg);

　　h_1—试样峰高,单位为毫米(mm);

　　V_1—试样苯萃取溶剂的总体积,单位为微升(μL);

　　V_2—测定用试样的体积,单位为微升(μL);

　　h_2—甲基汞标准峰高,单位为毫米(mm);

　　m_2—试样质量,单位为克(g)。

计算结果保留两位有效数字。

7　精密度

在重复性条件下获得的两次独立测定结果的绝对差值不得超过算术平均值的 20%。

【任务考核标准】

序号	考核项目	考核内容	考核标准	参考分值
1	基本素质	学习与工作态度	态度端正,学习认真,积极主动,学习方法多样,服从安排,出满勤。	5
		团队协作	顾全大局,积极与小组成员合作,共同制定工作计划,共同完成工作任务。	5
2	基础知识	汞的特性	能说出或写出汞的主要特性。	5
		汞测定样品前处理方法	能说出或写出汞测定常用样品消解方法及特点。	5
		汞测定方法	能说出或写出测定汞的常用方法及对方法的评价。	5
3	制定检测方案	制定原子荧光光谱法测定食品中总汞的方案	能根据工作任务,积极思考,广泛查阅资料,制定出切实可行的原子荧光光谱法测定食品中总汞的方案。	5
		制定气相色谱法测定食品中甲基汞的方案	能根据工作任务,积极思考,广泛查阅资料,制定出切实可行的气相色谱法测定食品中甲基汞的方案。	5
4	样品处理	试剂的选择与配制	能根据检测内容,合理选择并准确配制试剂。	5
		样品制备	能根据检测需要,对样品进行粉碎,过筛,匀浆,均质等。	5
		样品称量	能根据检测需要,精确称取样品。	5
		样品消解	能根据样品特性和实验条件选择适宜的样品消解方法并对样品进行消解。	10
5	仪器分析	分析仪器选择	能根据检测任务,合理选择分析仪器,并能正确使用仪器。	3
		仪器条件(状态)设定	能将仪器设定至最佳条件或将仪器性能调至最佳状态。	3
		数据及图谱读取	能准确记录检测数据,如保留时间、峰高或峰面积、吸光值等。	4
		标准曲线绘制	能正确绘制标准曲线,并能准确查出测定结果。	5
		结果计算	能使用软件或计算公式对测定结果进行计算。	5
6	检测报告	编写检测报告	数据记录完整,能按要求编写检测报告并上报。	10
7	职业素质	方法能力	能通过各种途径快速查阅获取所需信息,问题提出明确,表达清晰,有独立分析问题和解决问题的能力。	5
		工作能力	学习工作程序规范、次序井然、结果准确。主动完成自测训练,有完整的读书笔记和工作记录,字迹工整。	5
		合　　计		100

【自测训练】

一、知识训练

(一)填空题

1.汞俗称_____，是常温下唯一呈_____的金属元素。

2.汞的导热性能_____，而导电性能_____。汞可以溶解一些金属(如金、银、锡、镉、铅、钾、钠、锌等)形成_____，称为_____。

3.汞及其化合物具有较大_____，汞在室温下就有_____，遇热更易挥发。

4.汞不易与_____作用，但易与_____作用生成_____，与_____作用生成_____和_____，与烷基化合物作用形成_____、_____、_____等。

5.汞不溶于_____及_____，易溶于_____，也溶于_____，但与_____、_____、_____等都不起作用。

6.汞在自然界中有_____、_____和_____等几种存在形式。

7.测定农产品样品中汞的样品处理方法主要有_____、_____、_____和_____等。

8.汞检测方法主要有_____、_____、_____和_____等。

(二)简答题

1.原子荧光光谱法测定食品中总汞的基本原理是什么？

2.酸提取巯基棉法测定食品中甲基汞的基本原理是什么？

3.在用原子荧光光谱法测定食品中总汞时加入硼氢化钾或硼氢化钠的作用是什么？

4.测定食品中总汞时试样处理主要用压力消解法和微波消解法而不用干灰化法,为什么？

5.在测定食品中甲基汞时要用到巯基棉,怎样制备巯基棉？巯基棉在测定中起什么作用？

二、技能训练(根据条件任选其一)

1.用原子荧光光谱法测定粮食中的总汞(微波消解法)。

2.用气相色谱法(酸提取巯基棉法)测定鱼肉中的甲基汞。

◆◆◆ **任务 5-3　砷的检测** ◆◆◆

【任务内容】

1.砷的特性。

2.砷测定样品前处理方法及特点。

3.总砷及无机砷的测定方法。

4.氢化物原子荧光法测定农产品中总砷样品前处理、仪器参考条件、测定方法及结果计算。

5.氢化物原子荧光法测定农产品中无机砷及结果计算。

6.完成自测定训练。

【学习条件】

1.场所：校内农产品质量检测实训中心（样品前处理室、仪器分析室）、多媒体教学室、农产品质量安全检测校外实训基地（检验室）。

2.仪器设备：多媒体设备、原子荧光光度计、小型粉碎机、恒温水浴锅、电子天平等。

3.试剂与材料：三氧化二砷、硼氢化钾、碘化钾、硫脲、正辛烷等。

4.其他：教材、相关PPT、视频、影像资料、相关图书、网络资源等。

【相关知识】

一、砷的特性

砷（Arsenicum），元素符号As。砷是一种非金属元素，由于其许多理化性质类似于金属，因此常称其为"类金属"。砷元素在自然界中极少出现，因其不溶于水和强酸，故无毒，而砷的有机、无机化合物均有不同程度的毒性。砷的化合物在自然界中广泛存在，无机砷主要有硫化砷、三氧化二砷、砷化氢等，有机砷主要有对氨基苯砷酸、甲砷酸等。砷化氢（AsH_3）为无色气体，不稳定，极毒。砷可以形成两类氧化物，+3价的As_2O_3及+5价的As_2O_5。其中As_2O_3为白色粉末状的剧毒物，俗名砒霜，因此，砷的+3价比+5价毒性更大。在氧化环境中，As^{3+}易转变为As^{5+}，这就大大降低总砷的毒性。天然水中砷以As^{5+}为主，占总砷的70%～80%。

砷广泛存在于自然界中，但多以砷化合物和硫砷化合物的形式存在于金属矿石中。砷矿物有雄黄（AsS）、雌黄（As_2S_3）、毒砂（砷黄铁矿）（FeAsS）、砷华（砒霜）（As_2O_3）、斜方砷铁矿（$FeAs_2$）、辉砷钴矿（CoAsS）、辉砷镍矿（NiAsS）等。其中毒砂、雄黄、雌黄是自然界中常见的砷矿物。这些矿物在风蚀、雨淋、水浸等情况下，砷可进入水体和土壤中。

砷的毒性和生物活性取决于其化学形态。元素状的砷是无毒的，但经氧化后就成为剧毒物。砷的毒性顺序为：砷化氢＞无机亚砷酸盐（3价）＞无机砷酸盐（5价）＞有机3价砷化合物＞有机5价砷化合物＞砷化合物＞砷元素。

GB 2762—2012《食品安全国家标准 食品中污染物限量》对食品中砷的限量提出了明确指标。

二、砷检测样品前处理方法

砷化物的提取是进行砷检测样品分析的首要条件，单独进行无机砷测定时，常采用浓硝酸等强酸提取样品中砷化物；测定更多不同形态砷化合物时，大多采用甲醇-水（1∶1）结合超声或微波等提取方式进行不同形态砷化合物的提取，其他如三氟乙酸溶液、蛋白质提取溶液等也用于砷化物的提取。

常用的砷化物的提取方式包括湿法消解法、酸提法、微波消解法和超声提取法。酸提法不会破坏样品中的有机物质，但应用范围较窄。微波消解法和超声提取法的处理时间短，砷元素不易损失，准确度、精密度较好，但同时处理成本较高。不同的检测方法对不同砷形态的要求不同，故可根据具体要求选择合适的提取溶剂和提取方式。

三、砷检测方法

随着国内外对砷的限量要求的不断提高,砷的检测技术也不断得到改进。国际上总砷测定基本都采用灵敏度、准确度和检测限均很出色的检测手段,如电感耦合等离子体质谱法(ICP-MS)、氢化物原子荧光光谱法(HG-AFS)、氢化物原子吸收光谱法(HG-AAS)等。现阶段国家标准食品中总砷检测的检出限为:氢化物原子荧光光谱法为 0.01 mg/kg;银盐法为 0.2 mg/kg;砷斑法为 0.25 mg/kg;硼氢化物还原比色法为 0.05 mg/kg。无机砷的测定基本采用各种联用技术,即将分离能力出色的色谱技术与特异性检测器联用,例如色谱与原子吸收技术联用,色谱与原子荧光检测技术联用,色谱与电感耦合等离子质谱联用等。这些技术非常适合于形态分析,但是所使用仪器设备价格昂贵。

四、砷检测注意事项

(1)样品中若含有下列金属元素,如铬、钴、镍、铜、钼、银、汞、铅及硒等,当其浓度超过约 10 mg/L 时,可能会影响砷化氢的生成效率,造成分析误差(各元素的影响程度不尽相同)。

(2)不同氧化价态的砷,其氢化物的生成效率亦不同;同一浓度的五价砷所产生的吸收信号,其强度仅为三价砷的三分之一至四分之一。故分析时须先将样品中的五价砷还原成三价砷后,再进行氢化物之产生反应。

(3)因砷及砷化合物具有挥发性,样品在前处理过程中,应尽量防止砷的挥发,以避免损失。

(4)样品中若含有硫化合物,则会形成硫化氢,影响砷化氢的生成效率。

【检测技术】

案例一 茶叶中总砷的测定——氢化物原子荧光光谱法

1 适用范围

本方法适用于各类食品中总砷的测定。方法检出限为 0.01 mg/kg,线性范围为 0～200 ng/mL。

2 检测原理

试样经干灰化后,加入硫脲使五价砷预还原为三价砷,再加入硼氢化钠或硼氢化钾使三价砷还原生成砷化氢,由氩气载入石英原子化器中分解为原子态砷,在特制砷空心阴极灯的发射光激发下产生原子荧光,其荧光强度在一定条件下与被测液中的砷浓度成正比,与标准系列比较定量。

3 试剂

3.1 硫脲溶液(50 g/L):称取 5 g 硫脲加水溶解并定容至 100 mL。

3.2 硫酸溶液(1+9):量取硫酸 100 mL,小心倒入水 900 mL 中,混匀。

3.3 砷标准储备液(0.1 mg/mL):精确称取于 100℃ 干燥 2 h 以上的三氧化二砷(As_2O_3)0.132 0 g,加 100 g/L 氢氧化钠 10 mL 溶解,用适量水转入 1 000 mL 容量瓶中,加(1+9)硫酸 25 mL,用水定容至刻度。

3.4 砷使用标准液(1 μg/mL):吸取 1.00 mL 砷标准储备液于 100 mL 容量瓶中,用水稀释至刻度。此液应当日配制使用。

3.5 干灰化试剂:六水硝酸镁(150 g/L)、氯化镁、盐酸(1+1)。

4 仪器

原子荧光光度计、砷空心阴极灯、电热板。

5 实验步骤

5.1 试样消解(干灰化法)

称取 1~2.5 g(精确至小数点后第二位)茶叶于 50~100 mL 坩埚中,加 150 g/L 硝酸镁 10 mL 混匀,低热蒸干,将氧化镁 1 g 仔细覆盖在干渣上,于电炉上炭化至无黑烟,移入 550℃ 高温炉灰化 4 h。取出放冷,小心加入(1+1)盐酸 10 mL 以中和氧化镁并溶解灰分,转入 25 mL 容量瓶或比色管中,向容量瓶或比色管中加入 50 g/L 硫脲 2.5 mL,另用硫酸(1+9)分次涮洗坩埚后转出合并,直至 25 mL 刻度,混匀备测。同时做两份试剂空白。

5.2 标准系列制备

取 25 mL 容量瓶或比色管 6 支,依次准确加入 1 μg/mL 砷使用标准液 0、0.05、0.2、0.5、2.0、5.0 mL(各相当于砷浓度 0、2.0、8.0、20.0、80.0、200.0 ng/mL),各加硫酸(1+9) 12.5 mL,50 g/L 硫脲 2.5 mL,补加水至刻度,混匀备测。

5.3 测定

仪器参考条件:光电倍增管电压,400 V;砷空心阴极灯电流,35 mA;原子化器,温度 820~850℃,高度 7 mm;氩气流速,载气 600 mL/min;测量方式,荧光强度或浓度直读;读数方式,峰面积;读数延迟时间,1 s;读数时间,15 s;硼氢化钠溶液加入时间,5 s;标液或样液加入体积,2 mL。

6 结果计算

如果采用荧光强度测量方式,则需先对标准系列的结果进行回归运算(由于测量时"0"管强制为 0,故零点值应该输入以占据一个点位),然后根据回归方程求出试剂空白液和试样被测液的砷浓度,再按式(5-3)计算试样中的砷含量。

$$X = \frac{c_1 - c_0}{m} \times \frac{25}{1\,000} \tag{5-3}$$

式中:X—试样的砷含量,单位为毫克每千克或毫克每升(mg/kg 或 mg/L);

c_1—试样被测液的浓度,单位为纳克每毫升(ng/mL);

c_0—试剂空白液的浓度,单位为纳克每毫升(ng/mL);

m—试样的质量或体积,单位为克或毫升(g 或 mL)。

计算结果保留两位有效数字。

7 精密度

湿消解法在重复性条件下获得的两次独立测定结果的绝对差值不得超过算术平均值的 10%。

案例二　大米中无机砷的测定——氢化物原子荧光光谱法

1　适用范围

本方法适用于食品中无机砷的测定,本方法检出限为:固体试样 0.04 mg/kg,液体试样 0.004 mg/L。线性范围:1.0～10.0 μg。

2　检测原理

食品中的砷可能以不同的化学形式存在,包括无机砷和有机砷。在 6 mol/L 盐酸水浴条件下,无机砷以氯化物形式被提取,实现无机砷和有机砷的分离。在 2 mol/L 盐酸条件下测定总无机砷。

3　试剂

3.1　正辛烷

3.2　盐酸溶液(1+1):量取 250 mL 盐酸,慢慢倒入 250 mL 水中,混匀。

3.3　氢氧化钾溶液(2 g/L):称取氢氧化钾 2 g 溶于水中,稀释至 1 000 mL。

3.4　硼氢化钾溶液(7 g/L):称取硼氢化钾 3.5 g 溶于 500 mL 2 g/L 氢氧化钾溶液中。

3.5　碘化钾(100 g/L)-硫脲混合溶液(50 g/L):称取碘化钾 10 g,硫脲 5 g 溶于水中,并稀释至 100 mL 混匀。

3.6　三价砷(As^{3+})标准液:准确称取三氧化二砷 0.132 0 g,加 100 g/L 氢氧化钾 1 mL 和少量亚沸蒸馏水溶解,转入 100 mL 容量瓶中定容。此标准溶液含三价砷(As^{3+})1 mg/mL。使用时用水逐级稀释至标准使用液浓度为三价砷(As^{3+})1 μg/mL。4℃冰箱保存可使用 7 d。

4　仪器

原子荧光光度计、恒温水浴锅。

5　分析步骤

5.1　试样处理

称取经粉碎过 80 目筛的大米干样 2.50 g(称样量依据试样含量酌情增减)于 25 mL 具塞刻度试管中,加盐酸(1+1)溶液 20 mL,混匀。置于 60℃水浴锅加热 18 h,其间多次振摇,使试样充分浸提。取出冷却,脱脂棉过滤,取 4 mL 滤液于 10 mL 容量瓶中,加碘化钾-硫脲混合溶液 1 mL,正辛醇(消泡剂)8 滴,加水定容。放置 10 min 后测试样中无机砷。如浑浊,再次过滤后测定。同时做试剂空白试验。

注:试样浸提液冷却后,过滤前用盐酸(1+1)溶液定容至 25 mL。

5.2　仪器参考操作条件

光电倍增管(PMT)负高压:340 V;砷空心阴极灯电流:40 mA;原子化器高度:9 mm;载气流速:600 mL/min;读数延迟时间:2 s;读数时间:12 s;读数方式:峰面积;标液或试样加入体积:0.5 mL。

5.3　标准系列配制

分别准确吸取 1 μg/mL 三价砷(As^{3+})标准使用液 0、0.05、0.1、0.25、0.5、1.0 mL 于 10 mL 容量瓶中,分别加盐酸(1+1)溶液 4 mL,碘化钾-硫脲混合溶液 1 mL,正辛醇 8 滴,定容[各相当于含三价砷(As^{3+})浓度 0、5.0、10.0、25.0、50.0、100.0 ng/mL]。

6　结果计算

试样中无机砷含量按式(5-4)进行计算。

$$X=\frac{(c_1-c_2)\times F}{m}\times\frac{1\,000}{1\,000\times 1\,000} \tag{5-4}$$

式中：X—试样中无机砷含量，单位为毫克每千克或毫克每升(mg/kg 或 mg/L)；

c_1—试样测定液中无机砷浓度，单位为纳克每毫升(ng/mL)；

c_2—试剂空白浓度，单位为纳克每毫升(ng/mL)；

m—试样质量或体积，单位为克或毫升(g 或 mL)；

F—固体试样，$F=10\ mL\times 25\ mL/4\ mL$；液体试样，$F=10\ mL$。

【任务考核标准】

序号	考核项目	考核内容	考核标准	参考分值
1	基本素质	学习与工作态度	态度端正,学习认真,积极主动,学习方法多样,服从安排,全部满勤。	5
		团队协作	顾全大局,积极与小组成员合作,共同制定工作计划,共同完成工作任务。	5
2	基础知训	砷的特性	能说出或写出砷的主要特性。	5
		砷测定样品前处理方法	能说出或写出砷测定常用样品消解方法及特点。	5
		砷测定方法	能说出或写出砷测定的常用方法及对方法的评价。	5
3	检测方案制定	制定原子荧光光谱法测定食品中总砷的方案	能根据工作任务,积极思考,广泛查阅资料,制定出切实可行的原子荧光光谱法测定食品中总砷的方案。	5
		制定氢化物原子荧光光谱法测定食品中无机砷的方案	能根据工作任务,积极思考,广泛查阅资料,制定出切实可行的氢化物原子荧光光谱法测定食品中无机砷的方案。	5
4	样品处理	试剂的选择与配制	能根据检测内容,合理选择并准确配制试剂。	5
		样品预处理	能根据检测需要,对样品进行粉碎,过筛,匀浆,均质等。	5
		样品称量	能根据检测需要,精确称取样品。	5
		样品消解	能根据样品特性和实验条件选择适宜的样品消解方法并对样品进行消解。	10
5	仪器分析	仪器条件(状态)设定	能将仪器设定至最佳条件或将仪器性能调至最佳状态。	5
		数据读取	能准确读取检测数据,如峰面积等。	5
		标准曲线绘制	能正确绘制标准曲线,并能准确查出测定结果。	5
		结果计算	能使用软件或计算公式对测定结果进行计算。	5
6	检测报告	编写检测报告	数据记录完整,能按要求编写检测报告并上报。	10
7	职业素质	方法能力	能通过各种途径快速查阅获取所需信息,问题提出明确,表达清晰,有独立分析问题和解决问题的能力。	5
		工作能力	学习工作程序规范、次序井然、结果准确。主动完成自测训练,有完整的读书笔记和工作记录,字迹工整。	5
		合　　计		100

【自测训练】

一、知识训练

(一)填空题

1.砷是一种非金属元素,由于其许多理化性质类似于金属,因此常称其为_____。

2.无机砷主要有_____、_____、_____(举三例);有机砷主要有_____、_____(举两例)。

3.砷的毒性和生物活性取决于其_____,_____状的砷是无毒的。

4.As_2O_3 为白色粉末状的剧毒物,俗称_____。

5.目前食品中总砷检测方法常用的有 _____、_____。

6.在氢化物原子荧光光度法测定农产品总砷中,试样经消解或干灰化后,加入_____使五价砷还原为三价砷,再加入_____使三价砷还原生成砷化氢。

7.食品中的砷可能以不同的化学形式存在,包括无机砷和有机砷,在盐酸水浴条件下,无机砷以_____形式被提取,实现无机砷和有机砷的分离。

8.砷检测样品前处理方法有 _____、_____、_____、_____。

9.砷检测方法主要有 _____、_____、_____、_____等。

(二)简答题

1.氢化物原子荧光光度法测定农产品中总砷的基本原理是什么?

2.氢化物原子荧光光谱法测定食品中无机砷的基本原理是什么?

3.欲测定茶叶中总砷,简述试样消解基本过程。

二、技能训练

用氢化物原子荧光光度法测定茶叶中总砷的含量。

 任务 5-4　铅、镉的检测

【任务内容】

1.铅、镉的特性。

2.铅、镉测定样品前处理方法。

3.铅、镉的测定方法。

4.石墨炉原子吸收光谱法测定农产品中铅、镉样品前处理、仪器调试、测定方法及结果计算。

5.二硫腙比色法测定农产品中铅样品前处理、仪器参考条件、测定方法及结果计算。

6.完成自测定训练。

【学习条件】

1.场所:校内农产品质量检测实训中心(样品前处理室、仪器分析室)、多媒体教学室、农产品质量安全检测校外实训基地(检验室)。

2.仪器设备:多媒体设备、原子吸收光谱仪(附石墨炉及铅、镉空心阴极灯)、分光光度计、马弗炉、瓷坩埚、恒温干燥箱、可调式电热板、带电子调节器万用电炉、小型粉碎机、匀浆机、电子天平(0.0001、0.01)等。

3.试剂与材料:金属镉、金属铅、硝酸铅、氰化钾、柠檬酸铵、盐酸羟胺、三氯甲烷、二硫腙等。

4.其他:教材、相关PPT、视频、影像资料、相关图书、相关标准、网络资源等。

【相关知识】

一、铅、镉的特性

(一)铅的特性

铅(Plumbum),元素符号Pb。铅是一种银灰色有光泽的重金属,在空气中易氧化而失去光泽,变成暗灰色。铅的密度为11.3437 g/cm³,熔点为327.5℃,沸点为1740℃。铅质软,展性强(能压成薄片)、但延性弱(不能拉成丝)。导电、导热性能不好,但抗腐蚀性能很强。高温下易挥发,加热到400~500℃时有大量铅烟逸出。铅在空气中表面能生成氧化铅膜,在潮湿和含有二氧化碳的空气中,表面生成碱式碳酸铅薄膜,这两种化合物均能阻止铅被进一步氧化。在加热时铅能与氧、硫、卤素化合,生成相应的化合物。

金属铅不溶于水,但溶于硝酸溶液和热的硫酸溶液。在自然界中铅主要与其他元素结合以化合态的形式存在。它不是人体生理上必需的金属元素,由于在自然界分布很广,因此,几乎所有的食品中都含有少量的铅。

铅是污染物中毒性很大并且以神经毒性为主的一种重金属元素。铅的毒性与其化合物的形态、溶解度有关。硝酸铅、醋酸铅易溶于水,易被吸收,毒性强;铅白、铅的氧化物、碱式硫酸铅颗粒小而成粉状,在酸性溶液中易溶解,毒性大;硫化铅、铬酸铅不易溶,毒性小;四乙基铅较无机铅毒性大。

(二)镉的特性

镉(Cadmium),元素符号Cd。镉是一种银白色有光泽的金属,质软、延展性好且耐腐蚀,密度为8.64 g/cm³,熔点为320.9℃,沸点为767℃。镉在自然界中分布广泛,但含量甚微,在地壳中含量约为0.1~0.2 mg/kg,主要以镉的硫化物形式存在于各种锌、铅和铜矿中,常与硫锌矿一起开采,是锌矿冶炼时的副产品,还可以从电解锌或铅、铜冶炼厂的烟灰中回收。镉易挥发,稍经加热就会挥发,并与空气中的氧结合。常温下镉在空气中会迅速失去光泽,表面生成棕色氧化镉,可防止镉进一步氧化。高温下镉与卤素反应激烈,形成卤化镉,也可与硫直接化合生成硫化镉。镉不溶于水,不溶于碱,可溶于酸(硝酸、醋酸,在稀盐酸和稀硫酸中缓慢溶解,同时放出氢气)。镉的存在形式有硝酸镉、硫化镉、氯化镉、乙酸镉、半胱氨酸-镉络合物、硫酸镉和碳酸镉等。不同形式的镉的毒性是不同的,硝酸镉和氯化镉易溶于水,故对动植物和人体的毒性较高。

镉是金属污染物中最危险的元素之一,1992年镉的化合物被国际癌症研究中心(IARC)

确认为 IA 级致癌物,被美国毒性物质管理委员会(ATSDR)列为第 6 位危害人体健康的有毒物质。

GB 2762—2012《食品安全国家标准 食品中污染物限量》对食品中铅、镉的限量提出了明确指标。

二、铅、镉检测样品前处理方法

食品中铅、镉检测样品前处理方法有压力消解、干法灰化、湿式消解等。其原理是用高温或高压与强酸共同作用把食品中的有机物完全灰化,并使残余的无机物溶于强酸中。

在消解过程中,加入不同的改进剂或辅助消解物质,可提高消解的速度和完全程度。比如石墨炉原子吸收法测定食品中痕量铅时采用硝酸镍作为助灰剂和基体改进剂,能很好地增加铅的热稳定性,使样品干法灰化处理过程简单。

三、铅、镉检测方法

食品中铅、镉检测方法有原子吸收光谱法、原子荧光光谱法、分光光度法、电化学法等。

GB 5009.12—2010《食品中铅的测定》规定的测定方法为:第一法石墨炉原子吸收光谱法,方法检出限为 0.005 mg/kg;第二法氢化物原子荧光光谱法,该方法检出限固体试样为 0.005 mg/kg,液体试样为 0.001 mg/kg;第三法火焰原子吸收光谱法,方法检出限为 0.1 mg/kg;第四法二硫腙比色法,方法检出限为 0.25 mg/kg;第五法单扫描极谱法,方法检出限为 0.085 mg/kg。

GB/T 5009.15—2003《食品中镉的测定》规定的测定方法为:第一法石墨炉原子吸收光谱法,第二法火焰原子吸收光谱法,第三法比色法,第四法原子荧光法。各种方法的检出限量分别为:石墨炉原子化法为 0.1 μg/kg,火焰原子化法为 5.0 μg/kg,比色法为 50 μg/kg,原子荧光法为 1.2 μg/kg。

四、铅、镉测定注意事项

所用玻璃仪器均需以硝酸(1+5)浸泡过夜,用水反复冲洗,最后用去离子水冲洗干净。

(1)二硫腙比色法测铅用氰化钾作掩蔽剂,不要任意增加浓度和用量以避免干扰铅的测定。氰化钾剧毒,不能用手接触,必须在溶液调至碱性再加入。废的氰化钾溶液应加 NaOH 和 $FeSO_4$(亚铁),使其变成亚铁氰化钾再倒掉。

(2)如果样品中含 Ca、Mg 的磷酸盐时,不要加柠檬酸铵,避免生成沉淀使铅损失。

(3)样品中含锡量>150 mg 时,要设法让其变成溴化锡蒸发除去,以免产生偏锡酸而使铅丢失。

(4)原子荧光光谱法测定镉时,常用盐酸作测定介质,其浓度对测定结果影响非常大。测定酸度选择范围 0.20~0.45 mol/L HCl。测定镉时,空白的噪声信号较大,主要是试剂空白信号,必须将所用的酸再提纯。

【检测技术】

案例一 大米中铅的测定——石墨炉原子吸收光谱法

1 适用范围

本方法适用于食品中铅的测定。方法检出限为 0.005 mg/kg。

2 检测原理

试样经灰化或酸消解后,注入原子吸收分光光度计石墨炉中,电热原子化后吸收 283.3 nm 共振线,在一定浓度范围,其吸收值与铅含量成正比,与标准系列比较定量。

3 试剂

除非另有规定,本方法所使用试剂均为分析纯,水为 GB/T 6682 规定的一级水。

3.1 硝酸:优级纯。

3.2 过硫酸铵

3.3 过氧化氢(30%)

3.4 高氯酸:优级纯。

3.5 硝酸(1+1):取 50 mL 硝酸慢慢加入 50 mL 水中。

3.6 硝酸(0.5 mol/L):取 3.2 mL 硝酸加入 50 mL 水中,稀释至 100 mL。

3.7 硝酸(1 mol/L):取 6.4 mL 硝酸加入 50 mL 水中,稀释至 100 mL。

3.8 磷酸二氢铵溶液(20 g/L):称取 2.0 g 磷酸二氢铵,以水溶解稀释至 100 mL。

3.9 混合酸:硝酸-高氯酸(9+1):取 9 份硝酸与 1 份高氯酸混合。

3.10 铅标准储备液:准确称取 1.000 g 金属铅(99.99%),分次加少量硝酸(1+1),加热溶解,总量不超过 37 mL,移入 1 000 mL 容量瓶,加水至刻度。混匀。此溶液每毫升含 1.0 mg 铅。

3.11 铅标准使用液:每次吸取铅标准储备液 1.0 mL 于 100 mL 容量瓶中,加硝酸(0.5 mol/L)至刻度。如此经多次稀释成每毫升含 10.0 ng,20.0 ng,40.0 ng,60.0 ng,80.0 ng 铅的标准使用液。

4 仪器和设备

所用玻璃仪器均需以硝酸(1+5)浸泡过夜,用水反复冲洗,最后用去离子水冲洗干净。

4.1 原子吸收光谱仪:附石墨炉及铅空心阴极灯。

4.2 马弗炉

4.3 天平:感量为 1 mg。

4.4 干燥恒温箱

4.5 瓷坩埚

4.6 可调式电热板、可调式电炉

5 分析步骤

5.1 试样预处理

在采样和制备过程中,应注意不使试样污染。去杂物后,磨碎,过 20 目筛,储于塑料瓶中,保存备用。

5.2 试样消解(干灰化法)

称取 1～5 g 试样(精确到 0.001 g,根据铅含量而定)于瓷坩埚中,先小火在可调式电热板上炭化至无烟,移入马弗炉 500℃±25℃ 灰化 6～8 h,冷却。若个别试样灰化不彻底,则加 1 mL 混合酸[硝酸-高氯酸(9＋1)]在可调式电炉上小火加热,反复多次直到消化完全,放冷,用硝酸(0.5 mol/L)将灰分溶解,用滴管将试样消化液洗入或过滤入(视消化后试样的盐分而定)10～25 mL 容量瓶中,用水少量多次洗涤瓷坩埚,洗液合并于容量瓶中并定容至刻度,混匀备用;同时作试剂空白。

5.3 测定

5.3.1 仪器参考条件

波长 283.3 nm;狭缝 0.2～1.0 nm;灯电流 5～7 mA;干燥温度 120℃,20 s;灰化温度 450℃,持续 15～20 s;原子化温度 1 700～2 300℃,持续 4～5 s;背景校正为氘灯或塞曼效应。

5.3.2 标准曲线绘制

吸取上面配制的铅标准使用液 10.0 ng/mL、20.0 ng/mL、40.0 ng/mL、60.0 ng/mL、80.0 ng/mL 各 10 μL,注入石墨炉,测得其吸光值并求得吸光值与浓度关系的一元线性回归方程。

5.3.3 试样测定

分别吸取样液和试剂空白液各 10 μL,注入石墨炉,测得其吸光值,代入标准系列的一元线性回归方程中求得样液中铅含量。

5.3.4 基体改进剂的使用

对有干扰试样,则注入适量的基体改进剂磷酸二氢铵溶液(20 g/L)(一般为 5 μL 或与试样同量)消除干扰。绘制铅标准曲线时也要加入与试样测定时等量的基体改进剂磷酸二氢铵溶液。

6 结果计算

试样中铅含量按式(5-5)进行计算。

$$X = \frac{(c_1 - c_0) \times V \times 1\,000}{m \times 1\,000 \times 1\,000} \tag{5-5}$$

式中:X—试样中铅含量,单位为毫克每千克或毫克每升(mg/kg 或 mg/L);

c_1—测定样液中铅含量,单位为纳克每毫升(ng/mL);

c_0—空白液中铅含量,单位为纳克每毫升(ng/mL);

V—试样消化液定量总体积,单位为毫升(mL);

m—试样质量或体积,单位为克或毫升(g 或 mL)。

以重复性条件下获得的两次独立测定结果的算术平均值表示,结果保留两位有效数字。

7 精密度

在重复性条件下获得的两次独立测定结果的绝对差值不得超过算术平均值的 20%。

案例二　蔬菜中铅的测定——二硫腙比色法

1 适用范围

本方法适用于食品中铅的测定,检出限为 0.25 mg/kg。

2 检测原理

试样经消化后,在 pH 8.5～9.0 时,铅离子与二硫腙生成红色络合物,溶于三氯甲烷。加入柠檬酸铵、氰化钾和盐酸羟胺等,防止铁、铜、锌等离子干扰,与标准系列比较定量。

3 试剂

3.1 氨水(1+1)

3.2 盐酸(1+1):量取 100 mL 盐酸,加入 100 mL 水中。

3.3 酚红指示液(1 g/L):称取 0.10 g 酚红,用乙醇少量多次溶解后移入 100 mL 容量瓶中并定容至刻度。

3.4 盐酸羟胺溶液(200 g/L):称取 20.0 g 盐酸羟胺,加水溶解至 50 mL,加 2 滴酚红指示液,加氨水(1+1),调 pH 至 8.5～9.0(由黄变红,再多加 2 滴),用二硫腙-三氯甲烷溶液(3.10)提取至三氯甲烷层绿色不变为止,再用三氯甲烷洗二次,弃去三氯甲烷层,水层加盐酸(1+1)至呈酸性,加水至 100 mL。

3.5 柠檬酸铵溶液(200 g/L):称取 50 g 柠檬酸铵,溶于 100 mL 水中,加 2 滴酚红指示液(1 g/L),加氨水(1+1),调 pH 至 8.5～9.0,用二硫腙-三氯甲烷溶液(0.5 g/L)提取数次,每次 10～20 mL,至三氯甲烷层绿色不变为止,弃去三氯甲烷层,再用三氯甲烷洗两次,每次 5 mL,弃去三氯甲烷层,加水稀释至 250 mL。

3.6 氰化钾溶液(100 g/L):称取 10.0 g 氰化钾,用水溶解后稀释至 100 mL。

3.7 三氯甲烷:不应含氧化物。

3.7.1 检查方法:量取 10 mL 三氯甲烷,加 25 mL 新煮沸过的水,振摇 3 min,静置分层后,取 10 mL 水溶液,加数滴碘化钾溶液(150 g/L)及淀粉指示液,振摇后应不显蓝色。

3.7.2 处理方法:于三氯甲烷中加入 1/10～1/20 体积的硫代硫酸钠溶液(200 g/L)洗涤,再用水洗后加入少量无水氯化钙脱水后进行蒸馏,弃去最初及最后的十分之一馏出液,收集中间馏出液备用。

3.8 淀粉指示液:称取 0.5 g 可溶性淀粉,加 5 mL 水搅匀后,慢慢倒入 100 mL 沸水中,边倒边搅拌,煮沸,放冷备用,临用时配制。

3.9 硝酸(1+99):量取 1 mL 硝酸,加入 99 mL 水中。

3.10 二硫腙-三氯甲烷溶液(0.5 g/L):保存冰箱中,必要时用下述方法纯化。

称取 0.5 g 研细的二硫腙,溶于 50 mL 三氯甲烷中,如不全溶,可用滤纸过滤于 250 mL 分液漏斗中,用氨水(1+99)提取三次,每次 100 mL,将提取液用棉花过滤至 500 mL 分液漏斗中,用盐酸(1+1)调至酸性,将沉淀出的二硫腙用三氯甲烷提取 2～3 次,每次 20 mL,合并三氯甲烷层,用等量水洗涤两次,弃去洗涤液,在 50℃水浴上蒸去三氯甲烷。精制的二硫腙置硫酸干燥器中,干燥备用。或将沉淀出的二硫腙用 200 mL、200 mL、100 mL 三氯甲烷提取三次,合并三氯甲烷层为二硫腙溶液。

3.11 二硫腙使用液

吸取 1.0 mL 二硫腙溶液,加三氯甲烷至 10 mL,混匀。用 1 cm 比色杯,以三氯甲烷调节零点,于波长 510 nm 处测吸光度(A),用式(5-6)算出配制 100 mL 二硫腙使用液(70%透光率)所需二硫腙溶液的毫升数(V)。

$$V=\frac{10\times(2-\lg70)}{A}=\frac{1.55}{A} \tag{5-6}$$

3.12 酸-硫酸混合液(4+1)。

3.13 铅标准溶液(1.0 mg/mL):准确称取 0.159 8 g 硝酸铅,加 10 mL 硝酸(1+99),全

部溶解后,移入 100 mL 容量瓶中,加水稀释至刻度。

3.14 铅标准使用液(10.0 μg/mL):吸取 1.0 mL 铅标准溶液,置于 100 mL 容量瓶中,加水稀释至刻度。

4 仪器和设备

所用玻璃仪器均需用硝酸(1+5)浸泡 24 h 以上,用自来水反复冲洗,最后用去离子水冲洗干净。

4.1 分光光度计

4.2 天平:感量为 1 mg。

5 分析步骤

5.1 试样预处理

在采样和制备过程中,应注意不使试样污染。蔬菜鲜样,用食品加工机或匀浆机打成匀浆,储于塑料瓶中,保存备用。

5.2 试样消化(硝酸-硫酸法)

称取 25.00 g 蔬菜试样或 50.00 g 洗净打成匀浆的蔬菜试样(精确到 0.01 g),置于 250~500 mL 定氮瓶中,加数粒玻璃珠、10~15 mL 硝酸,放置片刻,小火缓缓加热,待作用缓和,放冷。沿瓶壁加入 5 mL 或 10 mL 硫酸,再加热,至瓶中液体开始变成棕色时,不断沿瓶壁滴加硝酸至有机质分解完全。加大火力,至产生白烟,待瓶口白烟冒净后,瓶内液体再产生白烟为消化完全,该溶液应澄清无色或微带黄色,放冷(在操作过程中应注意防止爆沸或爆炸)。加 20 mL 水煮沸,除去残余的硝酸至产生白烟为止,如此处理两次,放冷。将冷后的溶液移入 50 mL 或 100 mL 容量瓶中,用水洗涤定氮瓶,洗液并入容量瓶中,放冷,加水至刻度,混匀。定容后的溶液每 10 mL 相当于 5 g 样品,相当加入硫酸量 1 mL。取与消化试样相同量的硝酸和硫酸,按同一方法做试剂空白试验。

5.3 测定

吸取 10.0 mL 消化后的定容溶液和同量的试剂空白液,分别置于 125 mL 分液漏斗中,各加水至 20 mL。

吸取 0 mL,0.10 mL,0.20 mL,0.30 mL,0.40 mL,0.50 mL 铅标准使用液(相当 0.0 μg,1.0 μg,2.0 μg,3.0 μg,4.0 μg,5.0 μg 铅),分别置于 125 mL 分液漏斗中,各加硝酸(1+99)至 20 mL。

于试样消化液、试剂空白液和铅标准液中各加 2.0 mL 柠檬酸铵溶液(200 g/L),1.0 mL 盐酸羟胺溶液(200 g/L)和 2 滴酚红指示液,用氨水(1+1)调至红色,再各加 2.0 mL 氰化钾溶液(100 g/L),混匀。各加 5.0 mL 二硫腙使用液,剧烈振摇 1 min,静置分层后,将三氯甲烷层经脱脂棉滤入 1 cm 比色杯中,以三氯甲烷调节零点,于波长 510 nm 处测吸光度,各点减去零管吸收值后,绘制标准曲线或计算一元回归方程,试样与曲线比较定量。

6 结果计算

试样中铅含量按式(5-7)进行计算。

$$X=\frac{(m_1-m_2)\times 1\,000}{m_3\times V_2/V_1\times 1\,000} \tag{5-7}$$

式中:X—试样中铅的含量,单位为毫克每千克或毫克每升(mg/kg 或 mg/L);

m_1—测定用试样液中铅的质量,单位为微克(μg);

m_2—试剂空白液中铅的质量,单位为微克(μg);

m_3—试样质量或体积,单位为克或毫升(g 或 mL);

V_1—试样处理液的总体积,单位为毫升(mL);

V_2—测定用试样处理液的总体积,单位为毫升(mL)。

以重复性条件下获得的两次独立测定结果的算术平均值表示,结果保留两位有效数字。

7 精密度

在重复性条件下获得的两次独立测定结果的绝对差值不得超过算术平均值的 10%。

案例三 大米中镉的测定——石墨炉原子吸收光谱法

1 适用范围

本方法适用于各类食品中镉的测定。本方法检出限为 0.1 $\mu g/kg$,标准曲线线性范围为 0~50 ng/mL。

2 检测原理

试样经灰化或酸消解后,注入原子吸收分光光度计石墨炉中,电热原子化后吸收 228.8 nm 共振线,在一定浓度范围,其吸收值与镉含量成正比,与标准系列比较定量。

3 试剂和材料

3.1 硝酸

3.2 高氯酸

3.3 硝酸(1+5):取 50 mL 硝酸慢慢加入 250 mL 水中。

3.4 硝酸(0.5 mol/L):取 3.2 mL 硝酸加入 50 mL 水中,稀释至 100 mL。

3.5 盐酸(1+1):取 50 mL 盐酸慢慢加入 50 mL 水中。

3.6 混合酸:硝酸+高氯酸(4+1)。取 4 份硝酸与 1 份高氯酸混合。

3.7 镉标准储备液:准确称取 1.000 g 金属镉(99.99%)分多次加 20 mL 盐酸(1+1)溶解,加 2 滴硝酸,移入 1 000 mL 容量瓶中,加水至刻度。混匀。此溶液每毫升含 1.0 mg 镉。

3.8 镉标准使用液:每次吸取镉标准储备液 10.0 mL 于 100 mL 容量瓶中,加硝酸(0.5 mol/L)至刻度。如此经多次稀释成每毫升含 100.0 ng 镉的标准使用液。

4 仪器和设备

所用玻璃仪器均需以硝酸(1+5)浸泡过夜,用水反复冲洗,最后用去离子水冲洗干净。

4.1 原子吸收分光光度计(附石墨炉及镉空心阴极灯)

4.2 可调式电热板或可调式电炉

5 分析步骤

5.1 试样预处理

大米去杂质后,磨碎,过 20 目筛,储于塑料瓶中,保存备用。在采样和制备过程中,应注意不使试样污染。

5.2 试样消解(湿式消解法)

称取试样 1.00~5.00 g 于三角瓶或高脚烧杯中,放数粒玻璃珠,加 10 mL 混合酸,加盖浸泡过夜,加一小漏斗电炉上消解,若变棕黑色,再加混合酸(3.6),直至冒白烟,消化液呈无色透明或略带黄色,放冷用滴管将试样消化液洗入或过滤入(视消化后试样的盐分而定)10~

25 mL 容量瓶中,用水少量多次洗涤三角瓶或高脚烧杯,洗液合并于容量瓶中并定容至刻度,混匀备用;同时作试剂空白。

5.3　测定

5.3.1　仪器条件

根据各自仪器性能调至最佳状态。参考条件为波长 228.8 nm,狭缝 0.5～1.0 nm,灯电流 8～10 mA,干燥温度 120℃,20 s;灰化温度 350℃,15～20 s;原子化温度 1 700～2 300℃,4～5 s;背景校正为氘灯或塞曼效应。

5.3.2　标准曲线绘制

吸取上面配制的镉标准使用液 0.0、1.0、2.0、3.0、5.0、7.0、10.0 mL 于 100 mL 容量瓶中稀释至刻度,相当于 0.0、1.0、3.0、5.0、7.0、10.0 ng/mL,各吸取 10 μL 注入石墨炉,测得其吸光值并求得吸光值与浓度关系的一元线性回归方程。

5.3.3　试样测定

分别吸取样液和试剂空白液各 10 μL 注入石墨炉,测得其吸光值,代入标准系列的一元线性回归方程中求得样液中镉含量。

6　结果计算

试样中镉含量按式(5-8)进行计算。

$$X=\frac{(A_1-A_2)\times V\times 1\ 000}{m\times 1\ 000} \tag{5-8}$$

式中:X—试样中镉含量,单位为微克每千克或微克每升($\mu g/kg$ 或 $\mu g/L$);

A_1—测定试样消化液中镉含量,单位为纳克每毫升(ng/mL);

A_2—空白液中镉含量,单位为纳克每毫升(ng/mL);

V—试样消化液总体积,单位为毫升(mL);

m—试样质量或体积,单位为克或毫升(g 或 mL)。

计算结果保留两位有效数字。

7　精密度

在重复性条件下获得的两次独立测定结果的绝对差值不得超过算术平均值的 20%。

【任务考核标准】

序号	考核项目	考核内容	考核标准	参考分值
1	基本素质	学习与工作态度	态度端正,学习认真,积极主动,学习方法多样,服从安排,满勤。	5
		团队协作	顾全大局,积极与小组成员合作,共同制定工作计划,共同完成工作任务。	5
2	基础知识	铅、镉的特性	能说出或写出铅、镉的主要特性。	5
		铅、镉测定样品前处理方法	能说出或写出铅、镉测定常用样品消解方法及特点。	5
		铅、镉测定方法	能说出或写出测定铅、镉的常用方法及对方法的评价。	5

续表

序号	考核项目	考核内容	考核标准	参考分值
3	制定检测方案	制定石墨炉原子吸收光谱法测定食品中铅、镉的方案	能根据工作任务,积极思考,广泛查阅资料,制定出切实可行的石墨炉原子吸收光谱法测定食品中铅、镉的方案。	10
		制定比色法测定食品中铅的方案	能根据工作任务,积极思考,广泛查阅资料,制定出切实可行的比色法测定食品中铅的方案。	5
4	样品处理	试剂的选择与配制	能根据检测内容,合理选择并准确配制试剂。	4
		样品预处理	能根据检测需要,对样品进行粉碎,过筛,匀浆,均质等。	4
		样品称量	能根据检测需要,精确称取样品。	2
		样品消解	能根据样品特性和实验条件选择适宜的样品消解方法并对样品进行消解。	10
5	仪器分析	仪器条件(状态)设定	能将仪器设定至最佳条件或将仪器性能调至最佳状态。	5
		数据及图谱读取	能准确读取检测数据,如吸光值、一元线性回归方程等。	5
		标准曲线绘制	能正确绘制标准曲线,并能准确查出测定结果。	5
		结果计算	能使用软件或计算公式对测定结果进行计算。	5
6	检测报告	编写检测报告	数据记录完整,能按要求编写检测报告并上报。	10
7	职业素质	方法能力	能通过各种途径快速查阅获取所需信息,问题提出明确,表达清晰,有独立分析问题和解决问题的能力。	5
		工作能力	学习工作程序规范、次序井然、结果准确。主动完成自测训练,有完整的读书笔记和工作记录,字迹工整。	5
	合　　计			100

【自测训练】

一、知识训练

(一)填空题

1.金属铅_____溶于水,但溶于_____溶液和_____溶液。在自然界中铅主要与其他元素结合以_____的形式存在。

2.铅的毒性与其化合物的形态、溶解度有关。硝酸铅、醋酸铅易溶于水,易被吸收,毒性_____;铅白、铅的氧化物,碱式硫酸铅在酸性中易溶解,颗粒小而成粉状,毒性_____;硫化铅、铬酸铅不易溶,毒性_____;四乙基铅较无机铅毒性_____。

3.镉不溶于_____和_____,可溶于_____。

4.镉的存在形式有硝酸镉、_____、_____、乙酸镉、_____、_____和碳酸镉等。

5.不同形式的镉的毒性是不同的,_____和_____易溶于水,故对动植物和人体的毒性较高。

（二）简答题

1.简述石墨炉原子吸收光谱法测定食品中铅的基本原理。

2.怎样检查三氯甲烷中是否含有氧化物？含有氧化物怎样处理？

3.用石墨炉原子吸收光谱法测定镉含量时,仪器条件应设置哪些参数？

4.原子吸收光谱法为何要用待测元素的空心阴极灯做光源？能否用氢灯或钨灯代替？为什么？

二、技能训练

1.用石墨炉原子吸收光谱法测定大米中铅（或镉）。

2.用二硫腙比色法测定蔬菜中的铅。

◆◆◆ 任务 5-5　铬、铜的检测 ◆◆◆

【任务内容】

1.铬、铜的特性。

2.铬、铜检测的前处理方法和检测方法。

3.用火焰原子吸收光谱法测定农产品中铜的试样消解方法、仪器参考条件、测定方法及结果计算。

4.用石墨炉原子吸收光谱法测定农产品中铬的试样消解、标准系列配制、试样测定及结果计算。

5.完成自测训练。

【学习条件】

1.场所:校内农产品质量检测实训中心（样品前处理室、仪器分析室）、多媒体教室、农产品质量安全检测校外实训基地（检验室）。

2.仪器设备:多媒体设备、原子吸收分光光度计（附石墨炉及铬空心阴极灯）、马弗炉、可调式电热板或电炉、电子天平（感量为 0.1 mg 和 1 mg）、瓷坩埚等。

3.试剂和材料:金属铜、重铬酸钾、硝酸、盐酸等。

4.其他:教材、相关 PPT、视频、影像资料、相关图书、网络资源等。

【相关知识】

一、铬、铜的特性

（一）铬的特性

铬（Chromium）,元素符号 Cr。铬是一种银白色有光泽的金属,质硬而脆。熔点 1 860℃,沸点 2 482℃,密度 6.92 g/cm³。铬的化学性质不活泼,常温下对氧和水汽都是稳定的,在高于600℃时开始与氧发生反应。铬能溶于盐酸、硫酸和高氯酸,易被氧化性酸氧化而溶解。

铬的化合价有+2价、+3价和+6价,铬的氧化物有氧化亚铬(CrO)、三氧化二铬(Cr_2O_3)、三氧化铬(CrO_3)。随着价态的升高,氧化性增强。Cr^{2+}是强还原剂,很不稳定,可被氧化成Cr^{3+}。Cr^{6+}主要与氧结合成铬酸盐和重铬酸盐,是一种强氧化剂,在酸性溶液中很容易被还原为三价。Cr^{3+}是最稳定的氧化态,也是生物体内最常见的一种形态。

铬的毒性与其存在的价态有关,六价铬的毒性最大(约为三价铬的100倍),三价铬次之,二价铬与金属铬的毒性最小。三价铬是人体必需的微量元素,生理必须日摄入量为0.06～0.36 mg,但过量的摄入则会产生毒害。六价铬有很强的致突变作用,已确认为致癌物,能在体内蓄积。六价铬主要以铬酸盐的形式存在,对人体和农作物均有毒害作用。由于环境和食品中的三价铬和六价铬在一定条件下可以相互转化,食品中和人体内同时存在三价铬和六价铬,目前国标中铬的测定方法主要针对总铬进行测定,并不区分三价铬和六价铬。

GB 2762—2012《食品安全国家标准　食品中污染物限量》对食品中铬的限量提出了明确指标。

(二)铜的特性

铜(Copper),元素符号Cu。铜是一种紫红色有光泽的金属,稍硬、极坚韧、耐磨损。密度为8.92 g/cm³、熔点为1 083.4℃、沸点为2 567℃。铜具有良好的延展性,导热和导电性能也较好。铜在常温下不与干燥空气中的氧反应,但加热时能与氧反应生成黑色的氧化铜(CuO),继续在很高的温度下燃烧就生成红色的氧化亚铜(Cu_2O)。在潮湿的空气里,铜的表面慢慢生成一层绿色的铜锈,其成分主要是碱式碳酸铜。铜可溶于硝酸和热浓硫酸,微溶于盐酸,容易被碱侵蚀,在碱性溶液中铜离子易与氨形成络合物。

铜是动物必需的微量元素之一,具有机体造血、新陈代谢、生长繁殖、维持生产性能、增强机体抵抗力等作用,而高剂量铜又在改善饲料营养物质的消化吸收、促进生长激素的分泌和使采食量增加等方面具有不可估量的作用。当铜缺乏时可引发多种动物疾病,因此铜元素在饲料中为必须添加的微量元素之一。在猪的饲养标准中一般规定每千克饲粮含铜4～6 mg。

二、铬、铜检测样品前处理方法

测定食品中铬、铜含量时,首先要将样品中的金属离子通过消解转变成可溶性盐,再进行测定。检测食品中总铬含量时,通常先将三价铬氧化成六价铬,再进行测定。消解方法主要有干法灰化、湿法消解和高压消解。

三、铬、铜检测方法

铬检测方法主要有原子吸收光谱法和电化学法。GB/T 5009.123—2003《食品中铬的测定》将石墨炉原子吸收光谱法列第一法,示波极谱法列为第二法。检出限量分别为:石墨炉原子化法为0.2 ng/mL,示波极谱法为1 ng/mL。

铜检测方法有原子吸收光谱法、比色法、电感耦合等离子原子发射光谱法(ICP)等。GB/T 5009.13—2003《食品中铜的测定》将原子吸收光谱法列为第一法,比色法列为第二法。检出限:火焰原子化法为 1.0 mg/kg,石墨炉原子化法为 0.1 mg/kg,比色法为 2.5 mg/kg。

四、铬、铜检测注意事项

微量元素分析的样品制备过程中应特别注意防止各种污染。所用设备如绞肉机、匀浆器、粉碎机等必须是不锈钢制品。所用容器必须是玻璃或聚乙烯制品。

测定铬时,所有的玻璃器皿不能用重铬酸钾洗液洗涤。

【检测技术】

案例一　大米中铬的测定——石墨炉原子吸收光谱法

1　适用范围

本方法适用于各类食品中总铬的测定。检出限为 0.2 ng/mL。

2　检测原理

试样经消解后,用去离子水溶解,并定容到一定体积。吸取适量样液于石墨炉原子化器中原子化,在选定的仪器参数下,铬吸收波长为 357.9 nm 的共振线,其吸光度与铬含量成正比。

3　试剂

3.1　硝酸

3.2　1.0 mol/L 硝酸溶液:量取 64 mL 硝酸,加去离子水并稀释到 1 000 mL。

3.3　盐酸(1+1)

3.4　重铬酸钾

3.5　铬标准溶液:称取优级纯重铬酸钾(110℃烘 2 h)1.413 5 g 溶于水中,定容于容量瓶至 500 mL,此溶液含铬 1.0 mg/mL 为标准储备液。临用时,将标准储备液用 1.0 mol/L 硝酸稀释配成含铬 100 ng/mL 的标准使用液。

4　仪器

4.1　原子吸收分光光度计:附石墨管及铬空心阴极灯。

4.2　马弗炉

5　分析步骤

5.1　试样预处理

大米粉碎,过 20 目筛,储于塑料瓶中保存备用。

5.2　试样消解(干灰化法)

称取大米试样 0.5～1.0 g 于瓷坩埚中,加入 1～2 mL 优级纯硝酸,浸泡 1 h 以上,将坩埚置于电炉上,小火蒸干,炭化至不冒烟为止,转移至马弗炉中,550℃灰化 2 h,取出、冷却后,加数滴浓硝酸于坩埚内的试样灰中,再转入 550℃马弗炉中,继续灰化 1～2 h,到试样呈白灰状,从马弗炉中取出放冷后,用硝酸(体积分数为 1%)溶解试样灰,将溶液移入 5 mL 或 10 mL 容量瓶中,定容后充分混匀,即为试液。同时,按上述方法作空白对照。干法灰化可以避免使用过多浓酸,减少对石墨炉管的腐蚀作用,延长石墨管的使用寿命。

5.3　标准曲线的制备

分别吸取铬标准使用液(100 ng/mL)0、0.10、0.30、0.50、0.70、1.00、1.50 mL 于 10 mL 容量瓶中,用 1.0 mol/L 硝酸稀释至刻度,混匀。

5.4 测定

5.4.1 仪器测试条件

应根据各自仪器性能调至最佳状态。

参考条件:波长 357.9 nm;干燥 110℃,40 s;灰化 1 000℃,30 s;原子化 2 800℃,5 s。

背景校正:塞曼效应或氘灯。

5.4.2 测定

将原子吸收分光光度计调试到最佳状态后,将与试样含铬量相当的标准系列及试样液进行测定,进样量为 20 μL,对有干扰的试样应注入与试样液同量的 2%磷酸铵溶液(标准系列亦然)。

6 结果计算

试样中铬含量按式(5-9)计算:

$$X = \frac{(A_1 - A_2) \times 1\,000}{\dfrac{m}{V} \times 1\,000} \tag{5-9}$$

式中:X—试样中铬的含量,单位为微克每千克(μg/kg);

A_1—试样溶液中铬的浓度,单位为纳克每毫升(ng/mL);

A_2—试剂空白液中铬的浓度,单位为纳克每毫升(ng/mL);

V—试样消化液定容体积,单位为毫升(mL);

m—取试样量,单位为克(g)。

7 精密度

在重复性条件下获得的两次独立测定结果的绝对差值不得超过算术平均值的 10%。

案例二   大米中铜的测定——原子吸收光谱法

1 适用范围

本方法适用于食品中铜的测定,该方法的检出限为 1.0 mg/kg。

2 检测原理

试样经处理后,导入原子吸收分光光度计中,原子化以后,吸收 324.8 nm 共振线,其吸收值与铜含量成正比,与标准系列比较定量。

3 试剂

3.1 硝酸

3.2 硝酸(10%):取 10 mL 硝酸置于适量水中,再稀释至 100 mL。

3.3 硝酸(0.5%):取 0.5 mL 硝酸置于适量水中,再稀释至 100 mL。

3.4 硝酸(1+4)。

3.5 硝酸(4+6):量取 40 mL 硝酸置于适量水中,再稀释至 100 mL。

3.6 铜标准溶液:准确称取 1.000 0 g 金属铜(99.99%),分多次加入硝酸(4+6)溶解,总量不超过 37 mL,移入 1 000 mL 容量瓶中,用水稀释至刻度。此溶液每毫升相当于 1.0 mg 铜。

3.7 铜标准使用液:吸取 10.0 mL 铜标准溶液,置于 100 mL 容量瓶中,用 0.5%硝酸溶液稀释至刻度,摇匀,如此多次稀释至每毫升相当于 1.0 μg 铜。

4 仪器

所用玻璃仪器均以硝酸（10％）浸泡 24 h 以上，用水反复冲洗，最后用去离子水冲洗晾干后，方可使用。

4.1 粉碎机

4.2 马弗炉

4.3 原子吸收分光光度计

5 分析步骤

5.1 试样处理

采用干灰化法。大米磨碎，过 20 目筛，混匀。称取 1.00～5.00 g 试样，置于石英或瓷坩埚中，加 5 mL 硝酸，放置 0.5 h。小火蒸干，继续加热炭化，移入马弗炉中，(500±25)℃灰化 1 h，取出放冷，再加 1 mL 硝酸浸湿灰分，小火蒸干。再移入马弗炉中，500℃灰化 0.5 h，冷却后取出，以 1 mL 硝酸(1＋4)溶解 4 次，移入 10.0 mL 容量瓶中，用水稀释至刻度，备用。

取与消化试样相同量的硝酸，按同一方法做试剂空白试验。

5.2 测定

吸取 0.0、1.0、2.0、4.0、6.0、8.0、10.0 mL 铜标准使用液（1.0 μg/mL），分别置于 10 mL 容量瓶中，加硝酸(0.5％)稀释至刻度，混匀。容量瓶中每毫升分别相当于 0、0.10、0.20、0.40、0.60、0.80、1.00 μg 铜。

将处理后的样液、试剂空白液和各容量瓶中铜标准液分别导入调至最佳条件火焰原子化器进行测定。参考条件：灯电流 3～6 mA，波长 324.8 nm，光谱通带 0.5 nm，空气流量 9 L/min，乙炔流量 2 L/min，灯头高度 6 mm，氘灯背景校正。以铜标准溶液含量和对应吸光值，绘制标准曲线或计算直线回归方程，试样吸光值与曲线比较或代入方程求得含量。

6 结果计算

试样中铜的含量按式(5-10)计算。

$$X=\frac{(A_1-A_2)\times V\times 1\,000}{m\times 1\,000} \tag{5-10}$$

式中：X—试样中铜的含量，单位为毫克每千克或毫克每升(mg/kg 或 mg/L)；

A_1—测定用试样中铜的含量，单位为微克每毫升(μg/mL)；

A_2—试剂空白液中铜的含量，单位为微克每毫升(μg/mL)；

V—试样处理后的总体积，单位为毫升(mL)；

m—试样质量或体积，单位为克或毫升(g 或 mL)。

【任务考核标准】

序号	考核项目	考核内容	考核标准	参考分值
1	基本素质	学习与工作态度	态度端正，学习认真，积极主动，学习方法多样，服从安排，出满勤。	5
		团队协作	顾全大局，积极与小组成员合作，共同制定工作计划，共同完成工作任务。	5

续表

序号	考核项目	考核内容	考核标准	参考分值
2	基础知识	铬、铜的特性	能说出或写出铬、铜三种金属的主要特性、摄入过量后对人体的危害。	5
		铬、铜测定样品前处理方法	能说出或写出铬、铜测定常用的样品消解方法。	5
		铬、铜测定方法	能说出测定铬、铜的常用方法及对方法的评价。	5
3	制定检测方案	制定原子吸收光谱法检测样品中铬、铜的方案	能根据工作任务,积极思考,广泛查阅资料,制定出切实可行的检测铬、铜的实施方案。	10
4	样品处理	试剂的选择与配制	能根据检测内容,合理选择试剂并准确配制试剂。	4
		样品预处理	能根据检测需要,对样品进行粉碎、过筛、绞碎、均质等。	3
		样品称量	能根据检测需要,精确称取样品。	3
		样品消解	能根据样品特性和实验条件选择适宜的样品消解方法并对样品进行消解。	10
5	仪器分析	仪器选择	能根据检测任务,合理选择检测仪器,并能正确处理和使用仪器。	5
		仪器条件(状态)设定	能将仪器设定至最佳条件或将仪器性能调至最佳状态。	5
		数据记录	能准确记录和读取检测数据,如吸光值等。	5
		标准曲线绘制	能正确绘制标准曲线,并能准确查出测定结果。	5
		结果计算	能使用软件或计算公式对测定结果进行计算。	5
6	检测报告	编写检测报告	能按要求编写检测报告并上报。	10
7	职业素质	方法能力	能通过各种途径快速获取所需信息,问题提出明确,表达清晰,有独立分析问题和解决问题的能力。	5
		工作能力	学习工作次序井然、操作规范、结果准确。主动完成自测训练,有完整的读书笔记和工作记录,字迹工整。	5
		合　　计		100

【自测训练】

一、知识训练

(一)填空题

1.铬能溶于_____、_____和高氯酸,易被_____酸氧化而溶解。

2.铬的氧化物有 _____、_____、_____。随着价态的升高,氧化性_____。

3.Cr^{6+}主要与氧结合成_____和_____,是一种强氧化剂,在_____性溶液中很容易被还原为三价。

4._____价铬是最稳定的氧化态,也是生物体内最常见的一种形态;_____价铬的毒性最大。

5.在检测食品中总铬含量时,通常先将_____价铬氧化成_____价铬,再进行测定。

6.测定铬时,所有的玻璃器皿不能用_____洗涤。

7.铜可溶于_____和_____,易被_____侵蚀。

8.测定食品样品中铬、铜含量时,消解方法主要有_____、_____、_____。

9.铜检测方法有_____、_____、电感耦合等离子原子发射光谱法等。

10.铬检测方法主要有_____和_____。

（二）简答题

1.简述石墨炉原子吸收光谱法测定食品中铬的基本原理。

2.简述原子吸收光谱法测定茶叶中铜含量的原理。

二、技能训练（根据条件任选其一）

1.用原子吸收光谱法测定粮食中的铜。

2.用石墨炉原子吸收光谱法测定大米中的铬。

项目6

其他有毒有害物质检测

❀ 知识目标

    1.熟悉孔雀石绿、结晶紫的理化特性。

    2.理解分光光度法测定亚硝酸盐、硝酸盐含量的原理。

    3.理解高效液相色谱法检测孔雀石绿、结晶紫的基本原理。

    4.熟悉分光光度法测定亚硝酸盐与硝酸盐含量的程序。

    5.熟悉高效液相色谱法检测孔雀石绿、结晶紫的程序。

    6.掌握分光光度法测定亚硝酸盐与硝酸盐含量的方法。

    7.掌握高效液相色谱法检测孔雀石绿、结晶紫含量的方法。

❀ 能力目标

    1.能够用分光光度法测定食品中亚硝酸盐与硝酸盐的含量。

    2.会制备镉柱并对镉柱的还原效应进行测定。

    3.能够用高效液相色谱法检测孔雀石绿、结晶紫的含量。

    4.会对结果进行判定。

 任务 6-1　亚硝酸盐与硝酸盐的检测

【任务内容】

    1.亚硝酸盐、硝酸盐的来源与危害。

    2.亚硝酸盐、硝酸盐检测方法。

    3.分光光度法检测样品中亚硝酸盐与硝酸盐的原理、方法步骤。

    4.完成自测训练。

【学习条件】

    1.场所:校内农产品质量检测实训中心(多媒体教室、样品前处理室、仪器分析室)、农产品质量安全检测校外实训基地(检验室)。

2.仪器设备:多媒体设备、分光光度计、组织捣碎机、超声波清洗器、恒温干燥箱、电子天平等。

3.试剂和材料:亚硝酸钠、硝酸钠、亚铁氰化钾、乙酸锌、硼酸钠、对氨基苯磺酸、盐酸萘乙二胺、乙酸、锌皮或锌棒、硫酸镉等。

4.其他:教材、相关PPT、视频、影像资料、相关图书、网上资源等。

【相关知识】

一、亚硝酸盐、硝酸盐的来源及其危害

(一)亚硝酸盐、硝酸盐的来源

亚硝酸盐和硝酸盐是广泛存在于自然环境中的化学物质,特别是在食物(如粮食、蔬菜、肉类和鱼类)中都含有一定量的硝酸盐与亚硝酸盐。目前广泛使用的含氮农药、化学肥料及含氮工业废水、废渣对土壤和水体造成污染,使蔬菜中硝酸盐含量不断增加。而土壤则是水体和植物性食品硝酸盐的主要来源。研究表明,人体摄入的硝酸盐80%以上来自蔬菜。其中甜菜、莴苣、菠菜、芹菜及萝卜等硝酸盐含量较高。

食品添加剂是加工食品硝酸盐的来源之一。在食品加工业中,亚硝酸盐常用作发色剂和防腐剂。添加亚硝酸盐可以抑制肉毒芽孢杆菌,并使肉制品呈现鲜红色,同时亚硝酸盐对保持腌肉香味的稳定性有显著作用。腌制蔬菜时,一般也要用亚硝酸盐来防腐。

(二)亚硝酸盐、硝酸盐的危害

硝酸盐在某些细菌的还原作用下可变成亚硝酸盐。鱼类、蛋类、肉类、豆类、五谷中含有亚硝酸盐。比如蔬菜中含有4 mg/kg、肉类含有3 mg/kg、蛋类含有5 mg/kg亚硝酸盐。亚硝酸盐具有一定的毒性,其毒性较硝酸盐大10倍,但浓度只要控制在安全范围之内不会对人体造成危害。

亚硝酸盐是一种氧化性很强的毒物,进入血液后能使血红蛋白中的二价铁氧化为三价铁,从而使正常的低铁血红蛋白转变为高铁血红蛋白,发生高铁血红蛋白症,致使血红蛋白在人体内丧失输送氧的能力,引起全身性缺氧,产生肠源性青紫症。同时大剂量的亚硝酸盐还可使血管扩张,血压下降。

亚硝酸盐在人胃肠道的酸性环境中可与仲胺类物质反应,转化为亚硝胺类物质。亚硝胺是一种在大量的动物实验中已经确认的致癌物质,同时对动物还有致畸和致突变作用,但是目前尚缺乏对人类致癌的直接证据。流行病学资料分析表明,人类某些癌症可能与之有关,胃癌、食管癌、肝癌、结肠癌和膀胱癌等的发病率都可能与亚硝胺有关。动物实验还证明亚硝胺能够通过胎盘和乳汁引起后代发生肿瘤。

因此,在饮食过程中,如果摄入过量的亚硝酸盐会危害人体健康甚至危及生命。从目前获得的毒理学和流行病学资料看,硝酸盐的毒性相对较低。但是,当饮用水和食物中硝酸盐浓度提高,引起人体内积累过多硝酸盐时,直接威胁到人体健康。因为硝酸盐在胃和肠道内可被硝酸还原菌还原为亚硝酸盐。

鉴于亚硝酸盐与硝酸盐对人体的危害,GB 2762—2012《食品安全国家标准　食品中污染物限量》对食品中亚硝酸盐与硝酸盐的限量提出了明确指标。

二、亚硝酸盐、硝酸盐的检测

农产品中亚硝酸盐、硝酸盐的检测方法主要有分光光度法、离子色谱法和示波极谱法。GB 5009.33—2010《食品中亚硝酸盐与硝酸盐的测定》将离子色谱法作为第一法,分光光度法作为第二法。

离子色谱法是 20 世纪 70 年代中期发展起来的一项新的液相色谱技术,是利用柱层析前处理分离技术得到纯的亚硝酸根离子和硝酸根离子,根据其各自的离子强度与电导值的变化成正比关系,通过测定物与各自离子标准物的比较来计算含量。离子色谱法不仅可以同时测定蔬菜中的亚硝酸盐和硝酸盐,还可以同时定量测定多种阴离子组分的含量。用离子色谱法测定蔬菜中的硝酸根离子(NO_3^-)含量具有简便、快速、灵敏、选择性好、准确度高等特点,其中使用离子色谱－电导检测器法检测蔬菜中亚硝酸盐和硝酸盐含量,分离完全、干扰少,与比色法比较,具有准确、简便、易操作的特点,可用于蔬菜中硝酸根离子(NO_3^-)和亚硝酸根离子(NO_2^-)的常规检测。

分光光度法主要为盐酸萘乙二胺分光光度法,也叫格里斯试剂比色法。但所用试剂盐酸萘乙二胺有毒,且操作较烦琐。

【检测技术】

案例一　蔬菜中亚硝酸盐和硝酸盐的测定——分光光度法

1　适用范围

本方法适用于食品中亚硝酸盐和硝酸盐的测定。

2　检测原理

亚硝酸盐采用盐酸萘乙二胺法测定,硝酸盐采用镉柱还原法测定。

试样经沉淀蛋白质、除去脂肪后,在弱酸条件下亚硝酸盐与对氨基苯磺酸重氮化后,再与盐酸萘乙二胺偶合形成紫红色染料,与标准比较定量,测得亚硝酸盐含量。硝酸盐通过镉柱还原成亚硝酸盐,测得亚硝酸盐总量,由此总量减去亚硝酸盐含量即得硝酸盐含量。

3　试剂和材料

除非另有规定,本方法所用试剂均为分析纯。所用水为 GB/T 6682 规定的二级水或去离子水。

3.1　亚铁氰化钾:[$K_4Fe(CN)_6 \cdot 3H_2O$]

3.2　乙酸锌[$Zn(CH_3COO)_2 \cdot 2H_2O$]

3.3　冰醋酸(CH_3COOH)

3.4　硼酸钠($Na_2B_4O_7 \cdot 10H_2O$)

3.5　盐酸($\rho=1.19$ g/mL)

3.6　氨水(25%)

3.7　对氨基苯磺酸($C_6H_7NO_3S$)

3.8　盐酸萘乙二胺($C_{12}H_{14}N_2 \cdot 2HCl$)

3.9　亚硝酸钠($NaNO_2$)

3.10　硝酸钠($NaNO_3$)

3.11　锌皮或锌棒

3.12　硫酸镉

3.13　亚铁氰化钾溶液(106 g/L)：称取 106.0 g 亚铁氰化钾用水溶解，并稀释至 1 000 mL。

3.14　乙酸锌溶液(220 g/L)：称取 220.0 g 乙酸锌，先加 30 mL 冰醋酸溶解，再用水稀释至 1 000 mL。

3.15　饱和硼砂溶液(50 g/L)：称取 5.0 g 硼酸钠溶于 100 mL 热水中，冷却后备用。

3.16　氨缓冲溶液(pH9.6～9.7)：量取 30 mL 盐酸(ρ=1.19 g/mL)，加 100 mL 水，混匀后加 65 mL 氨水(25%)，再加水稀释至 1 000 mL，混匀，调节 pH 至 9.6～9.7。

3.17　氨缓冲溶液的稀释液：量取 50 mL 氨缓冲溶液(pH9.6～9.7)，加水稀释至 500 mL，混匀。

3.18　盐酸溶液(0.1 mol/L)：量取 5 mL 盐酸，用水稀释至 600 mL。

3.19　对氨基苯磺酸溶液(4 g/L)：称取 0.4 g 对氨基苯磺酸，溶于 100 mL 20%(V/V)盐酸中，置棕色瓶中混匀，避光保存。

3.20　盐酸萘乙二胺溶液(2 g/L)：称取 0.2 g 盐酸萘乙二胺，溶解于 100 mL 水中，混匀后，置棕色瓶中，避光保存。

3.21　亚硝酸钠标准溶液(200 μg/mL)：准确称取 0.100 0 g 于 110～120℃干燥恒重的亚硝酸钠，加水溶解移入 500 mL 容量瓶中，加水稀释至刻度，混匀。

3.22　亚硝酸钠标准使用液(5.0 μg/mL)：临用前，吸取亚硝酸钠标准溶液 5.00 mL，置于 200 mL 容量瓶中，加水稀释至刻度。

3.23　硝酸钠标准溶液(200 μg/mL，以亚硝酸钠计)：准确称取 0.123 2 g 于 110～120℃干燥恒重的硝酸钠，加水溶解移入 500 mL 容量瓶中，加水稀释至刻度，混匀。

3.24　硝酸钠标准使用液(5 μg/mL)：临用前，吸取硝酸钠标准溶液 2.50 mL，置于 100 mL 容量瓶中，加水稀释至刻度，此溶液每毫升相当于 5.0 μg 硝酸钠。

4　仪器和设备

4.1　组织捣碎机

4.2　超声波清洗器

4.3　恒温干燥箱

4.4　分光光度计

4.5　天平：感量为 0.1 mg 和 1 mg。

4.6　镉柱

4.6.1　海绵状镉的制备：投入足够的锌皮或锌棒于 500 mL 硫酸镉溶液(200 g/L)中，经 3～4 h，当其中的镉全部被锌置换后，用玻璃棒轻轻刮下，取出残余锌棒，使镉沉底，倾去上层清液，以水用倾泻法多次洗涤，然后移入组织捣碎机中，加 500 mL 水，捣碎约 2 s，用水将金属细粒洗至标准筛上，取 20～40 目之间的部分。

4.6.2　镉柱的装填：如图 6-1 所示。用水装满镉柱玻璃管，并装入 2 cm 高的玻璃棉做垫，将玻璃棉压向柱底时，应将其中所含的空气全部排出，在轻轻敲击下加入海绵状镉至 8～10 cm 高，上面用 1 cm 高的玻璃棉覆盖，上置一贮液漏斗，末端要穿过橡皮塞与镉柱玻璃管紧密连接。

如无上述镉柱玻璃管时,可以 25 mL 酸式滴定管代替,但过柱时要注意始终保持液面在镉层之上。

当镉柱装填好后,先用 25 mL 盐酸(0.1 mol/L)洗涤,再以水洗两次,每次 25 mL,镉柱不用时用水覆盖,随时都要保持水平面在镉层之上,不得使镉层夹有气泡。

每次镉柱使用完后,应先以 25 mL 盐酸(0.1 mol/L)洗涤,再以水洗两次,每次 25 mL,最后用水覆盖镉柱。

4.6.3 镉柱还原效率的测定:吸取 20 mL 硝酸钠标准使用液,加入 5 mL 氨缓冲液的稀释液,混匀后注入贮液漏斗,使流经镉柱还原,以原烧杯收集流出液,当贮液漏斗中的样液流完后,再加 5 mL 水置换柱内留存的样液。将全部收集液如前再经镉柱还原一次,第二次流出的液收集于 100 mL 容量瓶中,继续以水流经镉柱洗涤三次,每次 20 mL,洗液一并收集于同一容量瓶中,加水至刻度,混匀。

取 10.0 mL 还原后的溶液(相当 10 μg 亚硝酸钠)于 50 mL 比色管中,另吸取 0.00 mL、0.20 mL、0.40 mL、0.60 mL、0.80 mL、1.00 mL、1.50 mL、2.00 mL、2.50 mL 亚硝酸钠标准使用液(相当于 0.0 μg、1.0 μg、2.0 μg、3.0 μg、4.0 μg、5.0 μg、7.5 μg、10.0 μg、12.5 μg 亚硝酸钠),分别置于 50 mL 带塞比色管中。于标准管与试样管中分别加入 2 mL 对氨基苯磺酸溶液(4 g/L),混匀,静置 3~5 min 后各加入 1 mL 盐酸萘乙二胺溶液(2 g/L),加水至刻度,混匀,静置 15 min,用 2 cm 比色杯,以零管调节零点,于波长 538 nm 处测吸光度,绘制标准曲线比较,同时做试剂空白。根据标准曲线计算测得结果,与加入量一致,还原效率应大于 98% 为符合要求。

4.6.4 镉柱还原效率的计算:还原效率按式(6-1)计算。

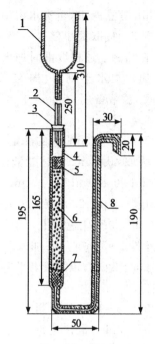

图 6-1 镉柱示意图

1. 贮液漏斗,内径 35 mm,外径 37 mm
2. 进液毛细管,内径 0.4 mm,外径 6 mm
3. 橡皮塞
4. 镉柱玻璃管,内径 12 mm,外径 16 mm
5、7. 玻璃棉
6. 海绵状镉
8. 出液毛细管,内径 2 mm,外径 8 mm

$$X = \frac{A}{10} \times 100\% \qquad (6\text{-}1)$$

式中:X—还原效率(%);

A—测得亚硝酸盐的质量,单位为微克(μg);

10—测定用溶液相当亚硝酸钠的质量,单位为微克(μg)。

5 分析步骤

5.1 试样预处理

将整棵新鲜蔬菜用去离子水洗净,晾干后,取可食部切碎混匀。将切碎的样品用四分法取适量,用组织捣碎机制成匀浆备用。如需加水应记录加水量。

5.2 提取

称取 5 g(精确至 0.01 g)制成匀浆的试样(如制备过程中加水,应按加水量折算),置于 50 mL 烧杯中,加 12.5 mL 硼砂饱和溶液搅拌均匀,以 70℃ 左右的水约 300 mL 将试样洗入

500 mL 容量瓶中，于沸水浴中加热 15 min，取出置冷水浴中冷却，并放置至室温。

5.3 提取液净化

在振荡上述提取液时加入 5 mL 亚铁氰化钾溶液，摇匀，再加入 5 mL 乙酸锌溶液，以沉淀蛋白质。加水至刻度，摇匀，放置 0.5 h，除去上层脂肪，上清液用滤纸过滤，弃去初滤液 30 mL，滤液备用。

5.4 测定

5.4.1 亚硝酸盐的测定

吸取 40.0 mL 上述滤液于 50 mL 带塞比色管中，另吸取 0.00 mL、0.20 mL、0.40 mL、0.60 mL、0.80 mL、1.00 mL、1.50 mL、2.00 mL、2.50 mL 亚硝酸钠标准使用液（相当于 0.0 μg、1.0 μg、2.0 μg、3.0 μg、4.0 μg、5.0 μg、7.5 μg、10.0 μg、12.5 μg 亚硝酸钠），分别置于 50 mL 带塞比色管中。于标准管与试样管中分别加入 2 mL 对氨基苯磺酸溶液（4 g/L），混匀，静置 3～5 min 后各加入 1 mL 盐酸萘乙二胺溶液（2 g/L），加水至刻度，混匀，静置 15 min，用 2 cm 比色杯，以零管调节零点，于波长 538 nm 处测吸光度，绘制标准曲线比较。同时做试剂空白。

5.4.2 硝酸盐的测定

5.4.2.1 镉柱还原

先以 25 mL 稀氨缓冲液冲洗镉柱，流速控制在 3～5 mL/min（以滴定管代替的可控制在 2～3 mL/min）。

吸取 20 mL 处理过的样液于 50 mL 烧杯中，加 5 mL 氨缓冲液，混合后注入贮液漏斗，使流经镉柱还原，以原烧杯收集流出液，当贮液漏斗中的样液流完后，再加 5 mL 水置换柱内留存的样液。

将全部收集液如前再经镉柱还原一次，第二次流出的液收集于 100 mL 容量瓶中，继续以水流经镉柱洗涤三次，每次 20 mL，洗液一并收集于同一容量瓶中，加水至刻度，混匀。

5.4.2.2 亚硝酸盐总量的测定

吸取 10～20 mL 还原后的样液于 50 mL 比色管中，另吸取 0.00 mL、0.20 mL、0.40 mL、0.60 mL、0.80 mL、1.00 mL、1.50 mL、2.00 mL、2.50 mL 亚硝酸钠标准使用液（相当于 0.0 μg、1.0 μg、2.0 μg、3.0 μg、4.0 μg、5.0 μg、7.5 μg、10.0 μg、12.5 μg 亚硝酸钠），分别置于 50 mL 带塞比色管中。于标准管与试样管中分别加入 2 mL 对氨基苯磺酸溶液（4 g/L），混匀，静置 3～5 min 后各加入 1 mL 盐酸萘乙二胺溶液（2 g/L），加水至刻度，混匀，静置 15 min，用 2 cm 比色杯，以零管调节零点，于波长 538 nm 处测吸光度，绘制标准曲线比较，同时做试剂空白。

6 分析结果的表述

6.1 亚硝酸盐含量计算

试样中亚硝酸盐（以亚硝酸钠计）的含量可按式（6-2）计算。

$$X_1 = \frac{A_1 \times 1\,000}{m \times \dfrac{V_1}{V_0} \times 1\,000} \tag{6-2}$$

式中：X_1—试样中亚硝酸钠的含量，单位为毫克每千克（mg/kg）；

m—试样质量，单位为克（g）；

A_1—测定用样液中亚硝酸钠的质量,单位为微克(μg);

V_1—测定用样液体积,单位为毫升(mL);

V_0—试样处理液总体积,单位为毫升(mL)。

以重复性条件下获得的两次独立测定结果的算术平均值表示,结果保留两位有效数字。

6.2 硝酸盐含量计算

试样中硝酸盐(以硝酸钠计)的含量按式(6-3)进行计算。

$$X_2 = \left[\frac{A_2 \times 1\ 000}{m \times \dfrac{V_2}{V_0} \times \dfrac{V_4}{V_3} \times 1\ 000} - X_1 \right] \times 1.232 \qquad (6\text{-}3)$$

式中:X_2—试样中硝酸钠的含量,单位为毫克每千克(mg/kg);

m—试样的质量,单位为克(g);

A_2—经镉粉还原后测得总亚硝酸钠的质量,单位为微克(μg);

1.232—亚硝酸钠换算成硝酸钠的系数;

V_0—试样处理液总体积,单位为毫升(mL);

V_2—测总亚硝酸钠的测定用样液体积,单位为毫升(mL);

V_3—经镉柱还原后样液总体积,单位为毫升(mL);

V_4—经镉柱还原后样液的测定用体积,单位为毫升(mL);

X_1—镉柱还原前测得试样中亚硝酸盐的含量,单位为毫克每千克(mg/kg)。

以重复性条件下获得的两次独立测定结果的算术平均值表示,结果保留两位有效数字。

7 精密度

在重复性条件下获得的两次独立测定结果的绝对差值不得超过算术平均值的10%。

8 说明及注意事项

8.1 亚铁氰化钾和乙酸锌溶液作为蛋白质沉淀剂,是产生的亚铁氰化锌沉淀与蛋白质产生共沉淀。

8.2 肉类制品在沉淀蛋白质时也可使用硫酸锌溶液,但用量不宜过多。否则,在经镉柱还原时,由于加 5 mL pH 9.6~9.7 氨缓冲溶液而生成 Zn(OH)$_2$ 白色沉淀,堵塞镉柱影响测定。

8.3 饱和硼砂溶液作用有二:一是亚硝酸盐提取剂,二是蛋白质沉淀剂。

8.4 盐酸萘乙二胺溶液(2 g/L)应少量配制,装于密封的棕色瓶中,置 2~5℃的冰箱中保存。

8.5 盐酸萘乙二胺有致癌作用,使用时应注意安全。

8.6 在制取海绵状镉和装填镉柱时最好在水中进行,勿使镉粒暴露于空气中以免氧化。

8.7 为保证硝酸盐测定结果准确,镉柱还原效率应当经常检查。镉粒维护得当,使用一年效能尚无明显变化。

8.8 试剂在使用过程中,如果样液中加入盐酸-氨水缓冲溶液后出现浑浊,应再添加几滴盐酸-氨水缓冲溶液使样液达到澄清,然后继续按要求检测。

8.9 测定吸光度时必须在 15 min 之内完成。

【任务考核标准】

序号	考核项目	考核内容	考核标准	参考分值
1	基本素质	学习与工作态度	态度端正,学习认真,积极主动,学习方法多样,服从安排,出满勤。	5
		团队协作	顾全大局,积极与小组成员合作,共同制定工作计划,共同完成工作任务。	5
2	基础知识	亚硝酸盐、硝酸盐的来源与危害	能说出或写出亚硝酸盐、硝酸盐的主要来源及危害。	5
		亚硝酸盐、硝酸盐检测主要方法	能说出或写出亚硝酸盐、硝酸盐检测主要方法及特点。	5
3	制定检测方案	制定分光光度法检测蔬菜样品中亚硝酸盐、硝酸盐的方案	能根据工作任务,积极思考,广泛查阅资料,制定出切实可行的分光光度法检测亚硝酸盐、硝酸盐的方案。	10
4	样品处理	试剂的选择与配制	能根据检测内容,合理选择试剂并准确配制试剂。	4
		镉柱制备与测定	会制作镉柱并对镉柱的还原效应进行测定。	5
		样品预处理	能根据检测需要,对样品进行绞碎、均质等。	3
		样品称量	能根据检测需要,精确称取样品。	3
		样品提取、净化	能从样品中正确提取目标物质并进行净化。	10
5	仪器分析	分析条件选择	能正确选择色谱柱、检测器、检测波长等。	5
		数据读取	能准确读取检测数据,如吸光度、峰高或峰面积等。	5
		标准曲线绘制	能正确绘制标准曲线,并能准确查出测定结果。	5
		结果计算	能使用软件或计算公式对测定结果进行计算。	10
6	检测报告	编写检测报告	数据记录完整,能按要求编写检测报告并上报。	10
7	职业素质	方法能力	能通过各种途径快速获取所需信息,问题提出明确,表达清晰,有独立分析问题和解决问题的能力。	5
		工作能力	学习工作次序井然、操作规范、结果准确。主动完成自测训练,有完整的读书笔记和工作记录,字迹工整。	5
		合　　计		100

【自测训练】

一、知识训练

（一）单项选择题

1.样品提取过程中加入亚铁氰化钾和乙酸锌溶液的作用是（　　　　）。

A.溶解亚硝酸钠　　　　B.沉淀蛋白质　　　　C.催化剂　　　　D.显色剂

2.分光光度法的吸光度与( )无关。

A.入射光的波长 B.溶液的浓度 C.液层的高度 D.液层的厚度

3.在可见光范围内,亚硝酸钠溶液对( )nm波长区间的光吸收最强。

A. 400~430 B. 430~480 C. 480~500 D. 500~560

4.分光光度法中,摩尔吸光系数与( )有关。

A.液层的厚度 B.溶液的浓度 C.溶质的性质 D.光的强度

5. 测定火腿肠中亚硝酸盐时,用( )作显色剂。

A.亚铁氰化钾 B.乙酸锌溶液 C.盐酸萘乙二胺 D.硼砂饱和溶液

（二）简答题

1.简述分光光度法检测蔬菜中亚硝酸盐含量的基本原理。

2.样品提取过程中加入饱和硼砂溶液的作用是什么？

3.使用硫酸锌溶液作蛋白质沉淀剂时,应注意什么问题？

4.配制与保存盐酸萘乙二胺溶液时,应注意什么问题？

5.请用简洁方式表示分光光度法测定白菜中亚硝酸盐含量的检测流程。

二、技能训练

分光光度法测定蔬菜中亚硝酸盐与硝酸盐的含量。

任务6-2 孔雀石绿与结晶紫的检测

【任务内容】

1.孔雀石绿、结晶紫性质及残留毒性。

2.孔雀石绿、结晶紫检测方法。

3.高效液相色谱法检测水产样品中孔雀石绿、结晶紫残留量的原理、方法步骤。

4.完成自测训练。

【学习条件】

1.场所:校内农产品质量检测实训中心（多媒体教室、样品前处理室、仪器分析室）、农产品质量安全检测校外实训基地（检验室）。

2.仪器设备:多媒体设备、高效液相色谱仪（带荧光检测器）、匀浆机、旋涡振荡器、离心机、旋转蒸发仪、固相萃取装置等。

3.试剂和材料:孔雀石绿、结晶紫标准物质,酸性氧化铝固相萃取柱,Varian PRS柱,盐酸羟胺、对-甲苯磺酸、乙腈等。

4.其他:教材、相关PPT、视频、影像资料、相关图书、网上资源等。

【相关知识】

一、孔雀石绿、结晶紫的性质

孔雀石绿（malachite green,MG）、结晶紫（gentian violet,GV）是一类合成的碱性三苯基

甲烷类工业染料,两者结构相似。

孔雀石绿是一种带有金属光泽的绿色结晶体,又名碱性绿、严基块绿、孔雀绿,化学名称为四甲基代二氨基三苯甲烷,分子式 $C_{23}H_{25}ClN_2$,易溶于水、乙醇和甲醇,水溶液呈蓝绿色。

结晶紫为绿色带有金属光泽结晶或深绿色结晶性粉末,又名龙胆紫、甲基紫、晶紫、甲紫,化学名称为氯化六甲基对品红碱,分子式为 $C_{25}H_{30}ClN_3$,易溶于醇,能溶于氯仿,尚溶于水,不溶于醚,溶于水呈紫色,极易溶于酒精呈紫色。

孔雀石绿和结晶紫进入生物体内,容易转化为隐色孔雀石绿(leucomalachite green,LMG),分子式为 $C_{23}H_{26}N_2$ 和隐色结晶紫(leucogentian violet,LGV),分子式为 $C_{25}H_{31}N_3$。

二、孔雀石绿与结晶紫残留毒性

孔雀石绿是一种合成的三苯甲烷类工业染料,曾被用于制陶业、纺织业、皮革业、食品染色剂、细胞化学染色剂等,市面上多以草酸盐的形式出售。自 1933 年证实孔雀石绿具有抗菌、杀虫等药效以来,许多国家将孔雀石绿用作水产养殖业中的杀虫剂和杀菌剂,用来杀灭鱼类体内外寄生虫和鱼卵中的霉菌,后来还被广泛用于预防与治疗各类水产动物的水霉病、鳃霉病和小瓜虫病;非洲一些国家还用其控制细菌、绦虫、线虫和吸虫等的感染。

从 20 世纪 90 年代开始,国内外学者陆续研究发现,孔雀石绿及其代谢产物隐色孔雀石绿在生物体内有明显蓄积现象,其化学官能团——三苯甲烷具有高毒、高残留、致癌、致畸、致突变等毒副作用,对生物体的组织、生殖、免疫系统均有影响。尤其是其代谢产物隐色孔雀石绿在水产品体内有明显的残留现象,残留时间达 100 d 以上。人食用这些鱼类后会严重威胁身体健康。因结晶紫与孔雀石绿具有同样化学官能团——三苯甲烷,结构类似,所以与孔雀石绿具有相同的危害性。

鉴于孔雀石绿的危害性,目前许多国家都将孔雀石绿列为水产养殖禁用药物,2002 年我国也将孔雀石绿列入《食品动物禁用的兽药及其他化合物清单》(农牧发[2002]1 号),禁止用于所有食品动物。但由于孔雀石绿抗菌效果好、价格低廉、对其毒副作用的宣传力度不够等原因,在水产养殖中仍有违规使用的情况。

三、孔雀石绿与结晶紫检测方法

水产品中的孔雀石绿(MG)及其代谢物隐性孔雀石绿(LMG)残留总量、结晶紫(GV)及其代谢物隐性结晶紫(LGV)残留总量的检测方法主要有高效液相色谱紫外检测法、高效液相色谱荧光检测法(GB/T 20361—2006)、液相色谱-质谱快速测定法(SN/T 1768—2006)。

采用高效液相色谱紫外检测法,孔雀石绿的最大吸收波长为 628 nm,结晶紫的最大吸收波长为 588 nm,同时检测孔雀石绿、结晶紫及其代谢产物,则可以采用 588 nm。对于隐性孔雀石绿和隐性结晶紫,则不宜在此波长下进行检测,因为背景干扰严重。必须将隐性孔雀石绿氧化成孔雀石绿,隐性结晶紫氧化成结晶紫。氧化分柱前氧化和柱后氧化,柱前氧化是在目标化合物经过色谱柱前先经过衍生柱(填充二氧化铅),也可以在提取的过程中加入适量的 2,3-二氯-5,6-二氰基苯醌氧化后再进行检测。因定量检测一般是测定孔雀石绿和隐性孔雀石绿的总量。柱后氧化是基于隐性孔雀石绿、隐性结晶紫和孔雀石绿、结晶紫的保留时间不同,隐性孔雀石绿、隐性结晶紫从分析柱洗脱后再经过衍生柱,在二氧化铅的作用下氧化成孔雀石绿、结晶紫,这样对孔雀石绿、结晶紫和隐性孔雀石绿、隐性结晶紫都可以检测。

采用高效液相色谱荧光检测法,荧光检测器可以对隐性孔雀石绿、隐性结晶紫直接进行检测,激发波长为 265 nm,发射波长为 360 nm。但荧光检测器不能检测孔雀石绿或结晶紫,因此用紫外检测器串联荧光检测器可以直接对 4 种化合物进行检测,而不需要进行氧化衍生。

【检测技术】

案例一 鱼中孔雀石绿和结晶紫残留量的测定——高效液相色谱荧光检测法

1 适用范围

本方法适用于水产品可食部分中孔雀石绿及其代谢物隐色孔雀石绿残留总量和结晶紫及其代谢物隐色结晶紫残留总量的测定。

2 检测原理

样品中残留的孔雀石绿或结晶紫用硼氢化钾还原为其相应的代谢物隐色孔雀石绿或隐色结晶紫,乙腈-乙酸铵缓冲混合液提取,二氯甲烷液液萃取,固相萃取柱净化,反相色谱柱分离,荧光检测器检测,外标法定量。

3 试剂

除另有规定外,所有试剂均为分析纯,试验用水应符合 GB/T 6682 一级水的标准。

3.1 乙腈:色谱纯。

3.2 二氯甲烷

3.3 酸性氧化铝:分析纯,粒度 0.071~0.150 mm。

3.4 二甘醇

3.5 硼氢化钾

3.6 无水乙酸铵

3.7 冰乙酸

3.8 氨水

3.9 硼氢化钾溶液(0.03 mol/L):称取 0.405 g 硼氢化钾于烧杯中,加 250 mL 水溶解,现配现用。

3.10 硼氢化钾溶液(0.2 mol/L):称取 0.54 g 硼氢化钾于烧杯中,加 50 mL 水溶解,现配现用。

3.11 20%盐酸羟胺溶液:溶解 12.5 g 盐酸羟胺在 50 mL 水中。

3.12 对-甲苯磺酸溶液(0.05 mol/L):称取 0.95 g 对-甲苯磺酸,用水稀释至 100 mL。

3.13 乙酸铵缓冲溶液(0.1 mol/L):称取 7.71 g 无水乙酸铵溶解于 1 000 mL 水中,氨水调 pH 到 10.0。

3.14 乙酸铵缓冲溶液(0.125 mol/L):称取 9.64 g 无水乙酸铵溶解于 1 000 mL 水中,冰乙酸调 pH 到 4.5。

3.15 酸性氧化铝固相萃取柱:500 mg,3 mL。使用前用 5 mL 乙腈活化。

3.16 Varian PRS 柱或相当者:500 mg,3 mL。使用前用 5 mL 乙腈活化。

3.17 标准品:孔雀石绿分子式为 $C_{23}H_{25}ClN_2$,结晶紫分子式为 $C_{25}H_{30}ClN_3$,纯度大于

98%。

3.18 标准储备溶液：准确称取适量的孔雀石绿、结晶紫标准品，用乙腈分别配制成100 μg/mL 的标准贮备液。

3.19 混合标准中间液(1 μg/mL)：分别准确吸取 1.0 mL 孔雀石绿和结晶紫的标准储备液至 100 mL 容量瓶中，用乙腈稀释至刻度，配制成 1 μg/mL 的混合标准中间溶液。—18℃避光保存。

3.20 混合标准工作溶液：根据需要，临用时准确吸取一定量的混合标准中间溶液，加入硼氢化钾溶液(3.9)0.4 mL，用乙腈准确稀释至 2.00 mL，配制适当浓度的混合标准工作液。

4 仪器与设备

4.1 高效液相色谱仪：配荧光检测器。

4.2 匀浆机

4.3 离心机：4 000 r/min。

4.4 旋涡振荡器

4.5 固相萃取装置

4.6 旋转蒸发仪

5 样品制备

5.1 样品预处理

鱼去鳞、去皮，沿背脊取肌肉部分，切成不大于 0.5 cm×0.5 cm×0.5 cm 的小块后混合。

5.2 提取

称取 5.00 g 样品于 50 mL 离心管内，加入 10 mL 乙腈，10 000 r/min 匀浆提取 30 s，加入5 g 酸性氧化铝，振荡 2 min，4 000 r/min 离心 10 min，上清液转移至 125 mL 分液漏斗中，在分液漏斗中加入 2 mL 二甘醇，3 mL 硼氢化钾溶液(3.10)，振摇 2 min。

另取 50 mL 离心管加入 10 mL 乙腈，洗涤匀浆机刀头 10 s，洗涤液移入前一离心管中，加入 3 mL 硼氢化钾溶液(3.10)，用玻璃棒捣散离心管中的沉淀并搅匀，旋涡混匀器上振荡1 min，静置 20 min，4 000 r/min 离心 10 min，上清液并入 125 mL 分液漏斗中。

在 50 mL 离心管中继续加入 1.5 mL 盐酸羟胺溶液(3.11)、2.5 mL 对-甲苯磺酸溶液(3.12)、5.0 mL 乙酸铵缓冲溶液(3.14)，振荡 2 min，再加入 10 mL 乙腈，继续振荡 2 min，4 000 r/min 离心 10 min，上清液并入 125 mL 分液漏斗中，重复上述操作一次。

在分液漏斗中加入 20 mL 二氯甲烷，具塞，剧烈振摇 2 min，静置分层，将下层溶液转移至250 mL 茄形瓶中，继续在分液漏斗中加入 5 mL 乙腈、10 mL 二氯甲烷，振摇 2 min，把全部溶液转移至 50 mL 离心管，4 000 r/min 离心 10 min，下层溶液合并至 250 mL 茄形瓶中，45℃旋转蒸发至近干，用 2.5 mL 乙腈溶解残渣。

5.3 净化

将 PRS 柱安装在固相萃取装置上，上端连接酸性氧化铝固相萃取柱，用 5 mL 乙腈活化，转移提取液到柱上，再用乙腈洗茄形瓶两次，每次 2.5 mL，一次过柱，弃去酸性氧化铝柱，吹PRS 柱近干，在不抽真空的情况下，加入 3 mL 等体积混合的乙腈和乙酸铵溶液(3.13)，收集洗脱液，乙腈定容至 3 mL，过 0.45 μm 滤膜，供液相色谱测定。

6　测定

6.1　色谱条件

色谱柱:ODS-C$_{18}$柱,250 mm×4.6 mm(内径),粒度 5 μm。

流动相:乙腈＋乙酸铵缓冲溶液(0.125 mol/mL,pH 4.5)＝80＋20。

流速:1.3 mL/min。

柱温:35℃。

激发波长:265 nm。

发射波长:360 nm。

进样量:20 μL。

6.2　色谱分析

分别注入 20 μL 孔雀石绿和结晶紫混合标准工作溶液及样品提取液于液相色谱仪中,按上述色谱条件进行色谱分析,记录峰面积,响应值均应在仪器检测的线性范围之内。根据标准品的保留时间定性,外标法定量。孔雀石绿和结晶紫混合标准溶液色谱图见图 6-2。

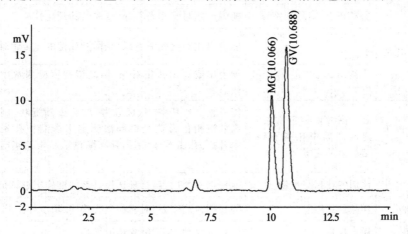

图 6-2　浓度为 0.01 μg/mL 孔雀石绿(MG)和结晶紫(GV)混合标准液的液相色谱图

7　结果计算

样品中的孔雀石绿和结晶紫的残留量按式(6-4)计算。

$$X = \frac{A \times c_s \times V}{A_s \times m}$$
(6-4)

式中:X—样品中待测组分残留量,单位为毫克每千克(mg/kg);

　　c_s—待测组分标准工作液的浓度,单位为微克每毫升(μg/mL);

　　A—样品中待测组分的峰面积;

　　A_s—待测组分标准工作液的峰面积;

　　V—样液最终定容体积,单位为毫升(mL);

　　m—样品质量,单位为克(g)。

8　线性范围、检出限、回收率、重复性

8.1　线性范围

孔雀石绿和结晶紫混合标准溶液的线性范围:0.1～600 ng/mL。

8.2 检出限

本方法孔雀石绿、结晶紫的检出限均为 0.5 $\mu g/kg$。

8.3 回收率

在样品中添加 0.4～100 $\mu g/kg$ 孔雀石绿时,回收率为 70%～110%;在样品中添加 0.4～100 $\mu g/kg$ 结晶紫时,回收率为 70%～110%。

8.4 重复性

本方法的相对标准偏差≤15%。

【任务考核标准】

序号	考核项目	考核内容	考核标准	参考分值
1	基本素质	学习与工作态度	态度端正,学习认真,积极主动,学习方法多样,服从安排,全部满勤。	5
		团队协作	顾全大局,积极与小组成员合作,共同制定工作计划,共同完成工作任务。	5
2	基础知识	孔雀石绿、结晶紫性质	能说出或写出孔雀石绿、结晶紫的理化性质。	5
		孔雀石绿、结晶紫残留毒性	能说出或写出孔雀石绿、结晶紫残留的主要毒性。	5
		孔雀石绿、结晶紫检测方法	能说出或写出孔雀石绿、结晶紫残留检测常用方法。	5
3	制定检测方案	制定高效液相色谱法测定水产品中孔雀石绿、结晶紫的方案	能根据工作任务,积极思考,广泛查阅资料,制定高效液相色谱荧光检测法测定水产品中孔雀石绿、隐色孔雀石绿、结晶紫和隐色结晶紫的实施方案。	10
4	样品处理	试剂的选择与配制	能根据检测内容,合理选择试剂并准确配制试剂。	5
		样品预处理	能根据检测需要,对样品进行捣碎、均质等。	5
		样品称量	能根据检测需要,精确称取样品。	5
		样品提取、净化	能从样品中正确提取目标物并进行净化。	10
5	仪器分析	分析条件选择	能根据检测实际,正确设置色谱条件。	5
		色谱分析	能根据检测实际,正确进样,按色谱条件进行色谱分析。正确记录峰面积、保留时间等。	10
		结果计算	能使用软件或计算公式对测定结果进行计算。	5
6	检测报告	编写检测报告	记录完整,能按要求编写检测报告并上报。	10
7	职业素质	方法能力	能通过各种途径快速查阅获取所需信息,问题提出明确,表达清晰,有独立分析问题和解决问题的能力。	5
		工作能力	学习工作程序规范、次序井然、结果准确。主动完成自测训练,有完整的读书笔记和工作记录,字迹工整。	5
合　　计				100

【自测训练】

一、知识训练

(一)填空题

1.孔雀石绿(MG)、结晶紫(GV)是一类合成的＿＿＿＿＿＿＿工业染料,两者结构相似。

2.孔雀石绿是一种带有金属光泽的绿色结晶体,化学名称为＿＿＿＿＿＿＿,分子式为＿＿＿＿＿＿＿＿＿,易溶于水和乙醇,溶液呈＿＿＿＿＿＿＿色。

3.结晶紫为绿色带有金属光泽结晶或深绿色结晶性粉末,学名＿＿＿＿＿＿＿,分子式为＿＿＿＿＿＿＿＿,易溶于醇,能溶于氯仿,尚溶于水,不溶于醚,溶于水呈＿＿＿＿＿＿＿,极易溶于酒精呈＿＿＿＿＿＿＿。

4.孔雀石绿和结晶紫进入生物体内,容易转化为＿＿＿＿＿＿＿和＿＿＿＿＿＿＿。

5.孔雀石绿及其代谢产物隐色孔雀石绿在生物体内有明显蓄积现象,其化学官能团＿＿＿＿＿＿＿具有高毒、＿＿＿＿＿＿＿、＿＿＿＿＿＿＿、＿＿＿＿＿＿＿、＿＿＿＿＿＿＿等毒副作用,对生物体的组织、生殖、免疫系统均有影响。

(二)简答题

1.简述高效液相色谱荧光检测法测定水产品中孔雀石绿和结晶紫残留量的基本原理。

2.请用简式说明高效液相色谱荧光检测法测定水产品中孔雀石绿和结晶紫残留量的检测流程。

二、技能训练

高效液相色谱荧光检测法测定鱼肉中孔雀石绿和结晶紫残留量。

附　　录

附录一　无公害农产品抽样单

<table>
<tr><td rowspan="16">本栏由抽样及被检单位填写</td><td colspan="2">产品名称</td><td></td><td>样品编号</td><td></td></tr>
<tr><td colspan="2">产品执行标准</td><td></td><td>包装形式</td><td></td></tr>
<tr><td colspan="2">产品收获（出厂）日期</td><td></td><td></td><td></td></tr>
<tr><td colspan="2">保存要求</td><td colspan="3">常温○　　冷冻○　　冷藏○</td></tr>
<tr><td rowspan="8">抽样单位</td><td>名　称</td><td></td><td></td><td></td></tr>
<tr><td>通讯地址</td><td></td><td>电　话</td><td></td></tr>
<tr><td>邮政编码</td><td></td><td>传　真</td><td></td></tr>
<tr><td>抽样日期</td><td></td><td>抽样地点</td><td></td></tr>
<tr><td>抽样方法</td><td></td><td>采样部位</td><td></td></tr>
<tr><td>样品数量</td><td></td><td>抽样基数</td><td></td></tr>
<tr><td rowspan="3">被抽检单位</td><td>名　称</td><td></td><td>电　话</td><td></td></tr>
<tr><td>通讯地址</td><td colspan="3"></td></tr>
<tr><td>邮政编码</td><td></td><td>传　真</td><td></td></tr>
</table>

<table>
<tr><td rowspan="2">受检单位签署</td><td>本次抽样始终在本人陪同下完成，上述记录经核实无误，承认以上各项记录的合法性。

　　负责人（签字）：

　　　　　　　年　月　日</td><td rowspan="2">抽检单位签署</td><td>本次抽样已按要求及产品标准执行完毕。样品经双方人员共同封样，并做记录如上。

　　抽样人1：
　　抽样人2：

　　　　　　　年　月　日</td></tr>
</table>

<table>
<tr><td rowspan="3">检测机构填写</td><td>受理/收样人</td><td></td><td>抽样/送样人</td><td></td></tr>
<tr><td>收样日期</td><td></td><td>送样日期</td><td></td></tr>
<tr><td>样品交接时的状况</td><td colspan="3"></td></tr>
</table>

附录二　　检验报告格式(案例)

NO：WR009025

检 验 报 告

样品名称　　　　花 生

送检单位　　　××市农业局

检验类别　　　委托检验

××省农产品质量检验检测中心

注 意 事 项

1. 报告无"检验报告专用章"或检验单位公章无效。

2. 复制报告未重新加盖"检验报告专用章"和检验单位公章无效。

3. 报告无制表、审核、批准人签字无效。

4. 报告涂改无效。

5. 对检验报告若有异议,应于收到报告之日起十五日内向检验单位提出,逾期不予受理。

6. 委托检验仅对来样负责。

7. 未经本中心同意,该检验报告不得用于商业性宣传。

地　　　址:

电　　　话:

传　　　真:

邮政编码:

××省农产品质量检验检测中心

检 验 报 告

NO：WR009025　　　　　　　　　　　　　　　　　　　共 2 页　　第 1 页

样品名称	花生	型号规格	—
		商　标	—
送检单位	×市农业局	检验类别	委托检验
生产单位	××乡农技推广站	样品等级、状态	干花生
抽样地点	××市无公害花生××基地	送样日期	2009 年 6 月 25 日
样品数量	2 kg	送样者	张三
抽样基数	—	原编号或生产日期	—
检验依据	NY 5303—2005	检验项目	农药残留、重金属等
所用主要仪器	电子天平、原子吸收分光光度计、原子荧光光度计、气相色谱仪、液相色谱仪	实验环境条件	符合检测要求
检验结论	依据 NY 5303—2005 标准检测，该样品所检项目合格。 （检验报告专用章） 签发日期 2009 年 7 月 13 日		
备注	杀螟硫磷、倍硫磷的检出限为 0.01 mg/kg、涕灭威的检出限为 0.009 mg/kg。克百威的检出限为 0.01 mg/kg。		

签发：　　　　　　审核：　　　　　　　　　制表：

××省农产品质量检验检测中心

检验结果报告书

No:WR009025   共2页   第2页

检验项目、单位	标准值	检验值	单项结论	检验方法
砷(以 As 计),mg/kg	≤0.7	$0.1×10^{-1}$	合格	GB/T 5009.11
铅(以 Pb 计),mg/kg	≤0.4	$0.3×10^{-1}$	合格	GB/T 5009.12
镉(以 Cd 计),mg/kg	≤0.05	0.01	合格	GB/T 5009.15
汞(以 Hg 计),mg/kg	≤0.02	$0.02×10^{-1}$	合格	GB/T 5009.17
杀螟硫磷,mg/kg	≤5	未检出	合格	GB/T 5009.20
倍硫磷,mg/kg	≤0.05	未检出	合格	GB/T 5009.20
涕灭威,mg/kg	≤0.05	未检出	合格	GB/T 14929.2
克百威,mg/kg	≤0.5	未检出	合格	GB/T 14877
黄曲霉毒素 B_1,μg/kg	≤5	未检出	合格	GB/T 5009.22
黄曲霉毒素总量(B_1、B_2、G_1、G_2),μg/kg	≤15	未检出	合格	GB/T 5009.23
以下为空白				

参 考 文 献

[1] 岳永德.农药残留分析.北京:中国农业出版社,2003

[2] 朱国念.农药残留快速检测技术.北京:化学工业出版社,2008

[3] 中国农业科学院农业质量标准与检测技术研究所.农产品质量安全检测手册(谷物及制品卷).北京:中国标准出版社,2008

[4] 中华人民共和国农业行业标准 NY/T 789—2004 农药残留分析样本的采样方法

[5] 中华人民共和国农业行业标准 NY/T 398—2000 农、畜、水产品污染监测技术规范

[6] 中华人民共和国国家标准 GB/T 8855—2008 新鲜水果和蔬菜的取样方法

[7] 中华人民共和国国家标准 GB/T 8302—2002 茶取样

[8] NY/T 762—2004 蔬菜农药残留检测抽样规范

[9] 中华人民共和国国家标准 GB/T 27404—2008 实验室质量控制规范食品理化检测

[10] 中华人民共和国农业行业标准 NY/T 5344.1—2006 无公害食品 产品抽样规范 第1部分:通则

[11] 中华人民共和国农业行业标准 NY/T 5344.2—2006 无公害食品 产品抽样规范 第2部分:粮油

[12] 中华人民共和国农业行业标准 NY/T 5344.4—2006 无公害食品 产品抽样规范 第4部分:水果

[13] 中华人民共和国农业行业标准 NY/T 5344.6—2006 无公害食品 产品抽样规范 第6部分:畜禽产品

[14] 中华人民共和国农业行业标准 NY/T 5344.7—2006 无公害食品 产品抽样规范 第7部分:水产品

[15] 中华人民共和国水产行业标准 SC/T 3016—2004 水产品抽样方法

[16] 中华人民共和国农业行业标准 NY/T 763—2004 猪肉、猪肝、猪尿抽样方法

[17] 中华人民共和国国家标准 GB5491—85 粮食/油料检验扦样、分样法

[18] 中华人民共和国农业行业标准 NY/T 788—2004 农药残留试验准则.

[19] 刘丰茂,等.农药质量与残留实用检测技术.北京:化学工业出版社,2011

[20] 中华人民共和国国家标准 GB 2763—2012 食品安全国家标准 食品中农药最大残留限量

[21] 王惠,等.农药分析与残留分析.北京:化学工业出版社,2007

[22] 中华人民共和国国家标准 GB 6682—2008 分析实验室用水规格和试验方法

[23] 庞国芳.农药兽药残留现代分析技术.北京:科学出版社,2007

[24] 中华人民共和国国家标准 GB/T 5009.199—2003 蔬菜中有机磷和氨基甲酸酯类农药残留量的快速检测

[25] 中华人民共和国农业行业标准 NY/T 761—2008 蔬菜和水果中有机磷、有机氯、拟除虫菊酯和氨基甲酸酯类农药多残留的测定

[26] 钱传范.农药残留分析原理与方法.北京:化学工业出版社,2011

[27] 中华人民共和国国家标准 GB/T 5009.146—2008 植物性食品中有机氯和拟除虫菊酯类农药多种残留量的测定

[28] 中华人民共和国国家标准 GB/T 5009.19—2008 食品中有机氯农药多组分残留量的测定

[29] 王大宁,董益阳,邹明强.农药残留检测与监控技术.北京:化学工业出版社,2006

[30] 曲祖乙.食品分析与检验.北京:中国环境出版社,2006

[31] 吴广枫.农产品质量安全及其检测技术.北京:化学工业出版社,2007

[32] 中华人民共和国国家标准 GB 2762—2012 食品中污染物限量

[33] 中华人民共和国国家标准 GB/T5009.20—2003 食品中有机磷农药残留量的测定

[34] 中华人民共和国国家标准 GB/T 5009.104—2003 植物性食品中氨基甲酸酯类农药残留量的测定

[35] 中华人民共和国国家标准 GB/T 5009.145—2003 植物性食品中有机磷和氨基甲酸酯类农药多种残留的测定

[36] 中华人民共和国国家标准 GB/T 5009.110—2003 植物性食品中氯氰菊酯、氰戊菊酯和溴氰菊酯残留量的测定

[37] 王世平.食品安全检测技术.北京:中国农业大学出版社,2008

[38] 李俊锁,邱月明,王超.药物残留分析.上海:科学技术出版社,2002

[39] 吴永宁,邵兵,沈建忠.兽药残留检测与监控技术.北京:化学工业出版社,2007

[40] 方晓明,丁卓平.动物源食品兽药残留分析.北京:化学工业出版社,2008

[41] 王绪卿,吴永宁.色谱在食品安全分析中的作用.北京:化学工业出版社,2005

[42] 许牡丹,毛跟年.食品安全性与分析检测.北京:化学工业出版社,2003

[43] 李军.畜禽饲料中硝基呋喃类药物快速检测技术研究:[硕士论文].河北农业大学,2011

[44] 李好枝.甾体激素类药物的分析.4版.北京:人民卫生出版社,1999

[45] 江洁,林洪,等.水产品中多种激素残留测定的高效液相色谱法.海洋水产研究,2007,28(26):67-71

[46] 秦燕,陈捷,等.动物肌肉组织中甾类同化激素多组分残留的液相色谱-质谱检测方法.分析化学,2006,34(3):298-302

[47] 汪慧蓉.β-兴奋剂克伦特罗、沙丁胺醇的免疫检测方法研究.硕士论文.西安:西北大学微生物学,2006

[48] 郭启华,邹洪,等.分析化学与兴奋剂检测.首都师范大学学报(自然科学版):2001,22(4):34-37

[49] 徐友宣.兴奋剂检测中的化学衍生化方法.分析化学,1993,21(2):231-236

[50] 中国兽医药品监察所.兽药残留检测标准操作规程.北京:中国农业科学技术出版社,2009

[51] 中华人民共和国农业部 1025 号公告—21—2008 动物源食品中氯霉素残留检测-气相色谱法.

[52] 中华人民共和国国家标准 GB/T 9695.32—2009 肉与肉制品 氯霉素含量的测定

[53] GB 29694—2013 动物性食品中 13 种磺胺类药物多残留的测定-高效液相色谱法

[54] 中华人民共和国农业部 781 号公告—6—2006 鸡蛋中氟喹诺酮类药物残留的测定—高效液相色谱法

[55] 中华人民共和国农业部 783 号公告—2—2006 水产品中诺氟沙星、盐酸环丙沙星、恩诺沙星残留量的测定—高效液相色谱法

[56] 中华人民共和国农业部 1025 号公告—14—2008 动物性食品中氟喹诺酮类药物残留检测— 高效液相色谱法

[57] 中华人民共和国农业部 1077 号公告—2—2008 水产品中硝基呋喃类代谢物残留量的测定—高效液相色谱法

[58] 中华人民共和国水产行业标准 SC/T 3022—2004 水产品中呋喃唑酮残留量的测定—高效液相色谱法

[59] GB/T 20443—2006 鸡组织中己烯雌酚残留量的测定—高效液相色谱电化学检测器法

[60] GB/T 5009.192—2003 动物性食品中克伦特罗残留量的测定

[61] GB/T 5009.108—2003 畜禽肉中己烯雌酚的测定——高效液相色谱法

[62] 中华人民共和国国家标准 GB/T 5009.22—2003 食品中黄曲霉毒素 B_1 的测定

[63] 中华人民共和国国家标准 GB/T 5009.23—2006 食品中黄曲霉毒素 B_1、B_2、G_1、G_2 的测定

[64] 中华人民共和国国家标准 GB5413.37 乳和乳制品中黄曲霉毒素 M_1 的测定

[65] 中华人民共和国国家标准 GB2761—2011 食品中真菌毒素限量

[66] 张艺兵,等.农产品中真菌毒素的检测分析.北京:化学工业出版社,2006

[67] 中华人民共和国国家标准 GB/T 20502—2009 食品中赭曲霉毒素 A 的测定—免疫亲和层析净化高效液相色谱法

[68] 中华人民共和国国家标准 GB/T 5009.209—2008.谷物中玉米赤霉烯酮的测定—免疫亲和层析净化高效液相色谱法

[69] 中华人民共和国国家标准 GB/T 23503—2009 食品中脱氧雪腐镰刀菌菌烯醇的测定—免疫亲和层析净化高效液相色谱法

[70] 陈玲,郜洪文. 现代环境分析技术.北京:科学技术出版社,2008

[71] 朱丽梅,张美霞.农产品安全检测技术.上海:上海交通大学出版社,2012

[72] 中华人民共和国国家标准 GB/T 5009.17-2003 食品中总汞及有机汞的测定

[73] 中华人民共和国国家标准 GB/T 5009.11-2003 食品中总砷及无机砷的测定

[74] 中华人民共和国国家标准 GB 5009.12—2010 食品中铅的测定

[75] 中华人民共和国国家标准 GB/T 5009.15—2003 食品中镉的测定

[76] 张玉廷,等.农产品检验技术.北京:化学工业出版社,2009

[77] 徐应明,刘潇威.农产品与环境中有害物质快速检测.北京:化学工业出版社,2007

[78] 中华人民共和国国家标准 GB/T 5009.123—2003 食品中铬的测定

[79] 徐思源. 食品分析与检验. 北京:中国劳动社会保障出版社,2013

[80] 彭珊珊,等. 食品分析检测及其实训教程. 北京:中国轻工业出版社,2011

[81] 中华人民共和国国家标准 GB/T 5009.13—2003 食品中铜的测定

[82] 中华人民共和国国家标准 GB 5009.33—2010 食品中亚硝酸盐与硝酸盐的测定

[83] 中华人民共和国国家标准 GB/T 20361—2006 水产品中孔雀石绿和结晶紫残留量的测定—高效液相色谱荧光检测法.